祖本

《遠西奇器圖説録最》

《新製諸器圖説》

祖本《遠西奇器圖説録最》
《新製諸器圖説》

中華書局 編

中華書局

圖書在版編目（CIP）數據

祖本《遠西奇器圖説録最》《新製諸器圖説》/ 中華書局編 .— 北京 : 中華書局 , 2016.1

ISBN 978-7-101-11267-2

Ⅰ. 祖… Ⅱ. 中… Ⅲ. ①工具—圖解②農具—圖解③儀器—圖解 Ⅳ. TB-61

中國版本圖書館 CIP 數據核字 (2015) 第 237499 號

ISBN 978-7-101-11267-2

9 787101 112672 >

責任編輯：張　昊　陳利輝
封面設計：蔡立國

微信　新浪微博

祖本《遠西奇器圖説録最》《新製諸器圖説》

中華書局 編

*

中華書局出版發行

（北京市豐臺區太平橋西里 38 號　100073）

http://www.zhbc.com.cn

E-mail:zhbc@zhbc.com.cn

三河市百福春印刷有限公司印刷

*

889×1194 毫米 1/16 · 25½印張

2016 年 1 月北京第 1 版　2016 年 1 月三河第 1 次印刷

定價：980.00 元

ISBN 978-7-101-11267-2

出版説明

傳統中國與近代西方的相會與交流，即所謂「西學東漸」者，一直是中西方學術界熱衷探討的重要問題。而要研究這類問題，「一個有代表性的例子是耶穌會士和中國學者合作的一個重要成果，即鄧玉函和王徵於一六二七年完成的《遠西奇器圖説録最》」[一]。因爲在這一問題發生的十六至十八世紀，來華傳教士和對西方知識感興趣的中國學者，無疑扮演了重要的「媒介」角色，他們成爲了最早會通中西方文化的「引路人」。

一、當西方遇見東方——鄧玉函與王徵生平略説

《遠西奇器圖説録最》（下文簡稱《奇器圖説》）三卷，卷端題「西海耶穌會士鄧玉函口授，關西景教後學王徵譯繪」。

鄧玉函（一五七六—一六三〇），字函璞，原名 Johannes Schreck，入耶穌會後改名 Johannes Terrentius（Terrenz），一五七六年出生於今德國康斯坦茨北部賓根地區的天主教家庭（由於康斯坦

[一] 張柏春等《傳播與會通——〈奇器圖説〉研究與校注》，南京：江蘇科學技術出版社，二〇〇八，引言第三頁。

茨地區在歷史上的歸屬問題較爲複雜，今依《北京圖書館古籍善本書目》仍著録爲瑞士）。在青年時代，鄧玉函就展現出了一名博學者的潛質，他精通數學、哲學、神學、法學、醫學、植物學和記憶術等各個門類，在歐洲知識精英階層嶄露頭角。一六一一年秋，鄧玉函加入意大利天主教耶穌會，並於一六二三年底隨中國傳教團到達北京。

在京期間，鄧玉函憑藉其傑出的天文學和數學知識，主持中國曆法的改革工作，並撰寫了一系列科學著作，其中就包括與中國學者王徵合作翻譯編纂的《奇器圖說》一書，將西方近代科技知識介紹到中國。一六三〇年，五十四歲的鄧玉函突然因病去世，葬於北京柵欄墓地。

王徵（一五七一—一六四四），字良甫，號葵心，自號了一道人，聖名斐理伯（Philippe），陝西涇陽人。王氏自幼師從舅父張鑒學習，受其影響對古代機械製造技術極爲癡迷，以至於「纍歲彌月，眠思坐想，一似癡人」，甚至荒廢了「正經學業」[一]。天啓二年（一六二二），授直隸廣平府推官，後改任南直隸揚州府推官。在廣平、揚州兩地任上，王徵充分發揮其善思巧製的特長，創造和改進了多種水利、農業和軍事器械。崇禎五年（一六三二）謫歸故里。崇禎七年（一六三四），王徵在家鄉創立天主教慈善組織「仁會」，以實踐其「畏天愛人」的理念。崇禎十七年（一六四四），李自成在西安建立大順政權，遣使召王徵出山，王徵誓死不從，爲盡忠絶食七日而亡。

王徵曾十次赴京會試，因此有機會與皈依天主教的士大夫及傳教士交往，並與他們探討宗教及機

[一] 王徵《兩理略自序》，李之勤校點《王徵遺著》，西安：陝西人民出版社，一九八七，第一二頁。

械科技等問題。王氏一生著述頗豐，内容涵蓋政績、奇聞、詞曲、技術、練兵、西方科技、西方語言等，總計約有六十種。清嘉慶間，王徵七世孫王介編纂的《寶田堂歷世諸集目録》收録了他的著述四十二種〔一〕。

二、七千部之一支——《奇器圖説》的内容與知識來源

《奇器圖説》是我國第一部系統介紹西方機械與普通力學知識的譯著。全書共分三卷：卷一爲「重解」，敘述重力、比重、重心、浮力等力學知識；卷二爲「器解」，敘述簡單機械的原理、構造和應用；卷三爲「圖説」，有圖五十四幅，敘述各種機械的構造和應用。書中介紹了多種機械裝置的運行原理和實際應用，並采用拉丁字母標注，「總的來説，該書編排方法科學，先講原理，再講應用，圖文結合，圖中人物一律改成中國人，容易理解」〔二〕。

王徵在《遠西奇器圖説録最序》中説：「《奇器圖説》乃遠西諸儒攜來彼中圖書，此其七千餘部中之一支。就一支中，此特其千百之什一耳。」所謂「七千餘部」，是指金尼閣帶入中國的諸多歐洲著作，而《奇器圖説》的内容也是匯集了衆多歐洲學者著作而編成的。恰恰因爲這種廣泛的知識吸收，

〔一〕張柏春等《傳播與會通——〈奇器圖説〉研究與校注》，第六五—八二頁。

〔二〕張柏春《遠西奇器圖説録最提要》，任繼愈等編《中國科學技術典籍通匯·技術卷》，鄭州：河南教育出版社，一九九四，第五九九—六〇〇頁。

使現代學者很難對其來源進行還原。

例如王徵在《奇器圖説・表性言》中提及的幾位歐洲學者姓名的問題：「今時巧人之最能明萬器所以然之理者，一名未多，一名西門。又有繪圖刻傳者，一名耕田，一名刺墨里。此皆力藝學中傳授之人也。」這裏提到的「未多」、「西門」、「耕田」、「刺墨里」究竟是誰？學術界對此衆説紛紜，其中相對主流的觀點認爲，「未多」指意大利力學家圭多巴爾多（Guidobaldo del Monte）、「西門」指荷蘭科學家斯蒂文（Simon Stevin）、「耕田」指德國人阿格里科拉（Georgius Agricola）、而「刺墨里」指意大利人拉梅利（Agostino Ramelli）。

經過學術界幾十年的研究，目前對於《奇器圖説》的知識來源問題有了一個大致的結論，即：原書的第一卷和第二卷，主要出自斯蒂文的《數學札記》和圭多巴爾多的《論力學》二書，此外，還可能參考了康曼迪諾、塔爾塔利亞和貝尼德蒂等人的作品。而原書第三卷的來源則更爲複雜，其中「文」的部分包含了貝松的《數學儀器與機器博覽》、拉梅利的《奇異精巧的機器》、微冉提烏斯的《新機器》、蔡辛的《機器博覽》以及宗卡的《機器新舞台和啓發》諸書中的内容；「圖」的部分中，有二十幅來自拉梅利、十三幅出自微冉提烏斯、七幅出自貝松、十一幅出自蔡辛的作品；至於「説」的部分，則同樣來自以上幾位學者的著作，有些是原文直譯而成，有些則經過了簡化和删除的過程〔一〕。

〔一〕張柏春等《傳播與會通——〈奇器圖説〉研究與校注》，第九二—一二五頁。

三、《奇器圖説》《諸器圖説》的成書與版本流變

天啓六年（一六二六），王徵在家鄉守制期間將自己「已造」和「未造而儀其必可行」的八種機械，輯録成書，是爲《新製諸器圖説》一卷。同年冬，王徵到北京候選，與鄧玉函合作譯著了《奇器圖説》三卷。此時兩書皆爲手稿，尚未刊刻。天啓七年（一六二七），王徵受吏部委派，赴揚州任推官，將此稿本攜至揚州。

目前所能見到該書的最初刻本，是明崇禎元年（一六二八）揚州武位中刻本。武氏在《奇器圖後序》中説：「是書也，廣而公之，固濟世利物者一大舟楫也。寧止嘉惠維揚哉？……公之書固非常偉業，是胡可以不傳也？敬手繪而壽之梓。」可見，武位中本的「圖」是其根據王徵的稿本而重新繪製的。武位中本之後，此書在明代還有兩個版本，一爲徽州汪應魁廣及堂刻本，是以武位中本爲底本重刻而成；一爲徽州吴氏西爽堂刻本，是以汪應魁本爲底本翻刻而成的。

到清代，《奇器圖説》的版本更爲繁雜，大略有梅文鼎抄本、《古今圖書集成》本、《四庫全書》本、嘉慶二十一年（一八一六）王企刻本、道光十年（一八三〇）張鵬翂來鹿堂本、道光二十四年（一八四四）《守山閣叢書》本等數種。此外，同時期的日本和朝鮮也有此書的抄本傳世。可以説，「在清代，《奇器圖説》受到了天算學家、朝廷和坊間的重視，除了坊刻本之外，還出現了朝廷的選刻本和抄本，使西方力學和機械知識流傳更爲廣泛」〔一〕。

〔一〕張柏春等《傳播與會通——〈奇器圖説〉研究與校注》，第一九八頁。

有鑒於《遠西奇器圖説録最》和《新製諸器圖説》二書在中西交通史、科技史等方面的重要價值，中華書局特覓得此書之祖本——崇禎元年揚州武位中刻本，以全彩原大影印出版。此本原書版框高二十點八釐米、寬十三點九釐米，書高二十七點一釐米、寬十五點一釐米，書中鈐有「長樂鄭振鐸西諦藏書」朱文方印、「長樂鄭氏藏書之印」朱文長方印，知爲西諦舊藏。以此名家鑒藏之祖刻作爲底本出版，盼可助研究者一臂之力。

中華書局編輯部

二〇一五年十月

目録

遠西奇器圖説録最三卷

◎

（瑞士）鄧玉函口授　（明）王徵譯繪

明崇禎元年（一六二八）武位中刻本

遠西奇器圖說錄最

奇器圖說乃遠西諸儒携來彼

中圖書此其七千餘部中之一

支就一支中此特其千百之什

一耳余不敏竊嘗仰窺制器尚

象之旨而深有味乎璇璣玉衡

之作一器也規天條地七政咸
在萬禩不磨奇哉蔑以尚已考
工指南而後代不乏之宗工哲匠
然自化人奇肱之外巧絶弗傳
而木牛流馬遂擅千古絶響余
甚慕之愛之間嘗不揣固陋妄

製虹吸鶴飲輪壺代耕及自轉
磨自行車諸器見之者亦頗稱
奇然于余心殊未甚快也偶讀
職方外紀所載奇人奇事未易
更僕數其中一二奇器絶非此
中見聞所及如云多勒多城在

山巔取山下之水以供山上運
之甚艱近百年内有巧者製一
水器能盤水直至山城絕不賴
人力其器自能晝夜轉運也又
云亞而幾墨得者天文師也承
國王命造一航海極大之舶舶

成將下之海計雖傾一國之力
用牛馬騾駝千萬莫能運也幾
墨得營作巧法第令王一舉手
引之舶如山岳轉動須臾即下
海矣又造一自動渾天儀其七
政各有本動凡列宿運行之遲

疾一一與天無二其儀以玻璃爲之悉可透視真希世珍也職方外紀西儒艾先生所作其言當不得妄余益爽然自失而私竊嚮往曰嗟乎此等奇器何緣得當吾世而一覩之哉丙寅冬

余補銓如都會龍精華鄧函璞湯道未三先生以候旨修曆寓舊邸中余得朝夕晤請教益甚讙也暇日因述外紀所載質之三先生笑而唯唯且曰諸器甚多悉著圖說見在可

覽也奚敢妄余亟索觀簡帙不一第專屬奇器之圖之說者不下千百餘種其器多用小力轉大重或使升高或令行遠或資修築或運芻餉或便泄注或上下舫船或預防災祲或潛禦物

言或自舂自解或生響生風諸
奇妙器無不備具有用人力物
力者有用風力水力者有用輪
盤有用關捩有用空虛有即用
重爲力者種種妙用令人心花
開爽間有數製頗與愚見相合

閱其圖繪精工無比然有物有
像猶可覽而想像之乃其說則
屬西文西字雖余嚮在里中得
金四表先生爲余指授西文字
毋字父二十五號刻有西儒耳
目資一書亦畧知其音響乎顧

全文全義則茫然其莫測也於
是亟請譯以中字鄧先生則曰
譯是不難第此道雖屬力藝之
小技然必先考度數之學而後
可益凡器用之微須先有度有
數因度而生測量因數而生計

筭因測量計筭而有比例因比
例而後可以窮物之理理得而
後法可立也不曉測量計筭則
必不得比例不得比例則此器
圖說必不能通曉測量另有專
書筭指具在同文比例亦大都

見幾何原本中先生爲余指敶
余習之數日頗亦曉其梗槩於
是取諸器圖說全帙分類而口
授焉余輒信筆疾書不次不文
總期簡明易曉以便人人覽閱
然圖說之中巧器極多第或一不

甚關切民生日用如飛鳶水琴
等類又或非國家工作之所急
需則不錄特錄其最切要者器
誠切矣乃其作法或難如一器
而螺絲轉太多工匠不能如法
又或器之工　甚鉅則不錄特

録其最簡便者器俱切俱便矣
而一法多種一種多器如水法
一器有百十多類或重或繁則
不録特録其最精妙者録既成
輙名之爲遠西奇器圖説録最
云客有愛余者顧而言曰吾子

鐫刻西儒耳目資儼可謂文人學士所不廢也今茲所錄特工匠技藝流耳君子不器子何敝敝焉於斯矧西儒寓我中華我輩深交固真知其賢矣第其人越在遐荒萬里外不過西鄙一

儒焉耳奚爲偏嗜篤好之若此

余應之曰學原不問精麤總期

有濟於世人亦不問中西總期

不違於天茲所録者雖屬技藝

末務而實有益於民生日用國

家興作甚急也儻執不器之説

而鄙之則尼父繫易胡以又云備物制用立成器以爲天下利莫大乎聖人且夫畸人罕遺紀學希聞遇合最難歲月不待明睹其奇而不錄以傳之余心不能已也故嚮求耳目之資今更

求爲手足之資已耳他何計焉夫西儒在茲多年士大夫與之遊者靡不心醉神怡彼且一不驕不吝柰何當吾世而覿面失之古之好學者裹糧負笈不遠數千里往訪今諸賢從絕微數萬

里外齋此圖書以傳我輩我輩
反恐拒而不納歟諸賢寥寥數
輩習皆有道之儒來賓來王覲
昔越裳肅慎不啻遠之遠矣正
可昭我明聖德來遠千古罕儷
之盛邇來余省新從地中掘出

一碑額題景教流行中國碑頌

乃唐郭子儀時所鐫千載如新

與今日諸賢所傳敬天主之教

一一若合符節所載自唐太宗

以後凡十八帝遞相崇敬甚篤也

在昔已然今又何嫌忌之與有

客又笑謂余曰是固然矣第就子言耳目有資手足有資而心獨可無資乎哉西儒縹緗盈室資心之書必多予不之譯而獨譯此器書何也余俯而唯唯曰有迹之器具麤可指陳無形之

理譯猝難究竟余小子不敏耶
以辦此足矣若夫西儒義理全
書非木天石渠諸大手筆弗克
譯也此固余小子昕夕所深願
而力不逮者其尚俟之異日客
遂領然而去余因併録其言以

識歲月

旹

天啓七年丁卯孟春關中涇邑

了一道人王徵謹識

奇器圖後序

世間非常之事非常之人為之非常者奇也小儒瞻薄而識淺僭口中庸以文飾其固陋夫中庸之不可

能非奇耶埶苑有奇文戰
陳有奇兵術數有奇門人
倫有奇士山海有奇物鬼
神有奇狀詎於器而無奇
也者要亦非常之人靈心

躍露直以器爲奇焉耳關西王公司理維揚寬明仁恕莊敬中和政簡刑清士民胥化即正樂一事其與不肖位講明而脩舉者亦

既洋洋大雅追六代之遺

矣以　位　為可教也復出其

奇器圖說一書採輯者為

卷三創置者為卷一授　位

學焉益公瞻智宏材披天

根而漱地軸觸類多能其
緒餘矣嘗考古善奇者輸
班墨翟見用於時有益於
世其最著者矣嗣若祖沖
之張平子馬鈞藝元之流

皆當世名巧而功不集事利不及民終無取焉獨木牛流馬膾炙至今此外多屬假託非其真也乃公所製自行車自行磨已足雁

行武侯而虹吸鶴飲之備
旱潦輪壺之傳刻漏水鏡
之滅火災連弩之禦大敵
代耕之省牛馬因風趁水
之不煩人力其有裨於飛

乾轉運軍旅農商瑣細米
鹽小大悉備逸勞相萬矣
昔人謂文至韓愈詩至杜
甫書至顏真卿畫至吳道
元天下之能事畢焉然於

國家緩急生民日用曾何
毛髮益乎是書也廣而公
之國濟世利物者一大舟
楫也寧止嘉惠維揚哉險
苟曰爰有奇器是生萬象

徑則曰公有奇器實利萬民則公之品誠有用大儒公之書圖非常偉業是胡可以不傳也敬手繪而壽之梓時

崇禎改元中秋日直隸揚
州府儒學訓導武位中頓
首撰并書

遠西奇器圖說録最凡例

一正用

重學

一借資

窮理格物之學

度學

數學

視學

呂律學

一引取
勾股法義
圜容較義
蓋憲通考
泰西水法
幾何原本
坤輿全圖
簡平儀
渾天儀

天問畧

同文筭指

天主實義

畸人十篇

七克

自鳴鍾說

望遠鏡說

職方外紀

西學或問

西學凡

一制器器

度數尺

驗地平尺

合用分方分圓尺　兩端用兩規矩

闔闢分方分圓各由一分起至十分尺

規矩

兩足規矩

三足規矩

兩螺絲轉闔闢定用規矩
單螺絲轉闔闢任用規矩
畫銅鐵規矩
畫紙規矩
作雞蛋形規矩
作螺絲轉形規矩
移遠畫近規矩
寫字以大作小以小作大規矩
螺絲轉母

活鋁

雙翼鑽

螺絲轉鐵鉗

一記號

號必用西字者西字號初似難記然正因
其難記欲覽者怪而尋索必求其得耳況
號止二十形象各異又不甚煩不甚難乎
今將西字總列于左即以中字並列釋之
以便觀覽且欲知西字止二十號耳可括

萬音萬字之用

a e i o u z ch k p t j l f l m n s x h

丫額衣阿午則者格百德日物弗額勒麥搦色石黑

以上記號葢因圖中諸器多端須用標記

而後說中指其記號一一可詳解耳用之

不盡不論也圖之簡明易知者則不用

一每所用物名目

柱

長柱

短柱

梁

横梁

側梁

架

高架

方架

短架

槓杆

軸

立軸

平軸

斜軸

觚軸

輪

立輪

攪輪

平輪

斜輪

飛輪

行輪

星輪

鼓輪

齒輪

輻輪

觚輪

燈輪

水輪

風輪

十字立輪

十字平輪

半規斜輪

木板立輪

木板平輪

鋸齒輪

半規鋸齒輪

上下相錯鋸齒輪

左右相錯鋸齒輪

曲柄

左右對轉曲柄

上下立轉曲柄

單轆轤

雙轆轤

滑車

推車

纆索

水戽

水杓

連珠戽

鶴膝轉軸

風蓬

風扇

活輥木

活地平

活桔槔

一諸器所用

用器

用人

用馬

用風

用水

用空

用重

用槓

用輪

用龍尾

用螺絲

用秤杆

用滑車

用攪

用轉

用推

用曳

用揭

用墜

用薦

用提

用小力

用大力

用一器

用數器

用相等之器

用相勝之器

用相通之器

用相輔之器

一諸器能力

能以小力勝大重

能使重者升高

能使重者行遠

能使在下者遞上而不窮

能使不動者常動而不息
能使不鳴者自鳴
能使不吹者自吹
能使大者小
能使小者大
能使近者遠
能使遠者近
一諸器利益
省大力

免大勞

解大苦

釋大難

節大費

長大識

增大智

致一切難致之物平易而無危險

一全器圖說

起重圖說

遠西奇器圖說錄最卷第一

西海耶穌會士鄧玉函　口授

關西景教後學王　徵　譯繪

金陵後學武位中較梓

奇器圖說。譯西庠文字而作者也。西庠凡學。各有本名。此學本名。原是力藝。力藝之學。西庠首有表性言。且有解。所以表此學之內美好。次有表德言、所以表此學之外美好。今悉譯其原文本義。兩列於左。

力藝原名

表性言

力藝重學也

力是氣力力量如人力馬力水力風力之類又用力加力之謂如用人力用馬力用水風之力之類藝則用力之巧法巧器所以善用其力輕省其力之總名也重學者學乃公稱重則私號蓋文學理學筭學之類俱以學稱故曰公而此力藝之學其取義本專屬重故獨私號之曰重學云

原解表性言一

蓋此重學其總司維一。曰運重。

凡學各有所司。如醫學所司者。治人病疾。筭學所司者。計數多寡。而此力藝之學。其所司。不論土、水、木、石等物。則總在運重而已。

其分所有二。一本所。在內。曰明悟。一借所在外。曰圖籍。

人之神。有三司。一明悟。二記含。三愛欲。凡學者所取外物外事。皆從明悟而入。藏於記含之內異日明悟愛之而欲用之。直從記含中取之足矣此學之本所。在內者也。至古人已成之器之法載在圖籍。則又吾學之借所也。故曰在外。

其造詣有三。一由師傳。一由式樣。一由看多想多做多。

凡學。皆須由此三者而成。而此力藝之學。須此三者更亟。不得師傳。不會做。不有式樣。亦不能憑空自做。所有者皆有矣。而眼看不熟。心想不細手做不勤。終亦不能精此學。蓋大匠能與人規矩。不能使人巧。巧必從習熟而後得也。故曰習慣如自然。三者並重。而第三尤爲切近。何也。師傳易明。但師不克常在則難。式樣最便。然亦有有式樣。而不能便惺然者。故自己看多。想多。做多。尤切近也。

其作用有四。一爲物理。二爲權度。三爲運動。四爲致物。

理。如木之有根本也。木有根本則千枝萬實皆從此生。故人能窮物之理。則自能明物之性。一理通而衆理可通。一法得。而萬法悉得矣。窮理原爲學者之急務。而於此力藝之學。尤爲當務之首。理既窮矣。假如兩理。不知誰重誰輕。則必權之度之。理因相比。而可較然其自分也。故權度次之。夫理窮而權度亦既審矣。夫然後遇物之重者。衆人力所不能運。所不能動者。以此力藝學之法之器而運動之。無難也。故運動又次之。顧運動何爲。總欲致其物耳。假如人生有飢有寒。則思致飲食。致衣服諸物。避風。避雨。則思致城郭致宮室諸物。防物害防敵攻。則又思致干戈。致火器諸物。凡此諸物非此力藝之學。莫能致之故以致物終之者、正以明此學大用之終竟耳。四用似有先後。而實皆相聯、假如欲致物。不得運動法。則不能致。欲運動。不得權度則運動無法。而權度不根諸窮理。則將孰權孰度焉。故四者相須。總爲此學之大用。

其所傳授。因起。則有五。一。始祖遞傳。二。窘迫生心三。觸物起見。四。偶悟而得。五。思極而通相授之原。從人之始祖亞當受之造物主以後遞相傳於子孫。然特傳其耕作器耳。至後將近四千年有一大人。名亞希默得。新造龍尾車小螺絲轉等器。又能記萬器之所以然。今時巧人之最能明萬器所以然之理者。一名未多。一名西門。又有繪圖刻傳者。一名耕田一名刺墨里此皆力藝學中傳授之人也。其云窘迫生心者。如因饑寒所迫。則思作飲食作衣服。因風雨所迫。則思作城郭作宮室。因物害敵攻所迫。則思作干戈。作火器之類是也。觸物起見者。如觸於魚之搖尾水中。則因之作柁。觸於魚之以翅左右。則因之作櫓。觸於松鼠之伏板竪尾渡水。則因之作帆。之類是也。偶悟而得者。如一國王以純金。命一匠作器。匠潛以銀雜之。王欲廉其弊弗得也。亞希默得因浴而偶悟焉。謂金與銀。分兩等。而體段大小不等。金重而小。銀重而大。以器入水。驗其所留之水。誰多誰寡。則金與銀辨矣。遂明其弊。而匠自服罪之類是也。思極而通者。人能常思常慮。則心機自然細密。明悟自然開發。所謂思之思之。又重思之。思之不得。鬼神將通之者。是也。此數者。雖不由傳授。然有因而起。故統系傳授之下。而另列之爲因起云。

論其料。曰理曰法。縱千百其無盡。

料者。力藝學中之材料也。如一重物難起。或用人力。或用馬力。或用關棙。或用輪盤。一法不足百法助之。其機種種不同。其材料不越理法兩端。隨人明悟。相度取用。可千變萬化而不窮也。

核其模。有體。有制。有次第而相承。

模。即體制。蓋有材料。而不有體制作模。則必不能成一器。然體制雖或千百不同。而其實。則各各次第相承而不紊。譬如自鳴鐘。大輪小輪。其中各目甚多。必一一次第相聯。而後可以自鳴也。一紊其序。則不成其用矣。

所正資而常不相離者。度數之學。

造物主生物。有數。有度。有重。物物皆然。數即筭學。度乃測量學。重則此力藝之重學也。重有重之性理。以此重。較彼重之多寡。則資算學。以此重之形體。較彼重之形體大小。則資測量學。故數學。度學。正重學之所必須。蓋三學均從性理而生。如兄弟內親。不可相離者也。

所借資而間可相輔者。視學。及律呂之學。

夫重學。本用在手足。而視學。則目司之。律呂學則耳司之。似若不甚關切者。然離視學。則方圓平直。不可作。離律呂學。則輕。重。疾。徐。大。若。高。下。之節。不易協。況夫生風生吹。自鳴。等器。皆借之

律呂故兩學於重學雖非內親乎而實益友可
相輔而不可少也
此其取精也既厚則其奏效也必弘。故能力甚大。
其所裨益於人世者良多也。命曰重學。學者其可
忽諸。
夫此重學。既從度數諸學而來。其學可謂傅而
約矣。原非一蹴而成功。自可隨奏而輒效。只就
起重一節言之。假如有重於此。數百千人方能
起。或猶不能起。而精此學者。止用二三人即能

起之。此其能力何如也。既省多力。又節大費。且平實而不致險危。其裨益於人世也又何如。故名以重學。雖專爲運重而立名。亦以見此學關繫至重。有志於經世務者。不宜輕視之耳。

或問。表性言一句耳。而解奚爲如此之多。曰。此學最奇。亦最深。不詳解。不能遽曉此中之妙。之法。之性理。故解已詳。而余復爲詳註之者。總期人人之易曉也。

力藝內性圖

- 先
  - 所：明悟、圖籍
  - 傳：窘追、觸物、偶悟、思極
  - 造：師式、想習
- 本
  - 料：日理、日法
  - 資：度學、數學、視學、律呂
  - 模：有體、有制
- 後
  - 司：一總、日重
  - 用：窮理、權度、運動、致物
  - 效：容易、節省

力藝

表德言

前所表者。重學之內性耳。茲復表其外德。

是重學也。最確當而無差。

天下之學。或有全美。或有半美。不差者固多。差之者亦不少也。惟算數測量毫無差謬。而此力藝之學。根於度數之學。悉從測量算數而作。種種皆有理有法。故最確當而毫無差謬者。惟此學為然。非如他學。此或以為可。彼或以為否。此

或見以爲是。彼復駁以爲非者比。蓋人同具明
悟。知其所以然。自不得不是之。非强也。間有差。
亦非此學之差。則器之材質或有差。不。則人之
所作。如法與不如法耳。

至易簡而可作。

蓋器之公者。止有一。器之所以然。亦止有一。且
至爲明白。不依賴於多體。况其體相聯不多。如
通一體。則他體可以相推。但一留心。自可通曉
不似他學。費盡心力。而猶或不易曉也。其理易

明其法有迹而易見。其器又悉有成式而可擬
故此學至易至簡。而人人可作。
然奇古可怪聞者似多驚詫非常。
人多勝多。或人多而勝寡。不怪也。人寡能勝人
多。則可怪。如以大力運大重。奚足怪。今用小小
機器。輒能舉大重使之升高。使之行遠。有不驚
詫爲非常者。鮮矣。然能通此學。知機器之所以
然。則怪亦平常事也。試觀千鈞之弩。惟用一寸
之機。萬斛之舟。祇憑一尋之柁。豈不可怪。而世

因常常用之。則亦視爲日用家常物耳。
而精妙難言。見之自當喜慰無量。
饑得餐。渴得漿。則自生喜慰。而此精妙之器。乃
吾人明悟之美味也。同具明悟者。寧能不喜。況
有大重於此。用大力多力不能起者。一旦用小
力。而大重自起。見之有不喜慰者乎。故器之精
妙。筆舌難盡形容。但人一見器之精妙。未有不
歡欣慰悅者也。昔亞希默得欲辨金與銀雜之
故。不得。偶因沐浴而悟得其故。則歡慰之極。至

於忘其衣着。赤身報王。是一證也。

堪爲工作之督府。

凡工匠皆有二等。一在上。一在下。下者奉上之命。躬作諸務。有同僕役。上者指示方畧。而不親操斧鑿者也。自有此學。總百工之在上者。亦皆在下。而此學獨在其上。蓋百工之在上者。并此宗工。無所取法。無所禀承。其尊貴有五。一能授諸器於百工。二能顯諸器之用。三能明示諸器之所以然。四能於從來無器者。自創新器。五能以成法輔助工作之所不及。故曰督府云。

可開利益之美源。

民生日用。飲食。衣服。宮室。種種利益。爲人世急需之物。無一不爲諸器所致。如耕田求食。必用代耕等器。如水乾田。乾水田。必用恒升。龍尾。轆轤等器。如榨酒。榨油。必用螺絲轉等器。如織裁衣服。必用機車剪刀等器。如欲從遠方運取衣食諸貨物。必用舟車等器。如欲作宮室。所需金石。土。木。諸物。必用起重。引重。轉重等器。人世急需之物。何者不從此力藝之學而得。故即稱爲衆美之源可也。不寧惟是。即救大災。捍大患。如防水害。則運大石以築堤。防火災。則用吹筒以灑水。遇猛獸。則用弓弩刀鎗。遇大敵。則用拂郎大銃。就中以寡勝衆之妙。不能盡述。則夫通此學者。寧非濬開萬用之美源也哉。推而廣之。如鑿礦砂。采取金鐵。資貿易兵甲之費。製風琴。自奏音響。佐清廟明堂之盛。自鳴鐘。自報時刻。濟日晷晴陰之窮。諸般奇器。不但裕民間日用之常經。

抑可裨國家政治之大務。其利益無窮。學者當自識取之耳。

公用則萬國攸同。

夫文物之邦。無器不用。固矣。乃窮荒絕徼。如綠頭國人。在北極出地七十多度之下。無城郭州縣。可謂至僻之地。至野之國矣。亦知用皮船取水族。用弓矢取鳥獸。然則器用之公。普大地無不同然。何其廣耶。

創垂。則千古不異。

造物主。造有天地以後。至洪水時。人民衆多。有一國王。是女主。名塞容刺密。造一大府。名巴必暇。其城周六萬步。高二十丈。廣厚五丈。周造城樓二百五十座。用役一百三十萬人。一年造完。彼時無器不有。無器不用。傳至於今。新新不已。豈不千古如常也哉。

制器之初。本於人祖。

造物主。造有天地。即造有人之始祖。名亞當者。與其妻名厄襪者。置之地堂。良和之處。其初人

無病疾。亦無老死。五穀果木等類。皆大地自然
生成。不勞人力。其中一切鳥獸。聽命於人。無有
毒害。自亞當與厄襪。不遵主命。犯誡得罪。以後
遂爾五穀難生。鳥獸毒害。有饑有寒。有病有死。
男子。則罰其耕田勞苦。女子。則罰其生育艱辛。
於是亞當始作耕田等器。自求衣食。故器用皆
從始祖創制。益亦繼天而立極。半從人力。半從
天巧。而得之者也。
立法之妙。合乎天然。

天下之物。皆天然自生自成。而此器之法。乃因物理而生而成。所謂有物必有則者。此也。然法雖由於造作。而此於生成之物。則或有相似。有相帮。有相勝。有相笑者。非一端也。譬如天體晝夜自行運旋。而器之自轉磨。自行車。自鳴鐘等類。輒能一一與天相似。人之耳目手足。自視自聽。自行自持。而器之製成人像者。輒又手能自持自起。足能自行自止。目能自閉自張。一一與人相似。不謂巧擬化工矣乎。間有物力人力不能及者。或以螺絲。龍尾。轆轤。輪盤。或用風用水。用空。皆可使之助其不及。是爲相帮。所云參贊輔相。殆亦此義歟。至於以小力起大重運大重。轉大重。雖至重之物。悉足勝之。無難。是天地間無有勝過此器者矣。且重之性原在下。而此器不特勝之。更能使重者自上而下。不覺如龍尾取水。水上知其已下也。而不知其已上也。豈不可笑也哉。有此數端。故云立法之妙。合乎天然。詎曰小道之可觀。實爲大學之急務。然此特撮其梗槩。下文方細爲敷陳。

力藝外德圖

一　最確當
二　至易簡
三　似可怪
四　實可喜
五　工之督
六　美之源
七　徧萬方
八　傳千古
九　始人祖
十　合天然

力藝

四解

前內性外德。特總括此學之大畧耳。其詳解更

有四端。列爲四卷。如左。

第一卷重解

此學總爲運重而設。儻無重。何必運。且將何運。

故重之解。列爲一卷

第二卷器解

重不得起。須用器而起。器不一而足也。器之中。

又求最巧之器。故器之解。列爲一卷。

第三卷力解

巧器用以起重。引重。轉重。固矣。然器必借力而運。或人力。馬力。或風力。水力。或即借重物之力。故力之解。列爲一卷。

第四卷動解

有重於此。或欲升之高。或欲致之遠。或欲令其轉旋往來而不已。凡皆運動法也。或爲。或揭。或推。或曳。或手轉。足躧。種種不同。故動之解。列爲一卷。

遠西奇器圖說重解卷第一

款凡六十二

第一款

最重無過於地。地在天之下。必在中心。

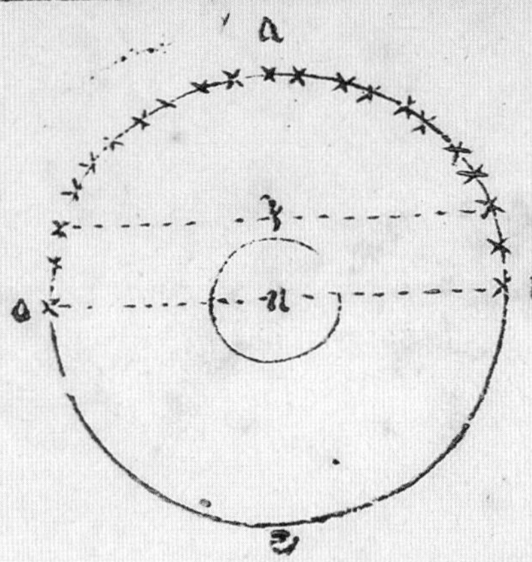

試觀上圖。a e i o 為星天。n 為大地。o i 為地平。人常見者。自 o 至 a 至 i 為半天。故知地在天之下。中心也。儻使地或在 e。則其徑特為少半。而星在 o i 上者。不得見矣。

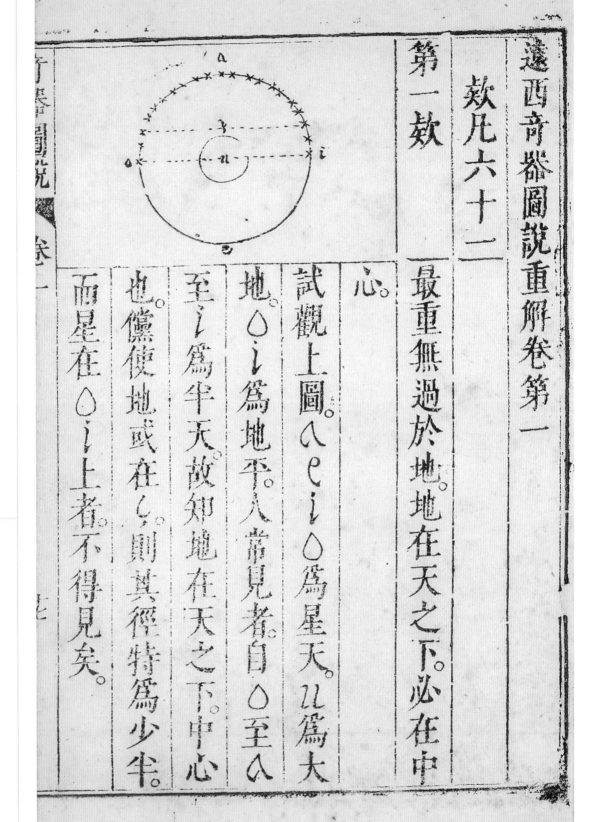

第二款

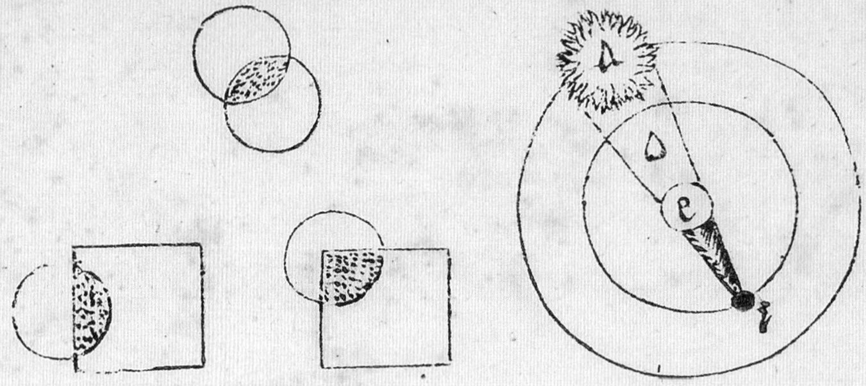

次重無過於海。海附於地。合爲一球。試觀上圖。a爲日輪。e爲地海。i爲月。o爲日影。日在地下。月在天上。日過地則有影。影過月則爲月食。惟地與海。合爲圓球。其影亦圓。故月食漸漸如半規也。觀第二圖自見。儻地形是方。則其影亦方。月食當截然如直線之形。不作半規形矣。詳具天文書中。

第三款

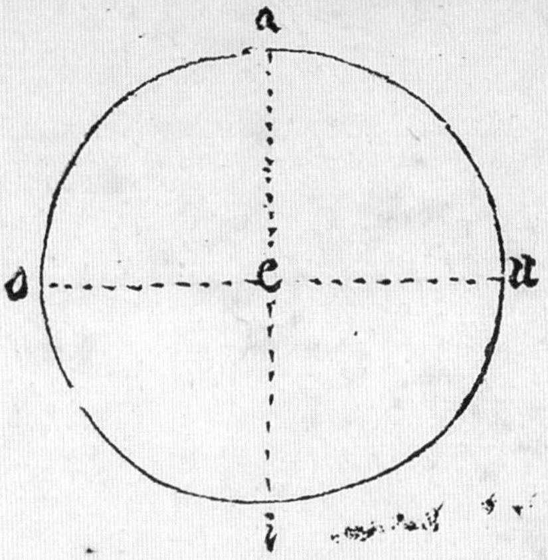

重之廣大無過地球其面與其心相距一萬餘里每圓界三百六十度所以地球圓界亦有三百六十度每度有二百五十里所以相乘得九萬里因圓界a i o u有九萬里所以a至i徑用二一十二與七比例得二萬八千六百三十三里自a至e半之得一萬四千三百十六里餘故云地球之面與其

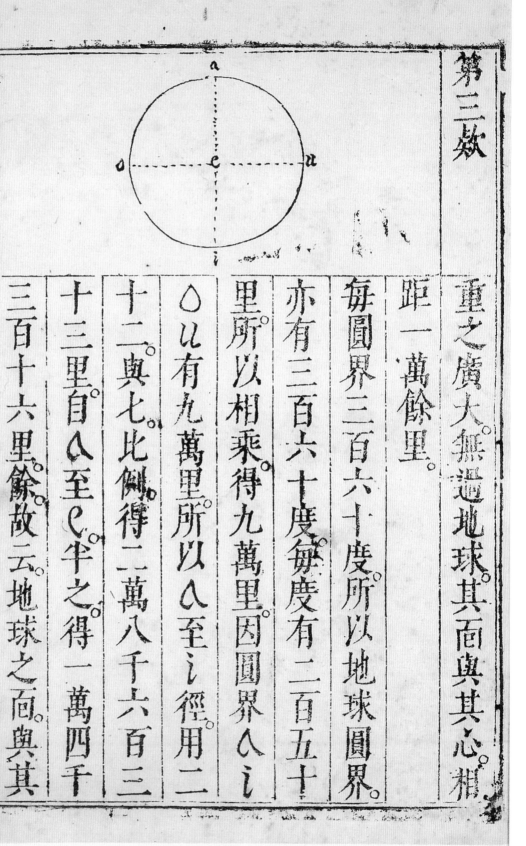

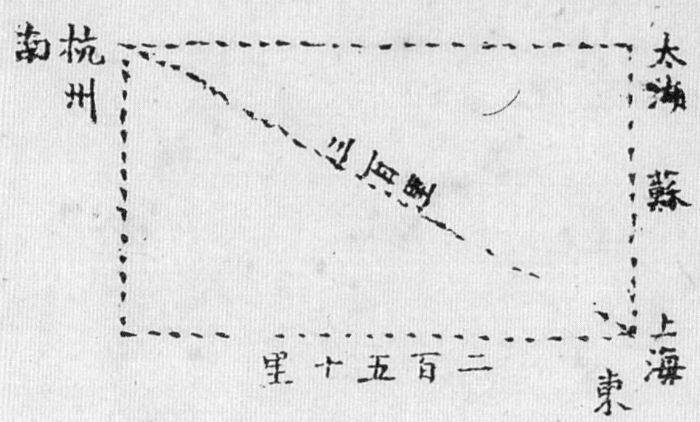

心。相距一萬餘里也。何以知一度有二百五十里耶。假如杭州北極出地三十度十三分。上海。北極出地三十一度十三分。是相距爲一度矣。上海雖在東北。但與蘇州太湖。東西相對。所以南北同度。計曲路三百餘里。正路則止有二百五十里耳。第二圖自明。

第四款

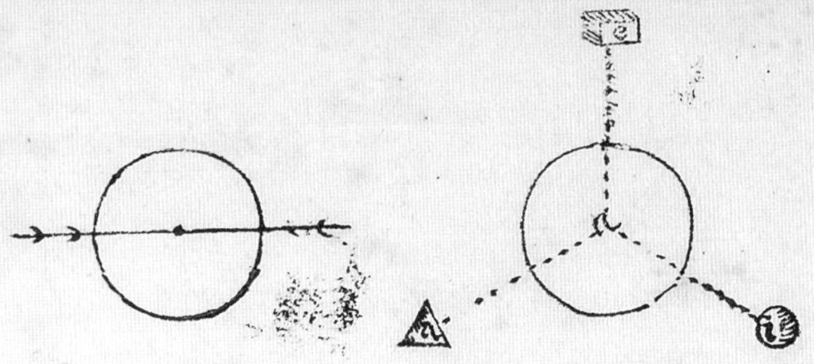

重何物。每體直下。必欲到地心者是。試觀上圖。圓爲地球。a爲地球中心。e。i。u。皆重物。各體各欲直下。至地心方止。蓋重性就下。而地心乃其本所。故耳。譬如磁石吸鐵。鐵性就石。不論石之在上。在下。在左。在右。而鐵必就之者。其性然也。重物有二。一本性就下。一體有斤兩。

第五款

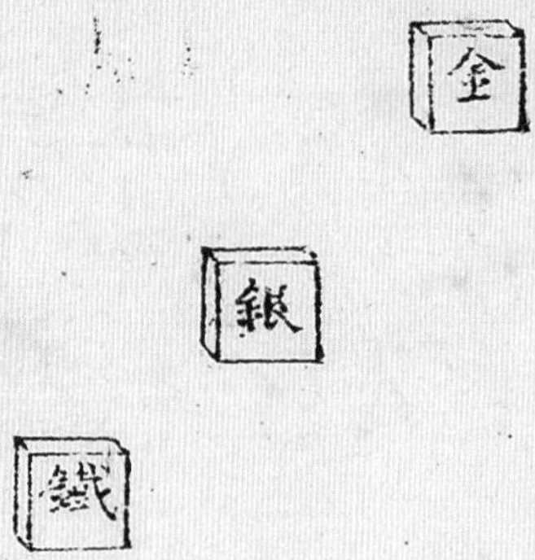

物之本重

本重者。如金重於銀。銀重於鐵之類。是也。蓋金與銀。體段一樣。而金重銀輕。是金之質。原本重於銀也。非以一兩金與十兩銀相較之重。故曰本重云。

第六款

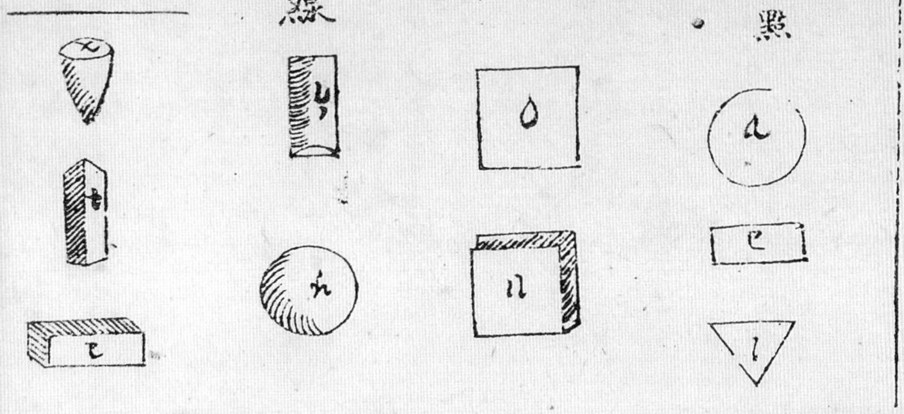

重之體。必定自有。點。線。面形。內有容。外有限。曰形。其中點爲形心。有直線過心兩邊不出限者爲徑線。

形有二。一面形。一體形。假如上圖點線之外。ㄚ平圓。ㄝ長形。ㄧ三角。ㄛ方形。等。俱是面形。體形有三度。或長或闊。或厚。如上ㄩㄅ等體是也。

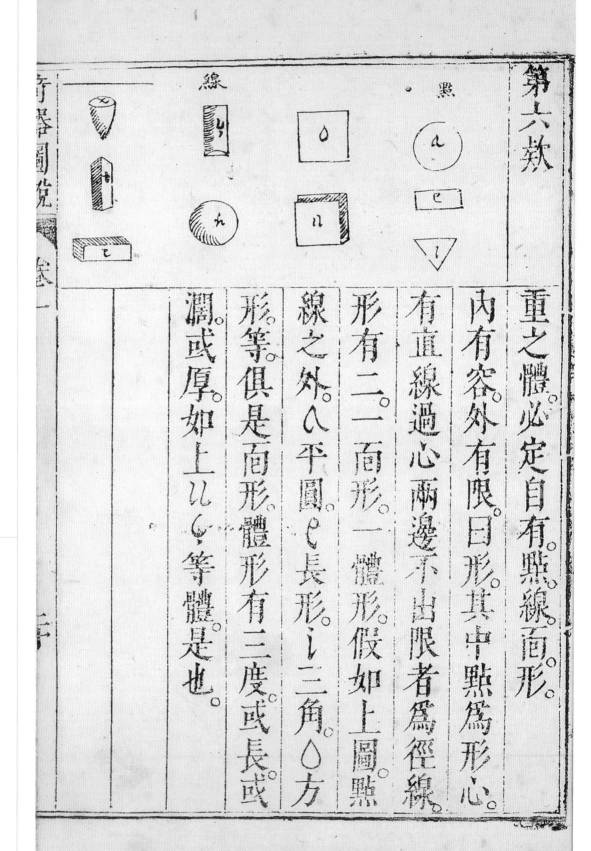

第七款

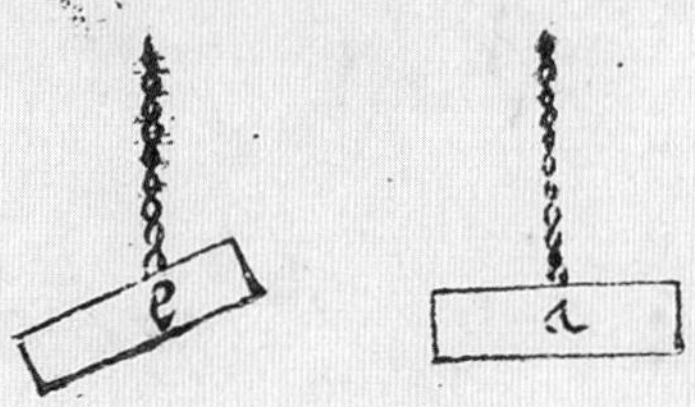

重之心。重繫於心。則不動。

假如有重於此。以線繫之。果在其心如a則不偏不動。儻不在心如e則必偏且垂下矣。

第八款

毎重各有其心。

假如有重於此。兩邊重相等。則重心必在其中無疑也。毎重但有一重心。

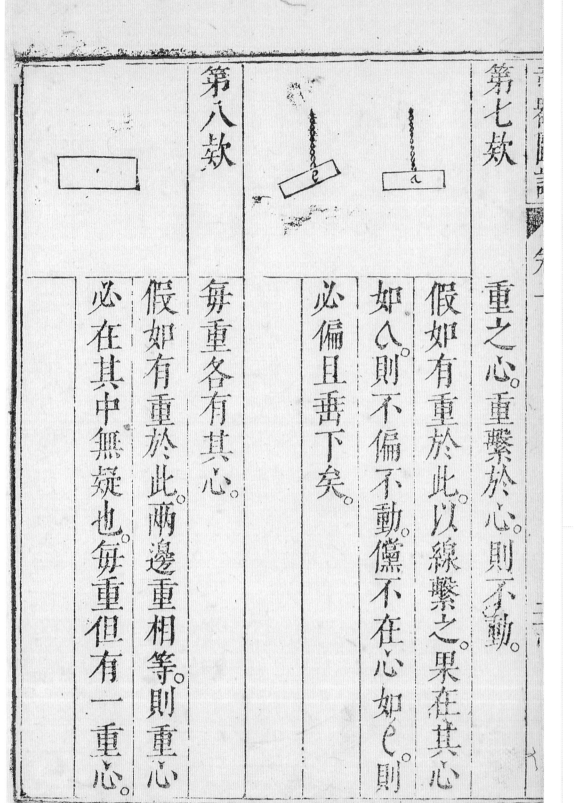

第九款

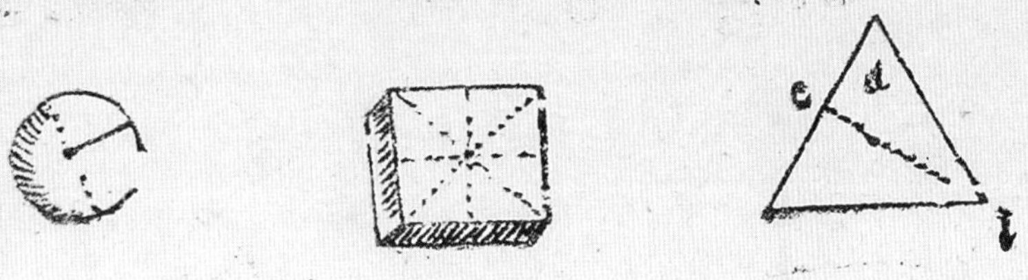

有直線過重心。不出兩限者。爲重之徑。

假如a三角形。重之心在中點。直線從e至i過中心。則爲重之徑也。諸重皆然。如上立方圓。三徑皆從重心直過。故重之徑無窮盡也。

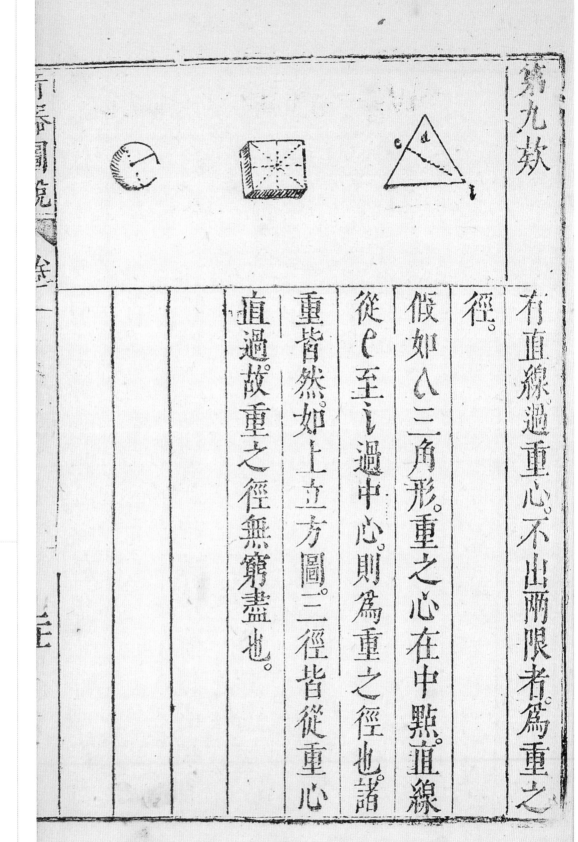

第十款

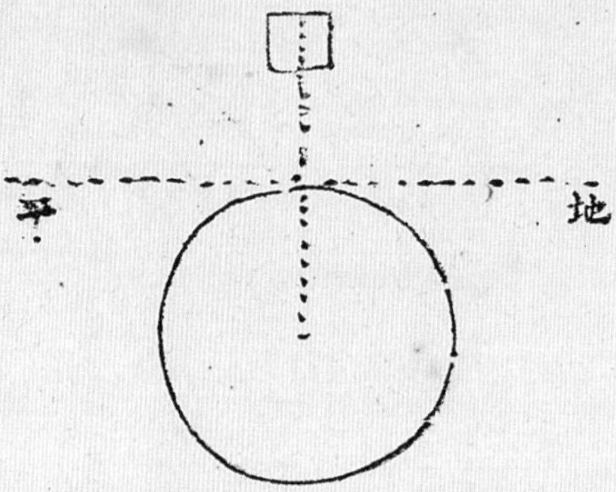

有垂線過地心交於地平作兩直角者為垂之垂徑

假如上圖圓為地球中有地心橫有地平線上有方重其線過地心交於地平線作兩直角故其立線為垂之垂徑也

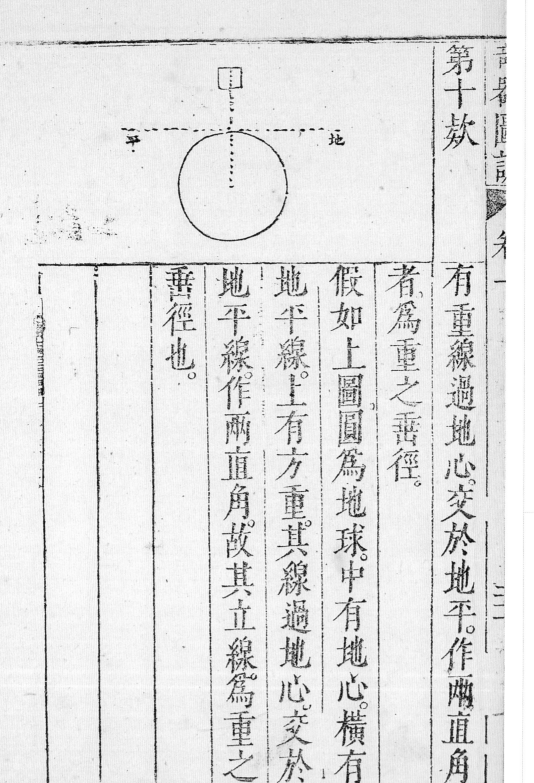

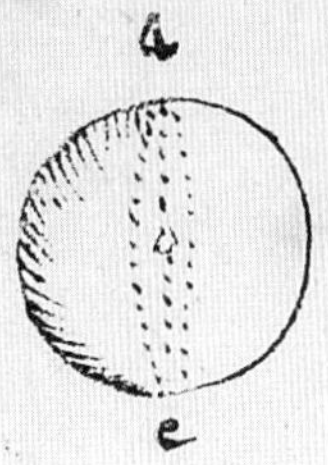

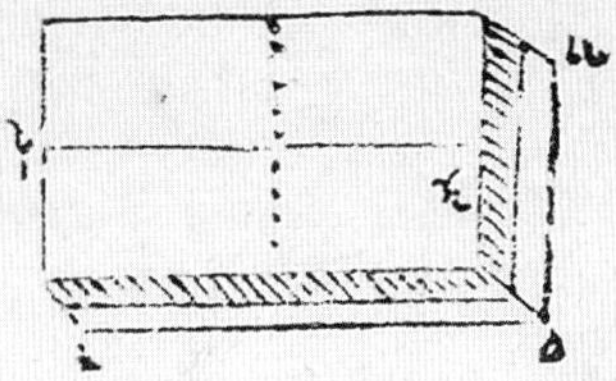

有重體不論正斜皆有徑線從徑線分彼其側面即爲重之徑面。

假如上圓圖徑線a e從徑線開之。即作兩半球。半球平面。即重之徑面也。又如上方圖i o u爲外周。徑線分之。則兩半方形其分開之內兩平面。即重之徑面也。如從y x徑線開之。則兩側面即重之徑面也。因徑面常過重心。所以兩分相等。

第十二欵

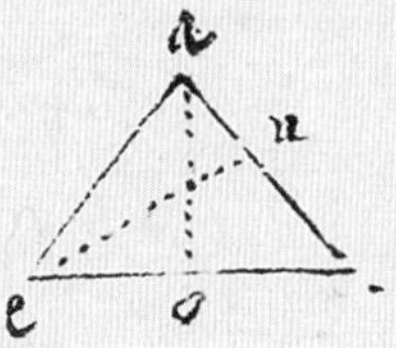

有三角形從角至對線於中作一直線直線内有重之心

假如從a角至e i對線作一直線於o分兩平分必定a o之内有重心也e至u亦然

第十三欵

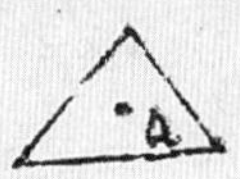

有三角形其重心與形心同所

假如上三角形a為形心亦為重心

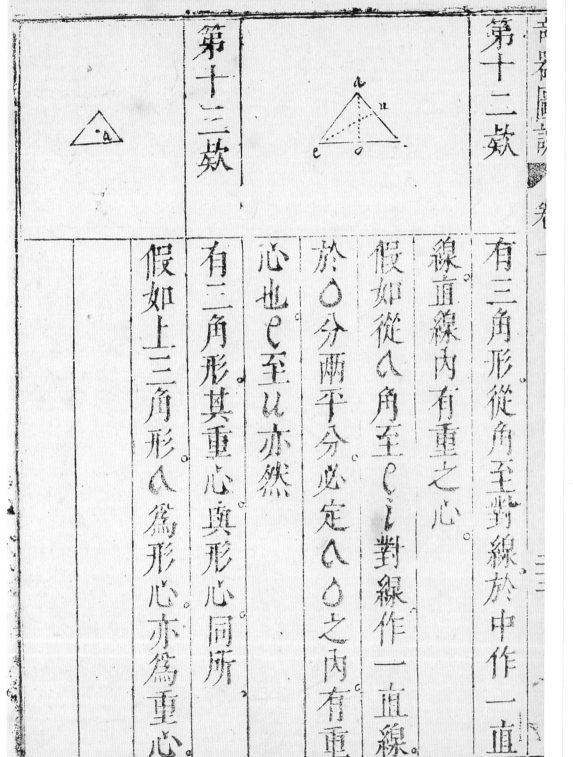

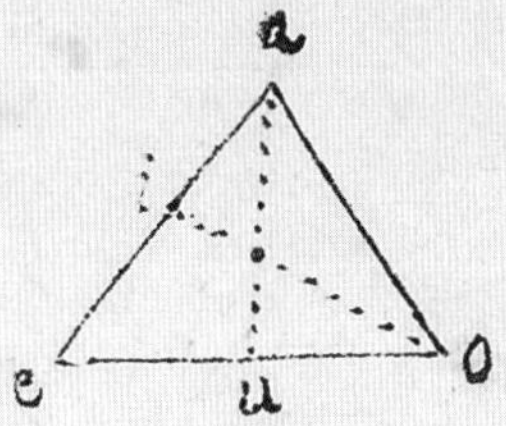

第十四款

求三角形重心。

法曰。有三角形。各分兩分。起線各至角。爲一直線。相遇十字交處。便是重心。假如上a與e中分有i。i至o爲一直線。次o與e中分有u。u至a爲一直線。兩直線相遇十字於心。即得所求。

第十五款

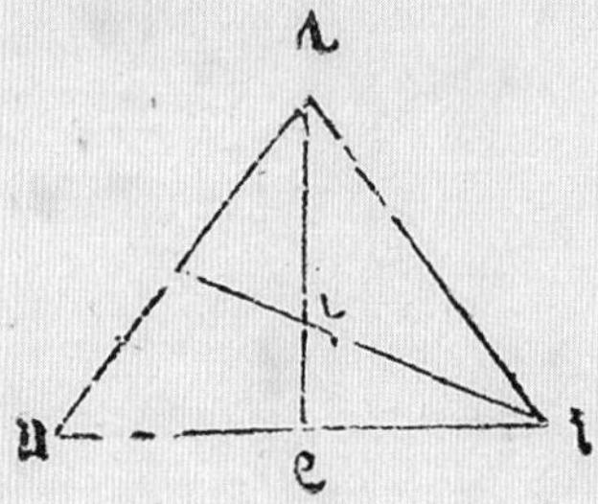

有三角形。每直線從過角重心到對線。其分不等。為二倍比例。

假如上圖。ae從角過心到ui對線。為兩分。ai線大於ie線二倍。其ui線。亦二倍大於io線。

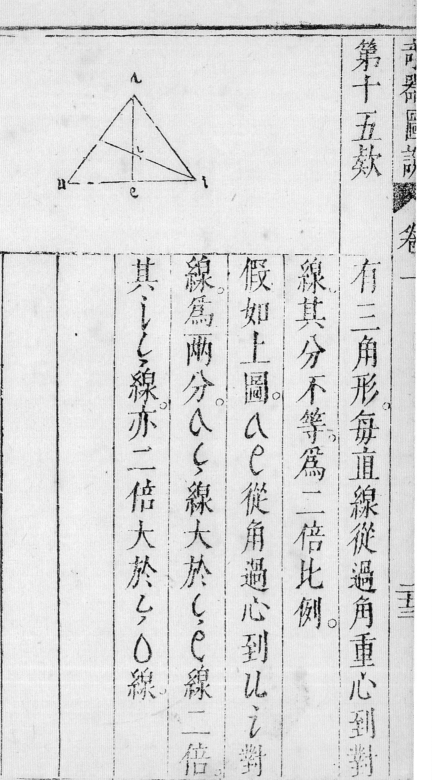

第十六款

有法四邊形。其重心分兩平分。為徑。

假如上圖四邊有法長方形。其重心

是a其徑e i為一線。o u y各

一線。各線每徑長短不同。俱兩平分。

第十七款

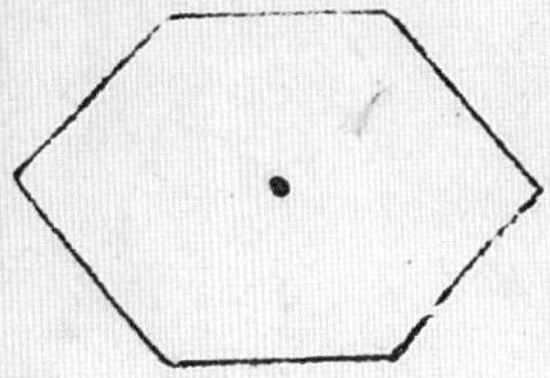

有法多邊形。其重心形心同所。

假如上六角形。其角等。其邊亦等。是

名有法多邊。其重心與形心總是一

心。

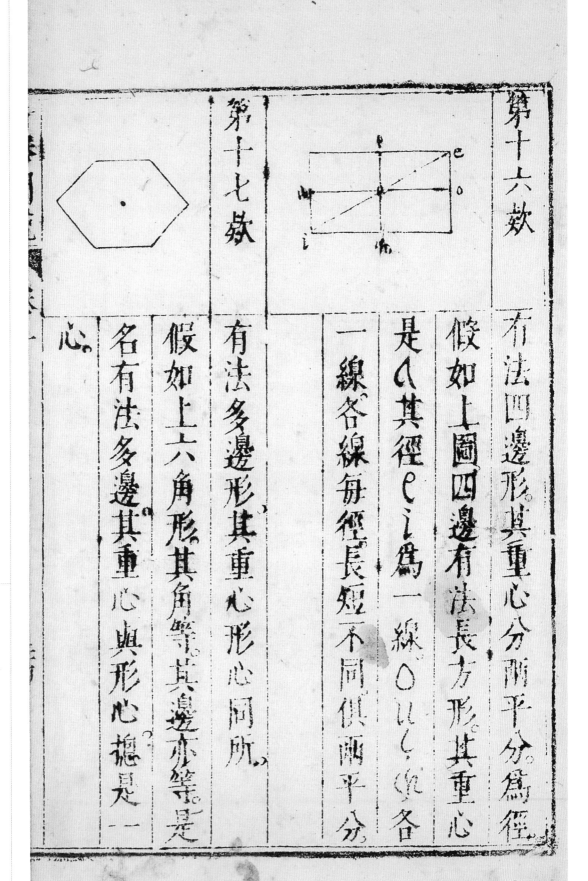

第十八款

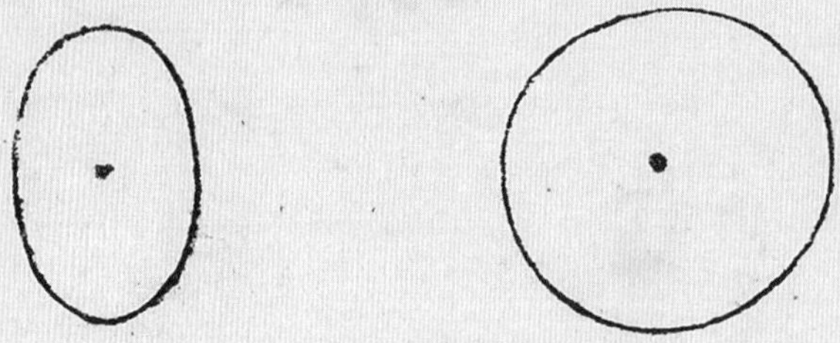

平圓與雞子圓形。其重心形心。亦同所。

圓界與多邊形相似。故其心皆同。其雞子形與平圓形亦相似。故其心亦同。

第十九款

求直線平形之重心。

假如上無法四邊形。先分作兩三角形。從對角打兩垂線到分線上。ㄙ與e分。既成兩三角形。用前十四款求三角形重心法。即得i O兩心。i與O作直線。次用比例法。u l・大垂線。與ㄙ卜小垂線比例等於i ア與ア O比例。ア乃所求之重心也。

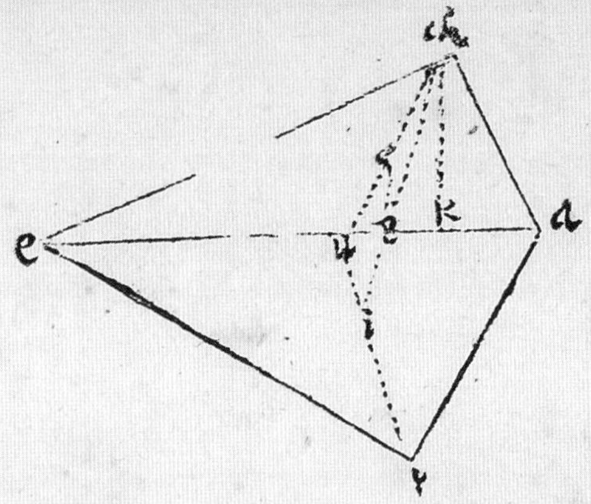

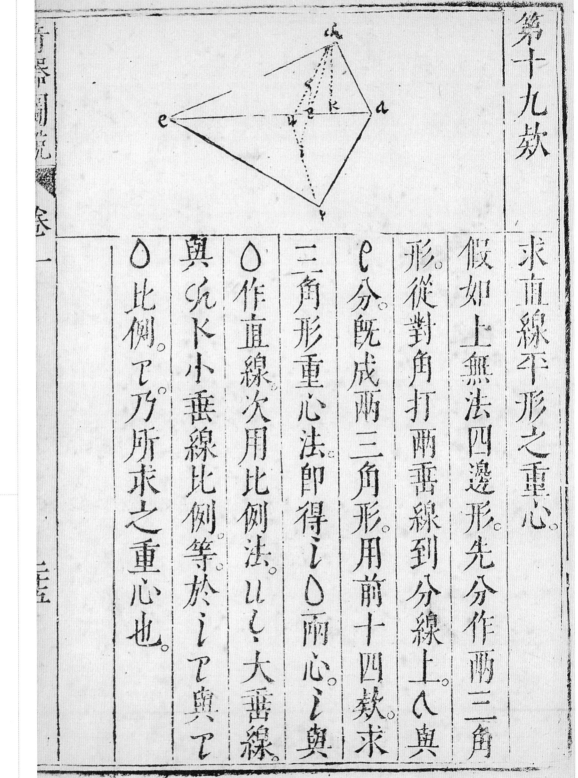

第二十款

每多稜有法柱。其重心在內徑中。
假如上立方六稜柱。其重心在方徑內心。a至i爲內徑。就是其軸。e之內心。乃其重心也。

第二十一款

每多稜有法體。其重心形心俱同所。
假如上八稜有法柱。a e i是其內袖。e即其重心形心。是也。

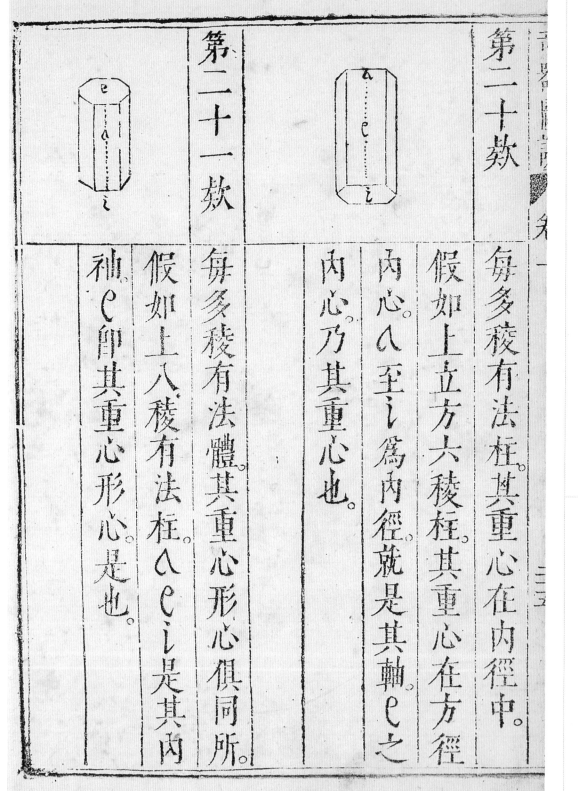

第二十二款

有體求其重心。

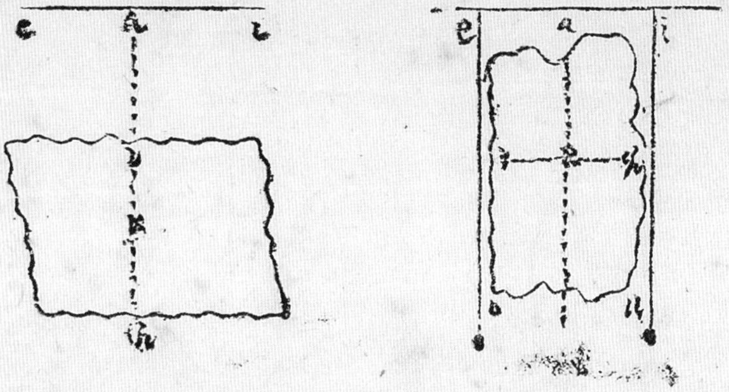

假如上無法之面，欲求重心，先於上作平線，繫a次於e，垂一直線緊靠一邊。又次於i，亦作一垂線緊靠一邊。即從a上往下以墨直點作線，e至o，i至u，兩線是徑之面。復轉繫體，再如e、o、i、u作兩線如前，就得第二徑之面。即向上端下端看兩線十字交處，即得重心之徑也。又將繫體橫轉，從i處繫於a上，求徑線至k，亦向十字交處看之，則得k，是重心也。

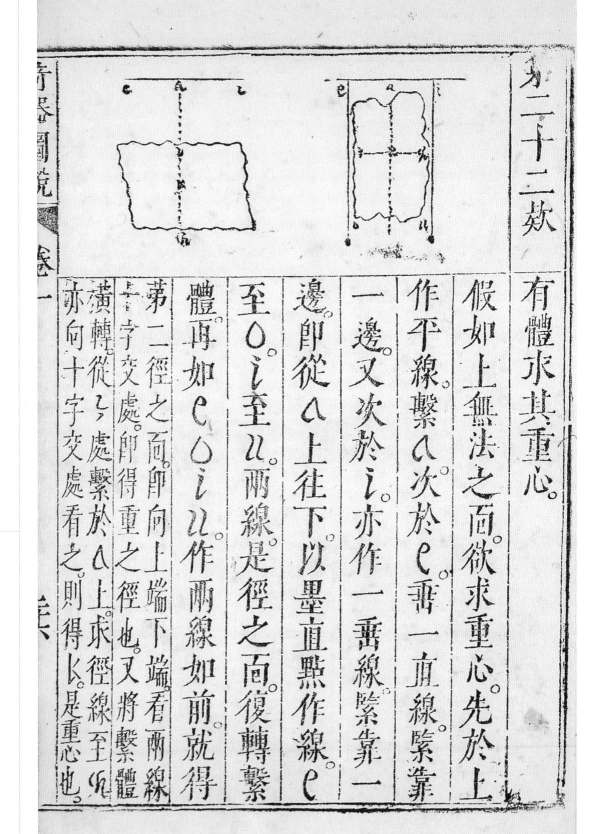

第二十三款

每重不在其所。則必下俯地心。作正垂線。

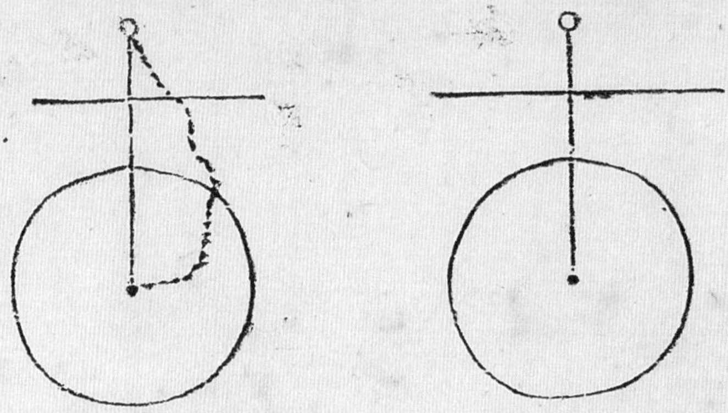

天下之物。各有本所。物之性。亦各喜得本所。每物不在其所。則必與性相反。且別物得以攻之。故各就本所。乃各物之所喜向也。假如火本炎上。使之入水。則非本所。便就滅息。重之性下。水土其本所也。且物性直捷重之垂下。不作迂曲。況天下之物性最巧。直線之途必短。迂曲之線。其途甚長。物喜短捷之便。故不肯拂性而迂曲也。

第二十四欵

毎體重之更重。必在重之心。

假如重物。長。短。厚。薄。方。圓。爲體不一。而毎體必有更重者。爲重之心。譬人身之內有心。一家之內有長。爲一體中之主。故也。

第二十五欵

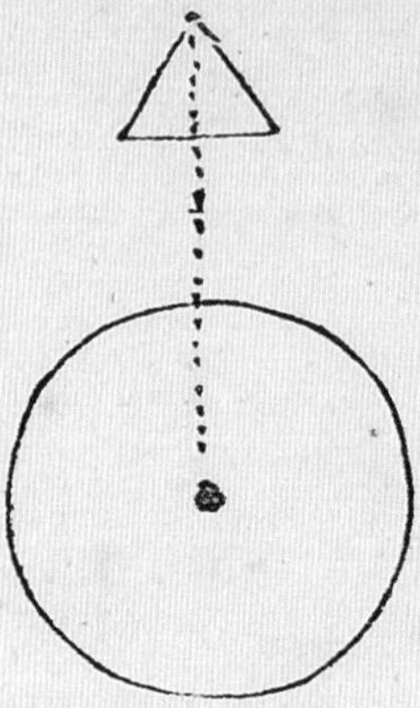

重下墜。其心常在垂線。

如上圖三角形心墜下必在直線。不然。必左傾右倒。不能直下矣。所以重物在空。更重者。雖在上。亦必先轉向下。

第二十六欵

有重繫空。或高或低。其重常等。

如上圖。或在a。在e。在i。其重之斤兩常等。

第二十七欵

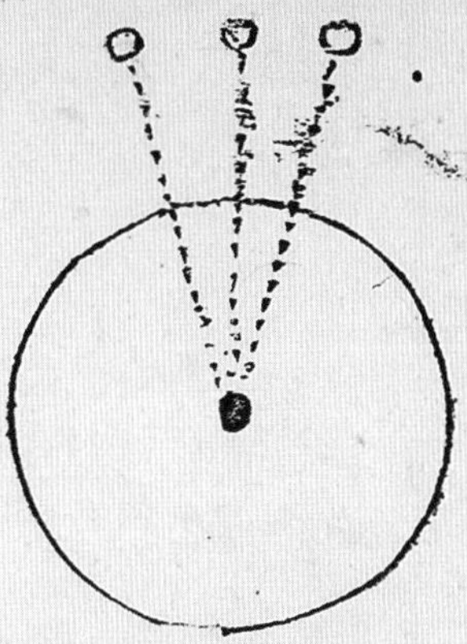

每垂線相距。似常相等。

每重垂線引長必到地心。所以每垂線之末。必與地心相合。前第三欵之圖已明。此垂線非平行線也。但如後旁圖。長短四樣。三角形。最近則兩直線之尖相合。亦最大。最遠則兩直線之尖相合最小。而直線初分。祇覺其平行。不見其末之相合。故以爲相距似也。

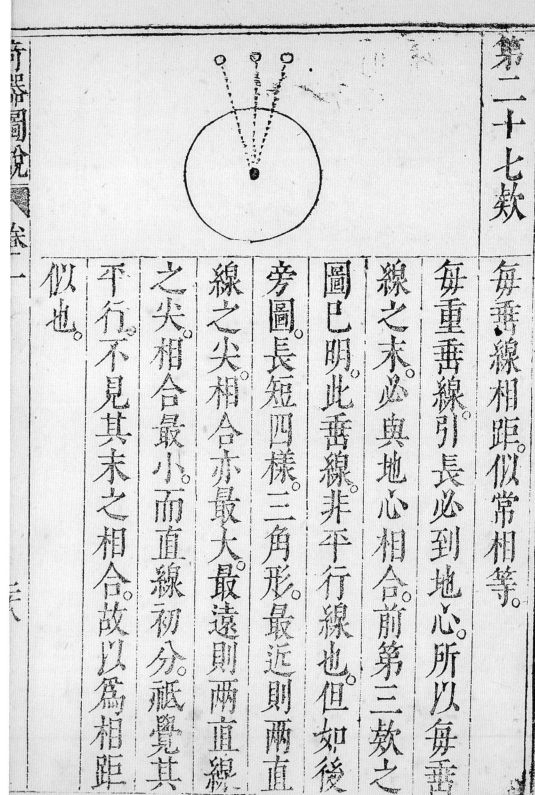

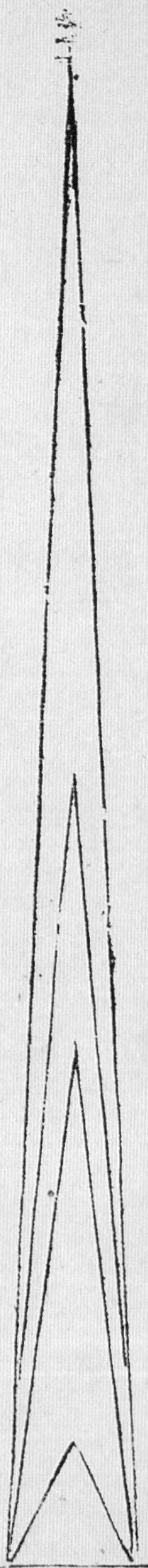

以上。止明一重之理。今又以兩重相比言之。

第二十八款

每重徑而分兩平分。兩平分者。既從重心之徑而分。自然兩重相等。為兩平分也。

第二十九款

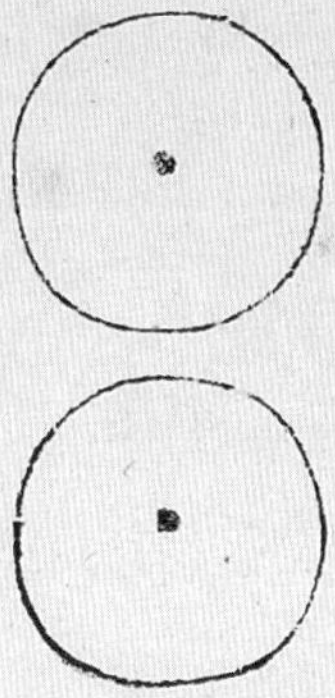

有兩體其重等其容亦等爲同類之重。

假如上兩圓球其體俱是鉛其大等。其重自等所以名爲同類之重。

第三十款

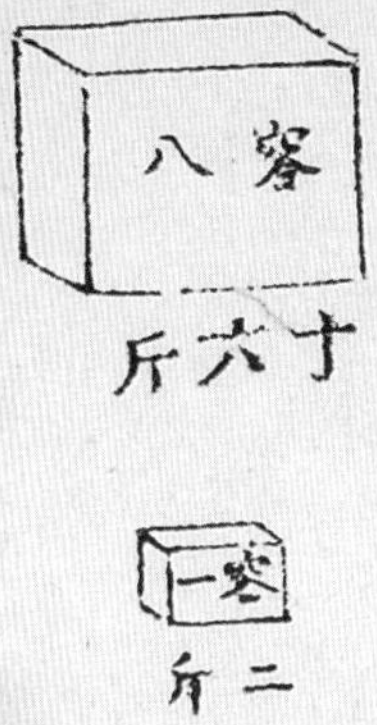

同類之重有重容之比例等。

假如上大方圖八倍於小方圖其重爲十六斤則小方圖之容自八倍小於大方圖之容其重當爲二斤也。

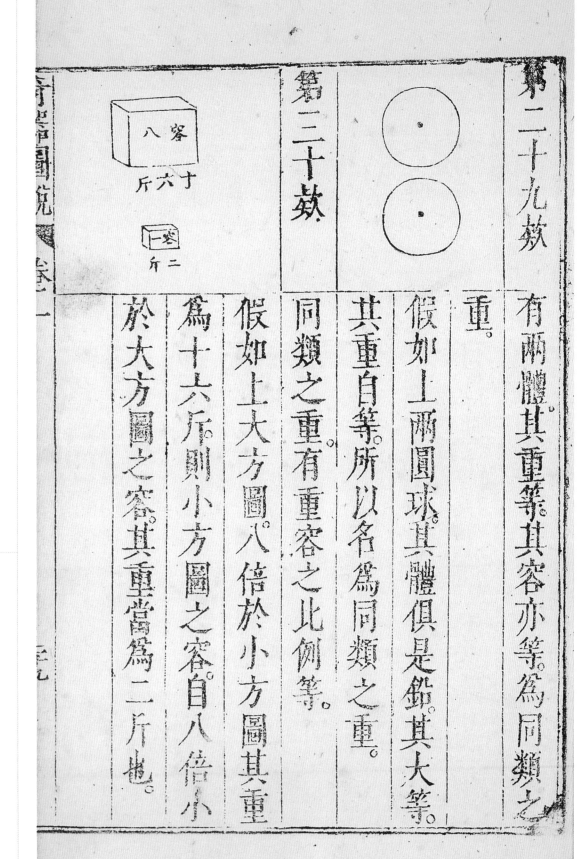

第三十一款 有兩重其容等其重不等為異類之重

假如上有兩體形相等但一是金一是銀其重自不相等何也金之體稀將二倍於銀所以名為異類之重或問金何以重於銀將近二倍也曰金之體最密而稠試觀作金箔者一兩金可作數萬張銀則不及故耳

第三十二款

重之類有二。曰乾曰溼。

乾如金。石。土。木。之類。不流者是溼。如水。油。酒。漿。或銀水之類。但能流者是

第三十三款

每乾重。繫於直線。而想直線有兩德。

一無重。二不破。

想者。未有直線。而先有無形直線之想也。故無重。故不破。

第三十四款

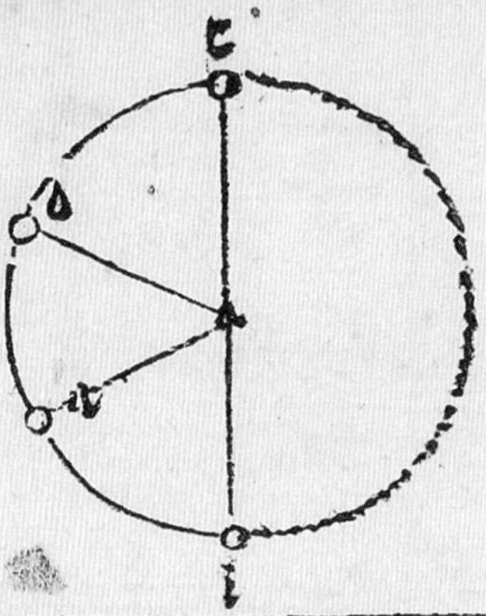

有重稱於直線或在上或在下但在垂線中者不動不則必動而轉下。假如上圖a爲直線不動之一端重在e是正在垂線之上而居中者也不動重在i是正在垂線之下而居中者也不動或o或u則必動而轉下。作圖解線。

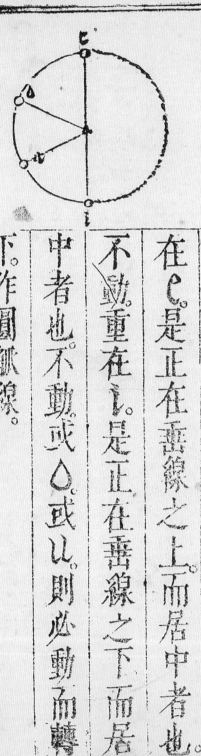

第三十五款

水搏不得

假如有銅球於此。水已滿其中矣。欲再彊加別水。必不得。雖銅球分裂亦必不能再加。何也。水體最密。最稠。再搏不去。故也。

第三十六欵

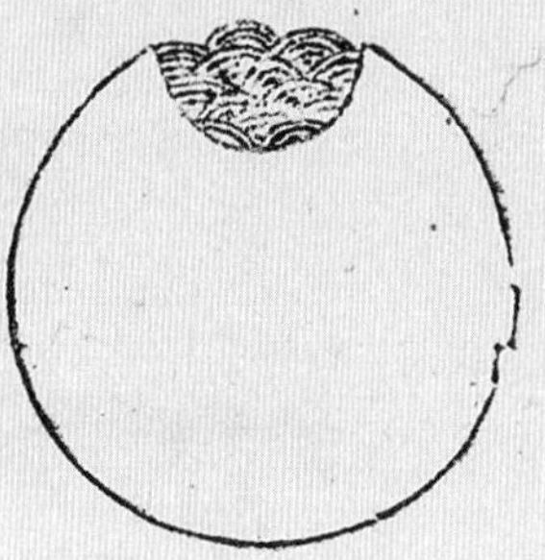

水面平。

水隨地流。地爲大圜。水附於地。其面亦圜。

前第二欵已言之矣。而茲復云水面平者。何。蓋大圜不見其圜。祗見其長故亦祗見其平面耳。

假如地平之上。有低凹處。四周水來必滿凹處。與地相平。而後流焉。故水隨地而圜。亦隨地而平也。

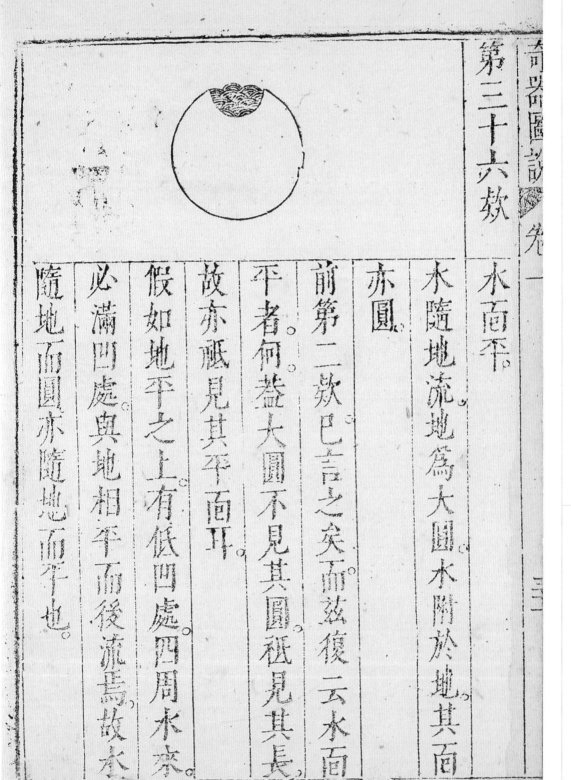

第三十七款

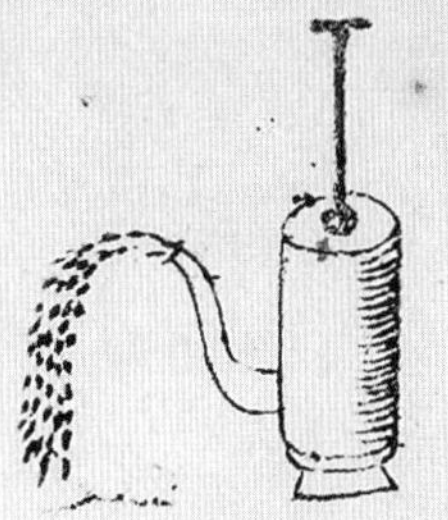

有水在器。被迫則必旁去。

其所以然。已見三十五款。水搏不得之下。此又明其一所不容兩體。故他體一入。此體被迫。而必旁溢去也。

第三十八款

天下水。皆同類。

江河溪海。水性無不同者。但水之鹹者。則其體微爲重耳。

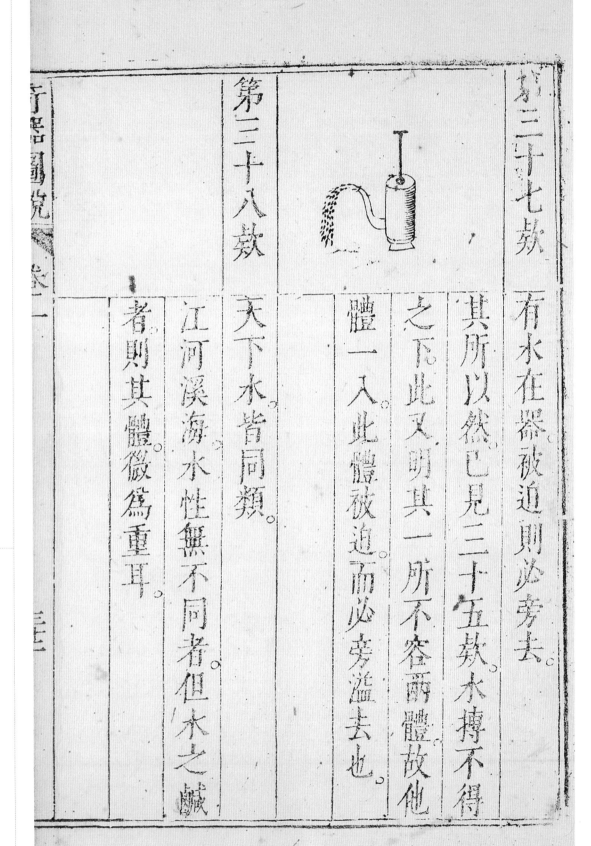

第三十九款

有水之重求其大。

假如壺中有水十三斤。不知其大爲幾斗。或幾升。或幾合也。

法曰。一尺立方。容水六十五斤。今用三率法。

一	六十五斤	一尺壺中容水
二	十寸	就如一尺之容
三	十三斤	壺中有水
四	二寸	原壺之大

第四十款

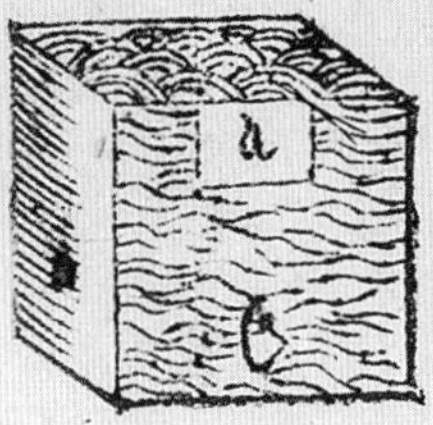

有定體。其本重與水重等。則其在水。不浮。不沉。上端與水面準。如上圖。e為水庫之容。a為定體之重。定體與水重既等。則定體上端。必平與水面相準也。

第四十一款

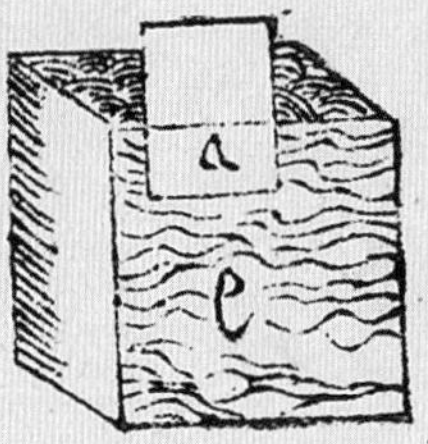

有定體。其本重輕于水。則其在水。不全沉。一在水面之上。一在水面之下。如上圖。e為水庫之容。a為定體之重。定體既輕于水。則半沉半浮。蓋因水更重。所以驅定體而少上焉耳。

第四十二款

有定體。其本重。重于水。則其在水。必沉至底而後止。

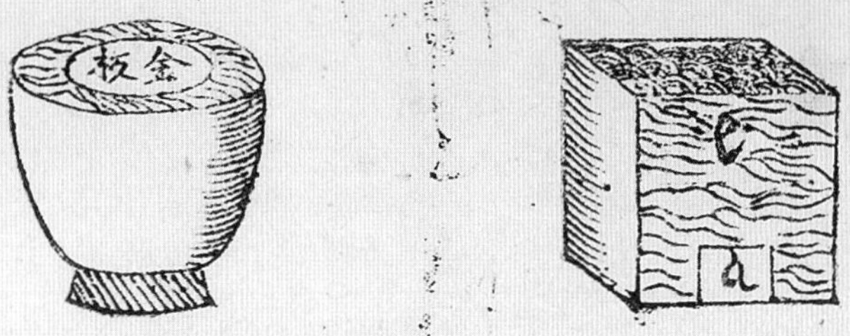

如上圖自明。或有乾板。薄而寬大。或是金。或是鉛。但平平徐置水面。則亦不沉。何也。薄而寬大。則板上之氣。與板體相合。氣與水面相逼。故雖金鉛本重。而不致沉也。但有小隙上水則必沉矣

第四十三款

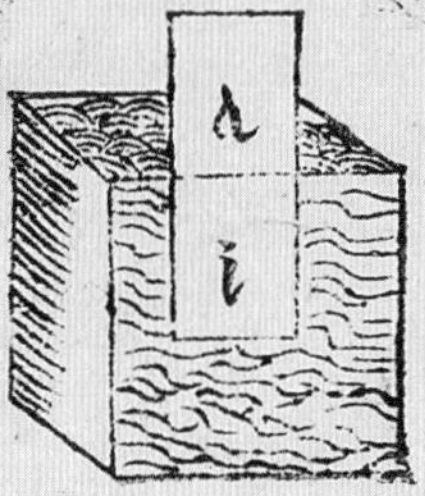

有定體。本輕于水。其全體之重。與本體在水之内者。所容水同重。假如上水内。立方是木。a浮水外。i沉水内。ai全重。只以沉水多半體爲則。多半體所占。是水重。即是本體重。

第四十四款

有定體在水。即其沉入之大。求其全體之重。

假如a i是全體。在水內外。但知i在水內之容。爲一萬尺。求其全體a i之重。用三率法。一尺容當六十五斤。則知全體該六十五萬斤重也。

第四十五款

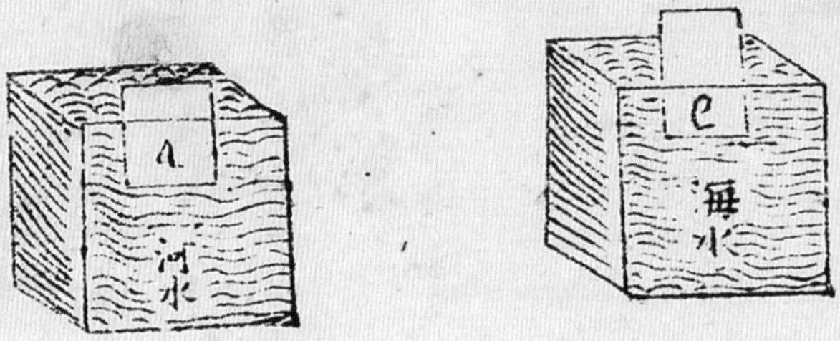

兩水。或重。或輕。有兩體。同類相等。其重水與。輕水之比例。即兩體沉多沉少。相反之比例。

假如一是海水。一是河水。海水自重于河水。但看上兩體俱同。而a沉入之多。與e沉入之少。則輕重之比例見矣如a入水視e之入水爲二倍。則海水必重于河水二倍也。

第四十六款

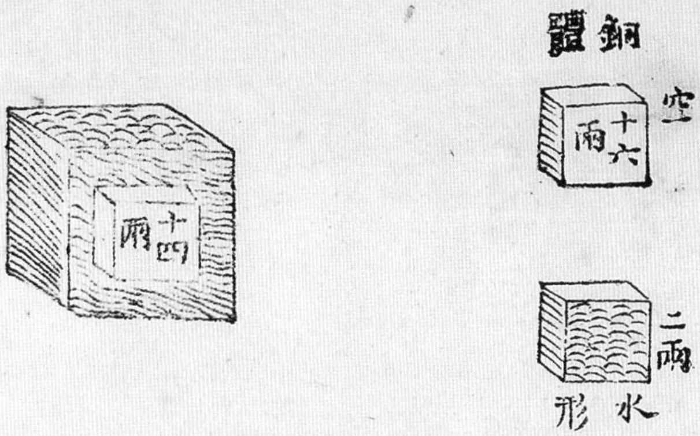

凝體在水。輕於在空。視所占之水少。即其所減之輕多少。

假如上空中立方銅體重十六兩。即以同大有水立方形較之。水可二兩。則在水立方銅體。十六減二。輕於在空之體。爲十四兩重也。

第四十七款

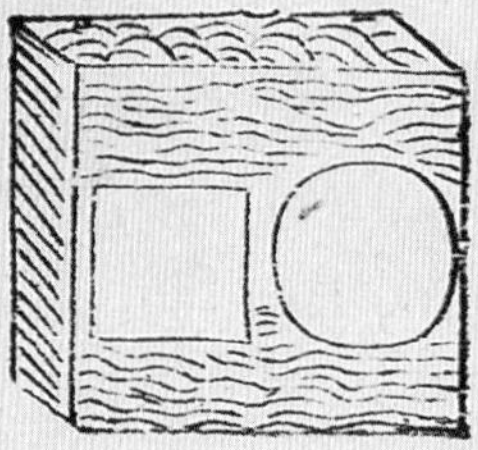

兩體同類。同重。但不同形。在水其重恒等。

假如上圓球。與立方。其體皆銅。其重皆五兩。則其沉水之重。常相等也。

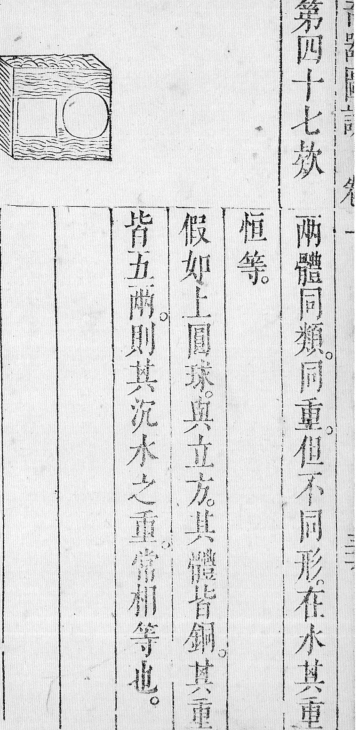

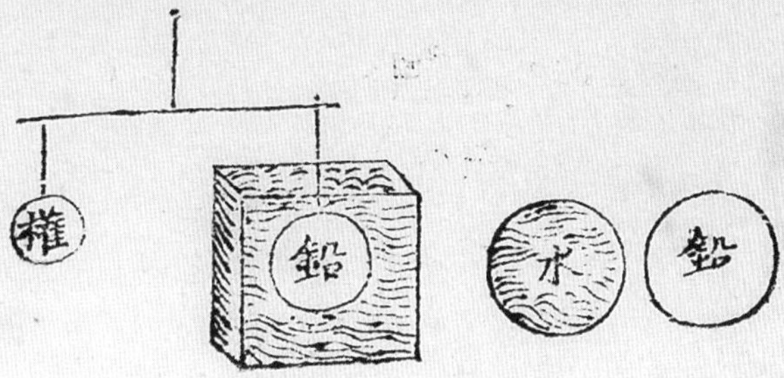

第四十八款

有兩體。其大等。但一是凝體。一是流體。已有凝重。求流重。

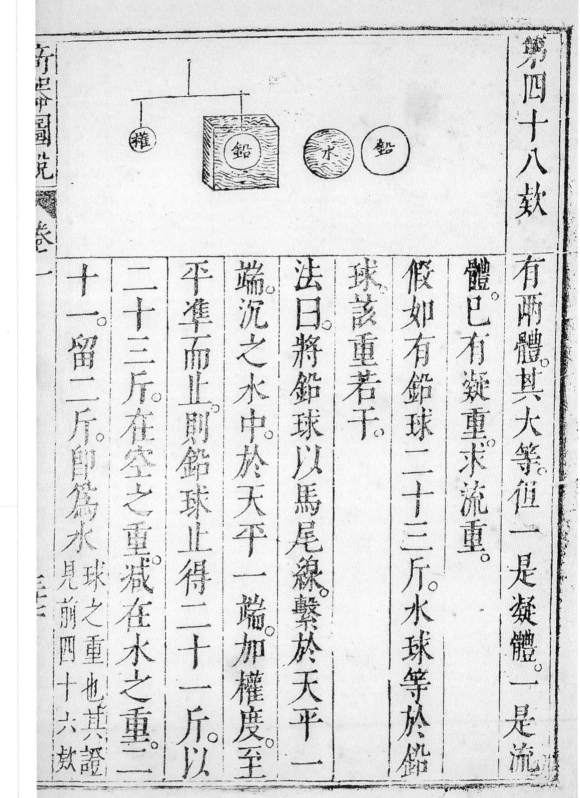

假如有鉛球二十三斤。水球等於鉛球。該重若干。

法曰。將鉛球以馬尾線。繫於天平一端。沉之水中。於天平一端加權。度至平準而止。則鉛球止得二十一斤。以二十三斤。在空之重。減在水之重。二十一。留二斤。即爲水球之重也。其證見前四十六款

第四十九款

有凝體。流體相等。已有流重。求凝重。假如流體是水。爲一百斤。求鉛體相等之重。

法曰。將鉛體。其重二十三斤。用水與鉛體同等。其重得二斤。就用比例法。二與二十三。比例。即爲一百與一千一百五十斤。比例。則得鉛體之重。一千一百五十斤。

第五十欵

有凝流兩體之重相等。已有凝容求流容。

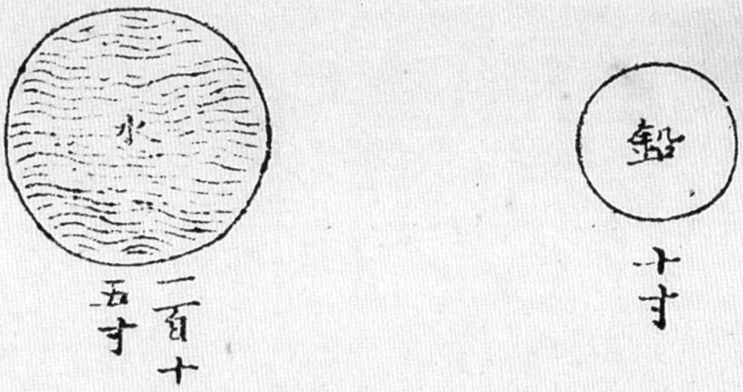

假如有鉛球大十寸。水球重與鉛球等。求其大若干。

法曰。將鉛體二十三斤。與水體大等。得水重二斤。就用比例法。二與二十三。就是十與一百十五比例。得流容一百十五寸也。

第五十一款　有凝流兩體之重相等。也有流容。求凝容。

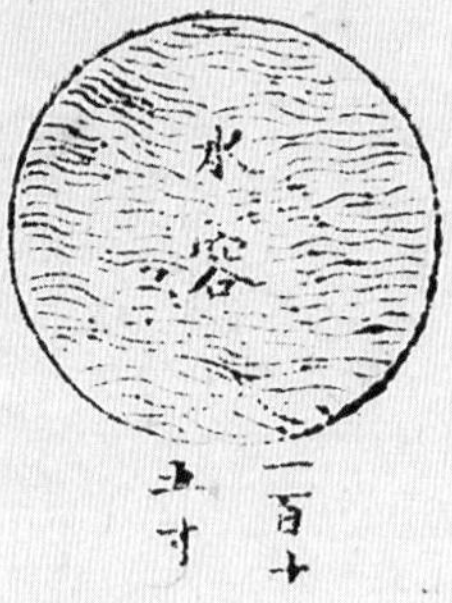

假如水容爲一百十五寸。鉛重與水容同大。求鉛容若干。

法曰。將鉛體二十三斤。得水二斤。就用比例法。二十三與二。爲一百十五寸。與十寸比例。得鉛容十寸也。

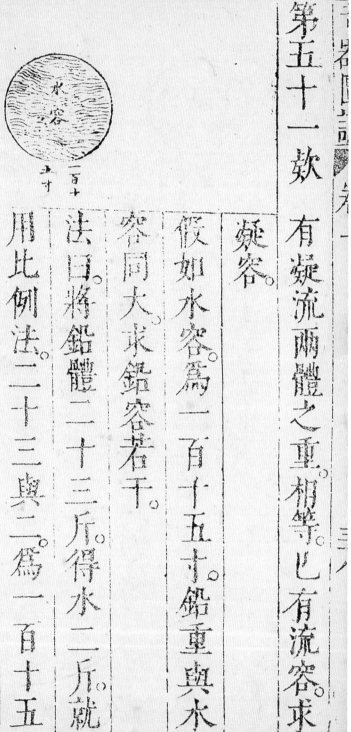

第五十二款

有兩凝體相等已有彼重求此重

假如鉛球其重一千一百五十斤求錫球同等之重若干

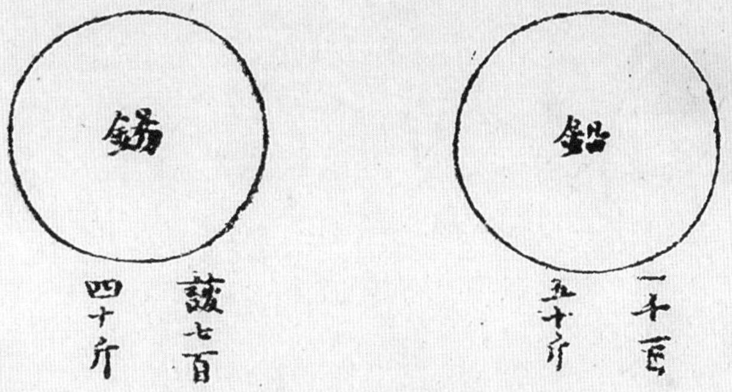

法曰將鉛錫兩體同重者相較又將兩水體一箇等於鉛一箇等於錫一球水重七十四斤一球水重一百十五斤用此例法一百十五與七十四為一千一百五十與七百四十斤比例就得錫體之重七百四十斤也

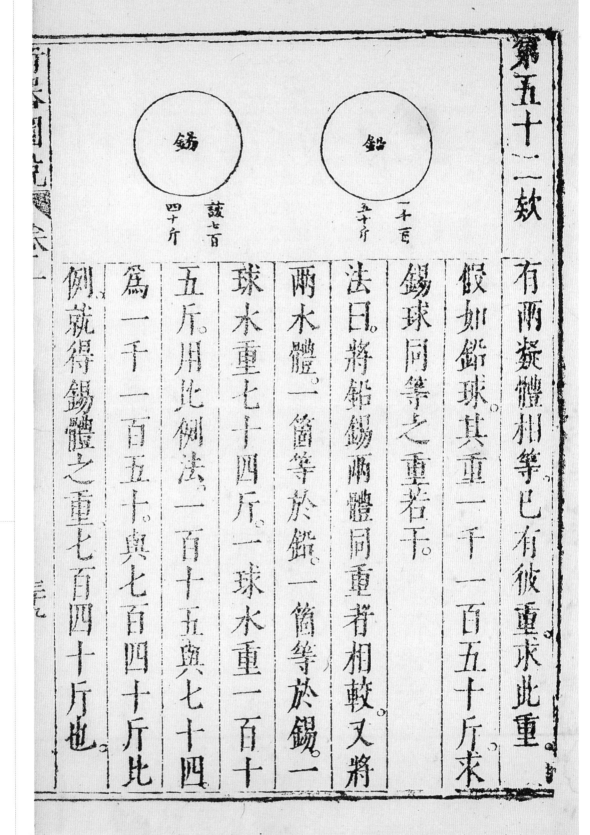

第五十三款

兩凝體重相等。已有彼容。求此容。

假如鉛體容爲七百四十寸。錫體等重。求容若干。

法曰。將鉛體重一百十五斤。以錫體相等重得七十四斤。用比例法。七十四與一百十五比。例爲七百四十。與一千一百五十比。則得錫容一千一百五十寸也。

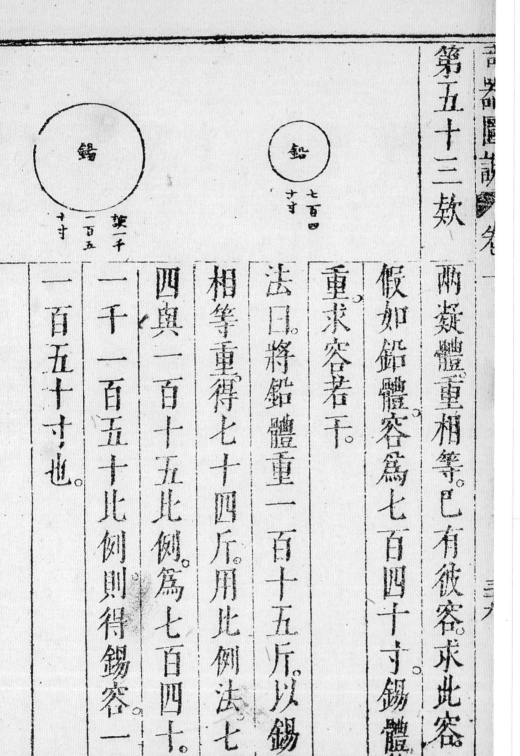

第五十四款

兩流體相等。已有彼重。求此重。

假如油體重五百五十斤。水體與油體相等。求重若干。

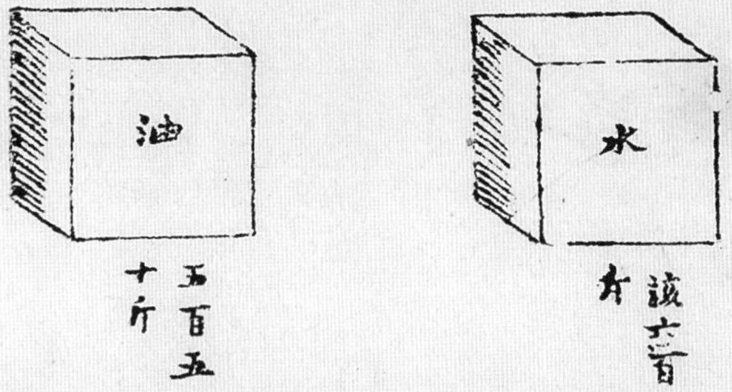

法曰。取鉛體與水體等大者。得水之重。或是十二斤。亦取鉛體與油體等大者。得其重爲十一斤。就用比例法十一與十二。則爲五百五十與六百則得水重爲六百斤也。

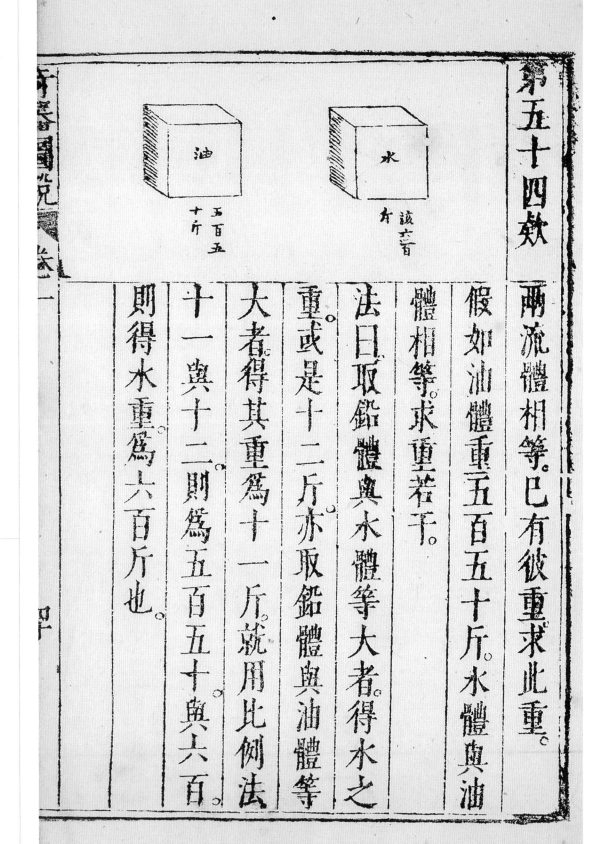

第五十五款

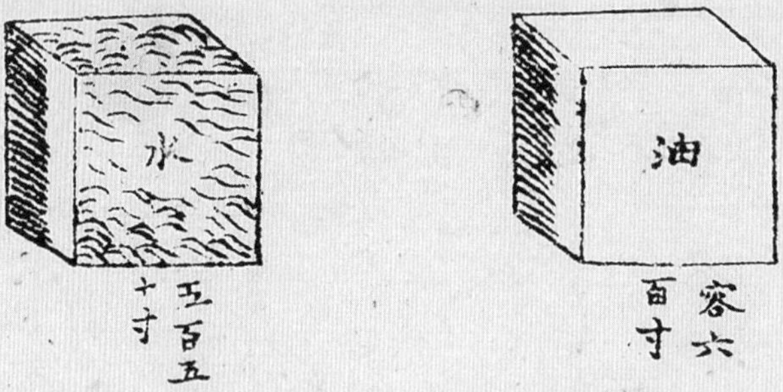

兩流體相等。已有彼容。求此容。

假如油容爲六百寸。水之體與油體同大。求其容若干。

法曰。將鉛體與水體相等。得水重十二斤。將鉛體與油容等。得其重爲十一斤。用比例法。十二與十一。爲六百與五百五十比例。則得水容爲五百五十寸也。

第五十六款

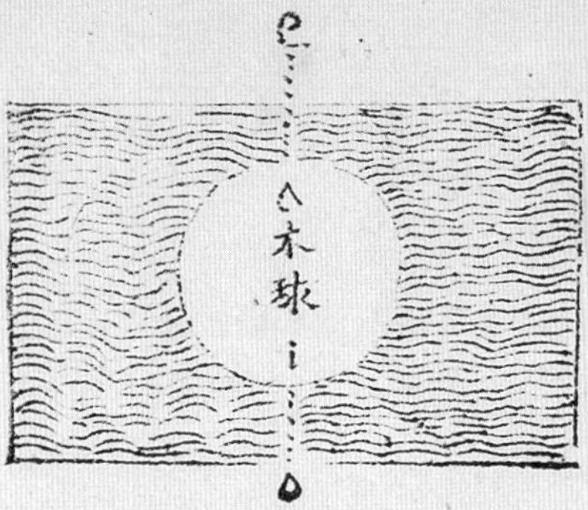

球分本輕。浮於水。其底在上。球之軸必在垂線中。

假如有木球。如上。其平底在水中。必在上。必不偏倚。其軸a i必在垂線之中。如a i之在e o也。儻强斜之。彼必自反正矣。

第五十七款

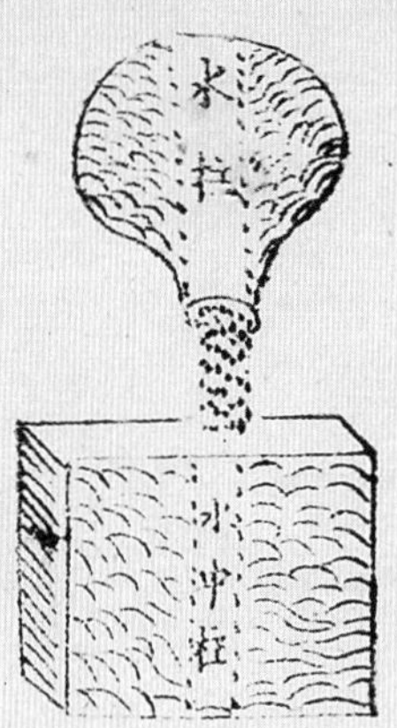

水力壓物。其重止是水柱。餘在旁多水。皆非壓重。

求水壓物重處。止於所壓物底之平面。求周圖垂線。於水上面如水中之柱。柱乃壓物之重。如上水中柱圖下面口底甚小。從底口垂線直至上面。中間水柱爲壓重。餘水皆無干也。

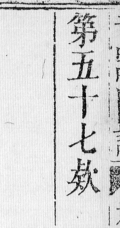

第五十八款

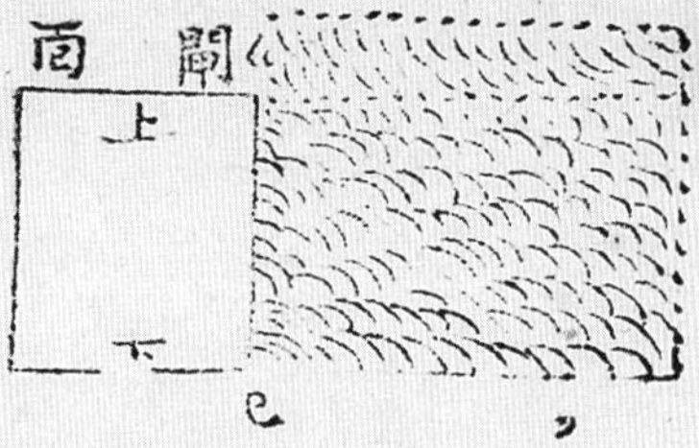

水來平衡於閘。求其衡勢之重若何
如上求水柱法。止以所衡閘面高低
作a e垂線。垂線平行。至i相等。即
從垂線上面之a。斜行至i。則是水
衡半柱之重。其餘多水。俱無干也。

第五十九款

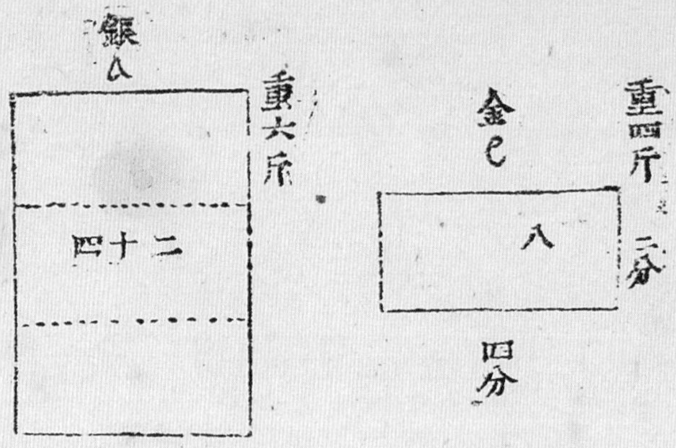

有兩體容之比例。本重之比例。已有此重。求彼重。

假如乙甲兩容。其比例乙三倍於甲。本重乙爲銀。甲爲金。其比例爲一與二。已得乙重六斤。求甲重若干。

法曰。以銀三分之一。等與甲。銀三分。全爲六斤。三分之一。爲二斤。用比例法。一與二比例。就是二斤與四斤比例。則得甲爲四斤重也。

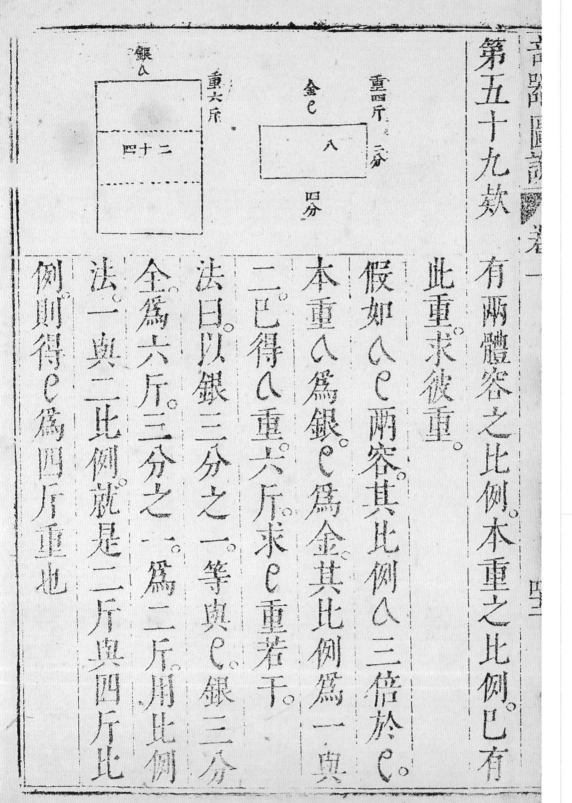

第六十款

有兩體。巳有本重之比例。巳有其重巳有此容。求彼容。

假如ㄚ重六斤。大二十四尺。ㄝ重四斤。其本重比例爲一與二。今欲求ㄝ之大爲若干。

一　三　爲比率之大數

二　一　爲比率之小數

三　西　爲ㄚ之所容之數

四　八　爲ㄝ之所求之容

法曰。先要ㄚㄝ所容之比率。而後方可得ㄝ之所容。其六斤與四斤比率。乘於ㄚㄝ本重之比率。此比率。乃是一與二也。則用又字架法乘之。却不用正乘法也。六與二乘。得十二。其四與一乘。得四。所以新來之比率。十二與四。即是約而爲三倍之比率也。所以乙三倍於己。今用三率法。

第六十一款

有兩體。已有其重。已有其大之比率。求本重之比率。

假如Λ℮兩重。爲六與四。其大比率爲三倍。要求銀與金之比率。

法曰。以兩所有之數。用叉字架相乘。則兩者之比率。爲本重之比率。六一相乘。得六。其四三相乘。爲十二。所以有六與十二之比率。約之。則爲二分之一也。故銀體之輕。與金體相比。則自然差一半矣。

遠西奇器圖說錄最卷第二

西海耶穌會士鄧玉函　口授

關西景教後學王　徵　譯繪

金陵後學武位中較梓

款凡九十三

第一款

凡匠人器皿原多。若人欲解此器皿之運重。其釘與繩等物。俱可用也。但其本用則可助運重之便。非可助器用者也。故不解說釘繩等物之理。

輪

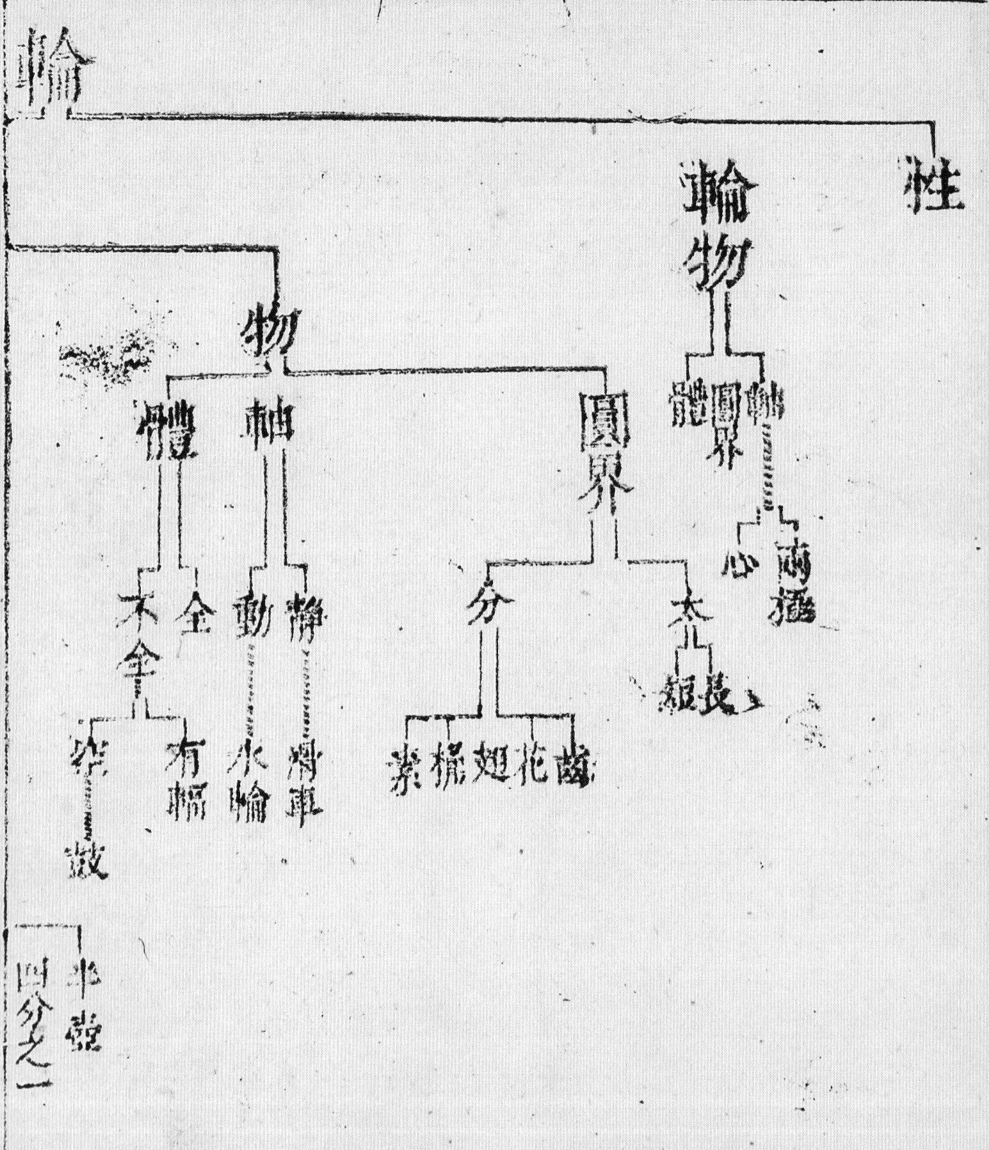

◎ 祖本《遠西奇器圖説録最》《新製諸器圖說》

圖

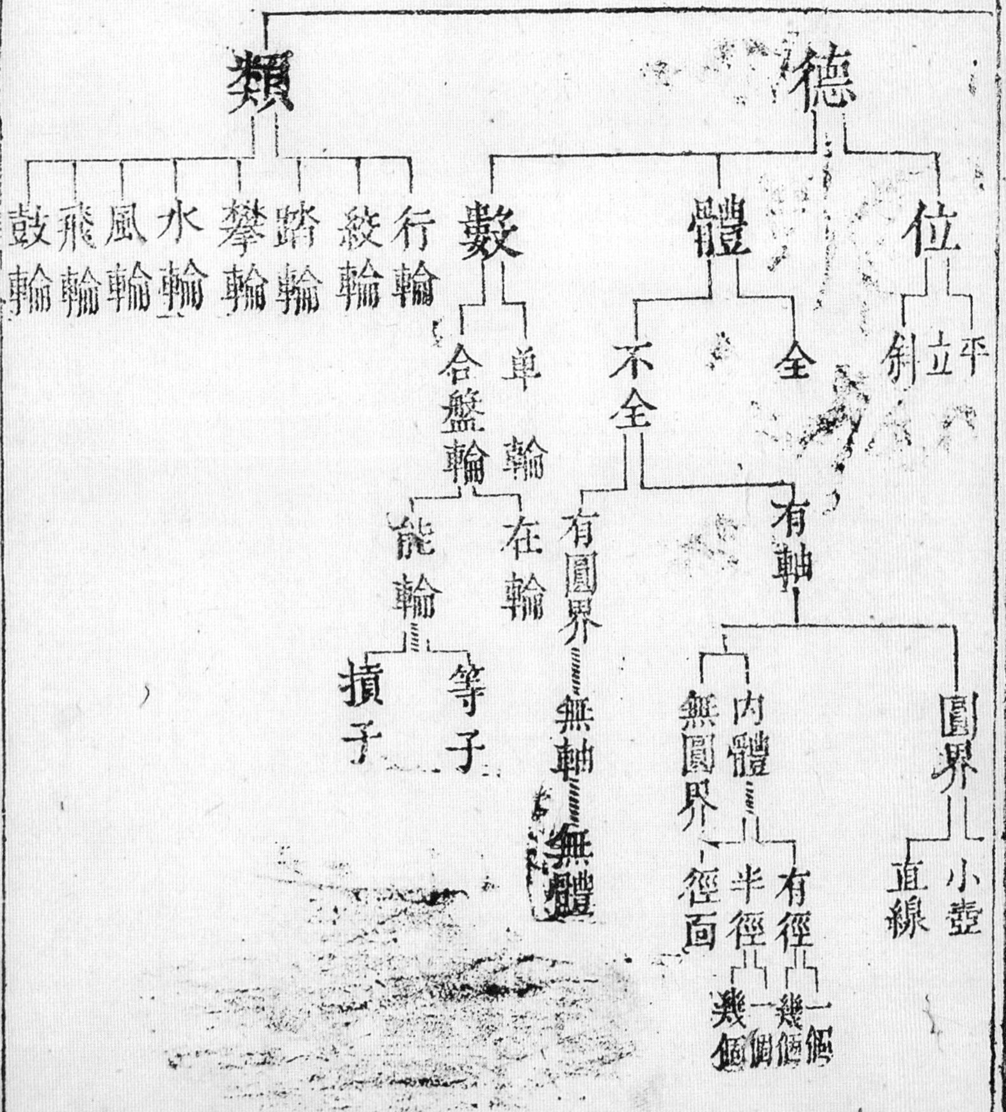
類
德
鼓輪
飛輪
風輪
水輪
攀輪
踏輪
絞輪
行輪
數
體
位
合盤輪
單輪
不全
全
斜
立
平
能輪
在輪
有圓界
有軸
擷子
等子
無軸
無體
無圓界
內體
圓界
徑面
半徑
有徑
直線
小壺
幾個
一個
幾個
一個

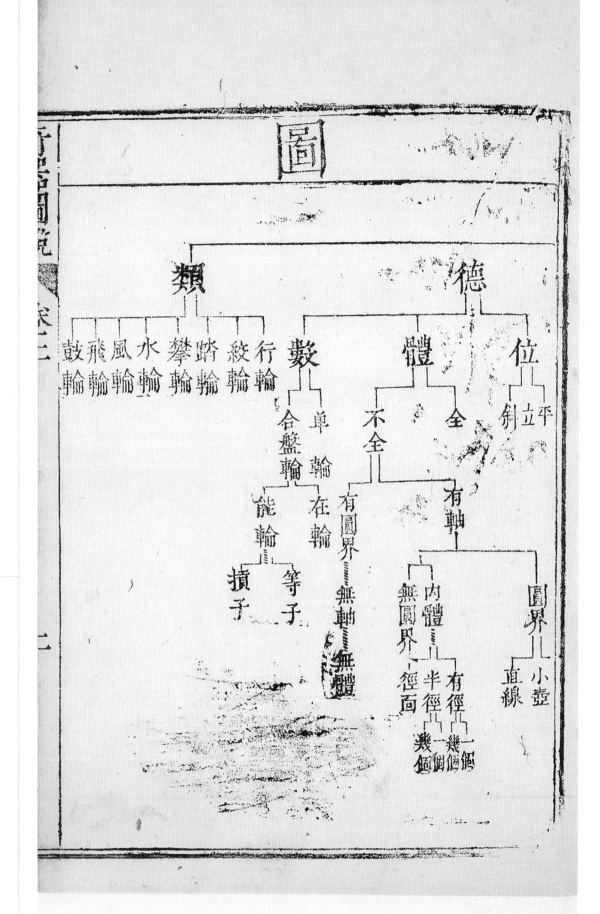

力藝所用諸具。總名強運重之器。

此力藝學所用器具。總爲運重而設。重本在下。強之使上。故總而名之曰。強運重之器也。

第二款

器之用有三。一用小力運大重。二凡一切人所難用力者。用器爲便。三用物力。水力。風力。以代人力。

假如一重物。百人方可運動。而此器止以一人運之。故爲小力運大重也。

又若海船之內。底有小隙。日日溢水。人如不取。舟必沉矣。故必用氣管揉下取之。則水從此管中取出。而取桶杓所不能取者。是器爲用實便也。其用物力水力風力以代人力。諸器中有明載者。不贅。

第三款

器之質不一種。大都用木。用銅。用鐵。居多。

木必用堅者。如榆。槐。桑。檀。馬栗。等木。

總之要有筋絲。有橫力。不受變者。爲佳。塗木時。宜用核桃油。或芝蔴油。菜油綿花油更妙。不可用脂油也。脂油性熱。易燒木。且易磨有聲耳。鐵要煉到。銅則紅者爲佳。黃者性脆。故耳。

第四款

器之模不一式。一直線。一輥圓。一藤線。

器有形象。直線者。杆。槓。柱。梁之類是也。輥圓者。滑車。輥木。轆轤。車輪之類。

是也。藤綫。則螺絲。龍尾。等類。

第五款

器之能力。最大。最多。然自不能用。或止受人之力。以得所求。或必待人用之。而後能力可顯。

假如等子類。受人金銀等物。乃可以權輕重。又如斧能劈木。斧自不能劈也。人用斧而後劈木之能力顯矣。每器之公者。皆然。

第六款

運重之器。與所運之重。各各相稱。有

比例。

假如金銀。少者可用等子權度。多至千兩萬兩。則等子不足用矣。故必天平之大者。方可權度之耳。諸如此類比例各各有等。難以盡述。能者明者當自辨之。

第七款

器之能力最大者。其用時必多。

假如有石重萬斤。百人運之。止可一刻。以一人用器運之。則為時必待數

刻而後可

第八款

器之總類有六。一天平。二等子。三槓杆。四滑車。五圓輪。六藤線。

天平。等子。槓杆。皆直線之類。滑車輪。皆輥圓之類。藤線。有類蛇盤。皆螺絲。龍尾之類。上五者。皆爲權度之器之象。如以一端。用手。用力。譬如等子小權下加手之圖。則五者。又皆運動之器之象也。藤線亦可權度。但用以轉運。其用更多。故不設權云。

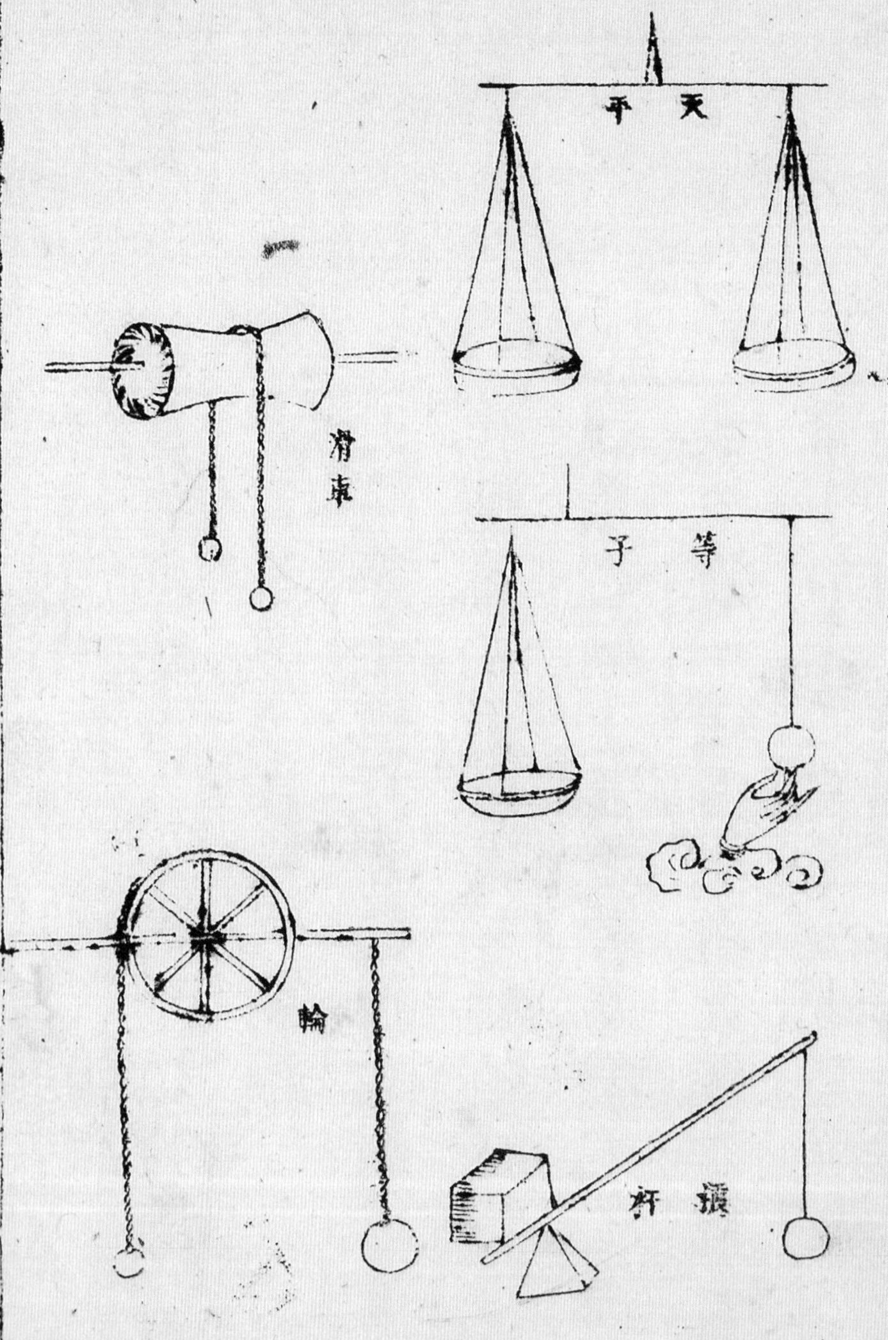

天平解

第九欵

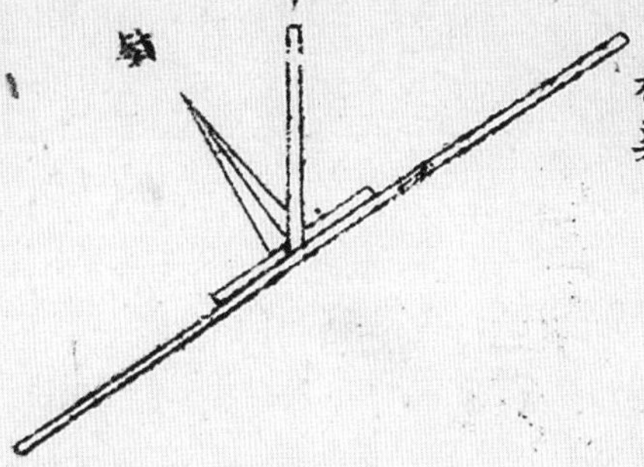

天平之物有三。横梁一。指針一。垂準一。

横梁分左右兩分。其中曰心。心連于梁而不動者也。其左右兩盡頭處曰端。指針者。兩端平。則指針垂線如一。垂準者。垂垂之線也。平則準。但兩端

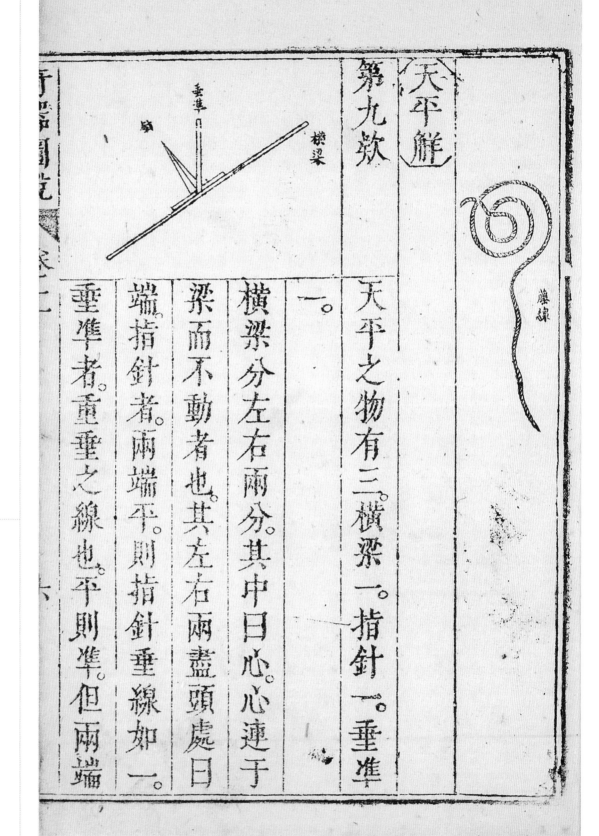

畧輕畧重。則指針必偏左偏右不準矣。

第十欵

天平用法有三。其重或即在兩端盡處。或繫于兩端。或盛于盤中。如後三圖。

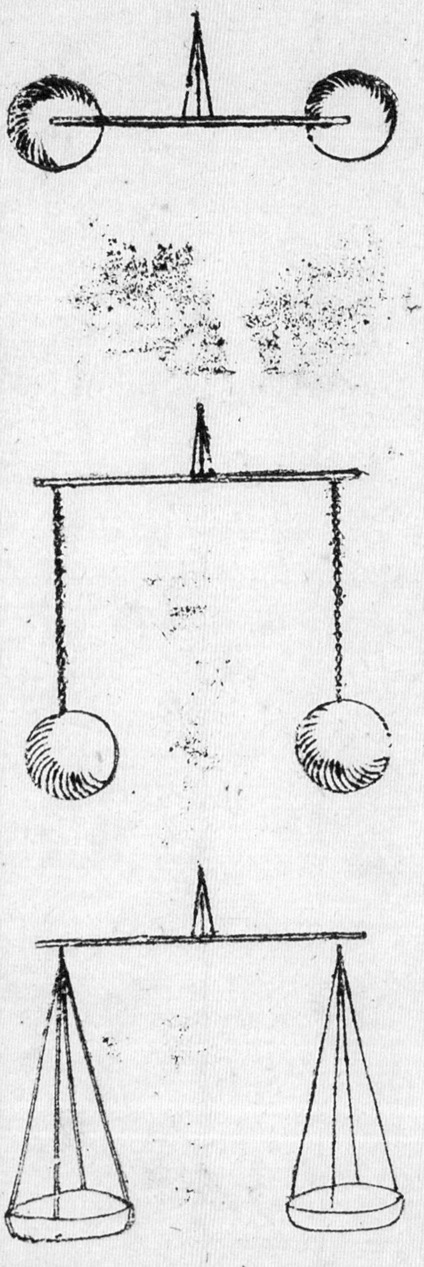

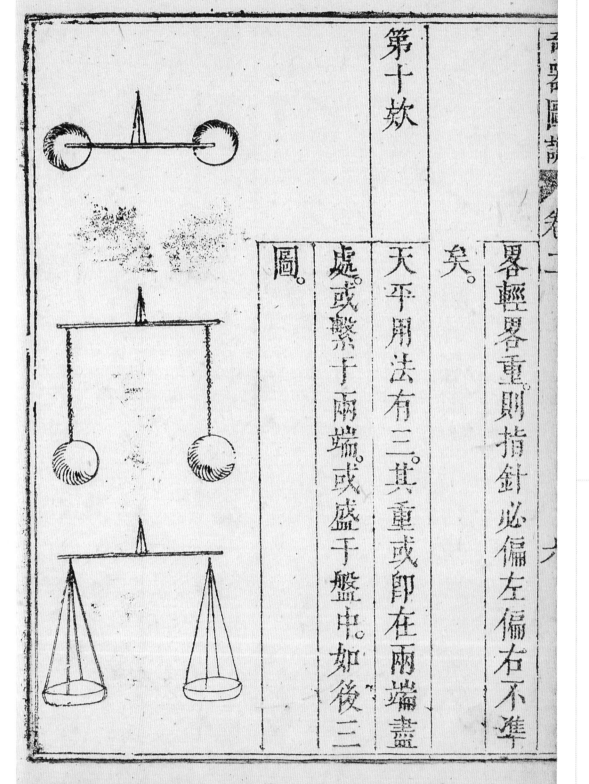

第十一欵

天平針心有三在。或在梁之上邊。或在梁之下邊。或在梁之居中。如後三圖。

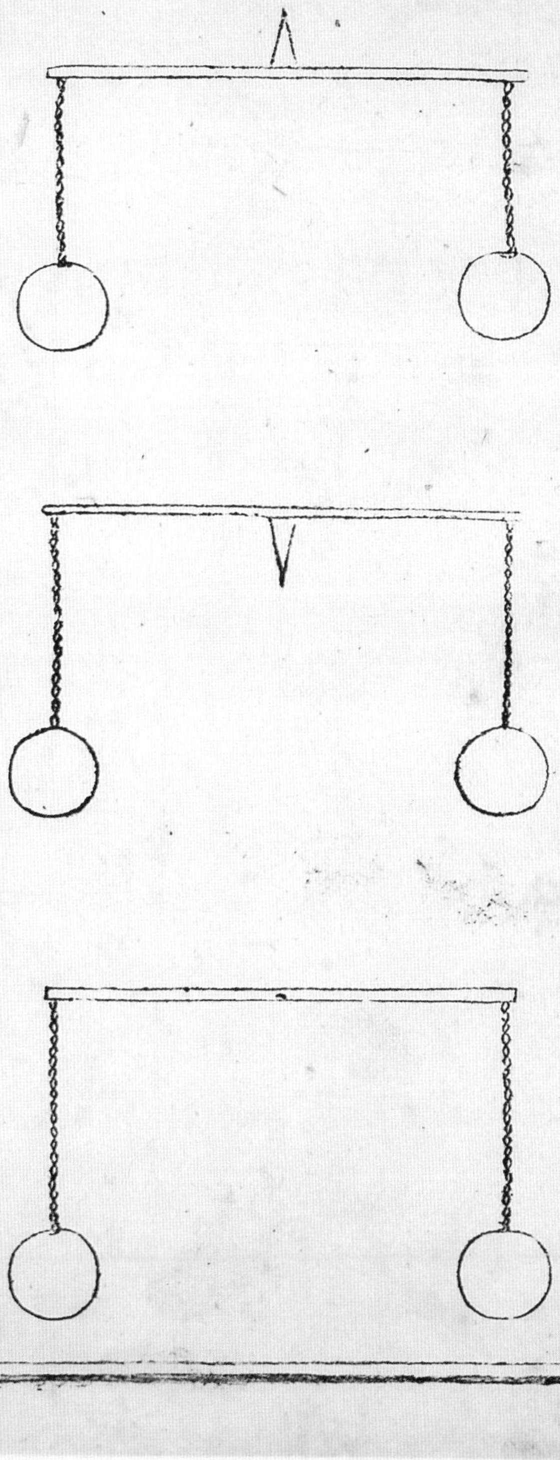

第十二款

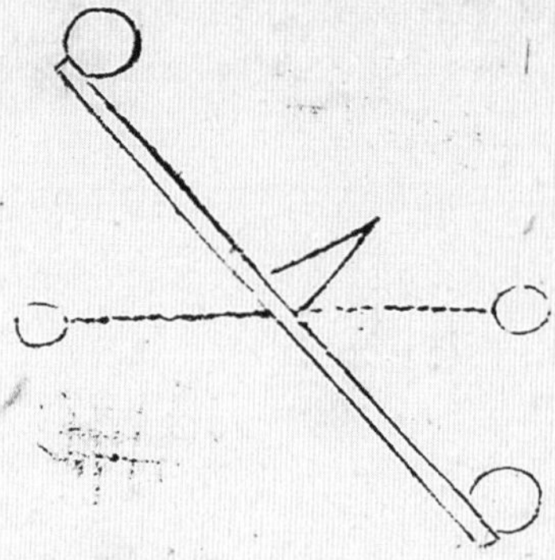

天平梁其心在上其兩端加重各等一端用手扶起手離則必自動至平而後止

如上斜起者是扶起一端之圖兩平者是自動必至于平之象也

第十三款

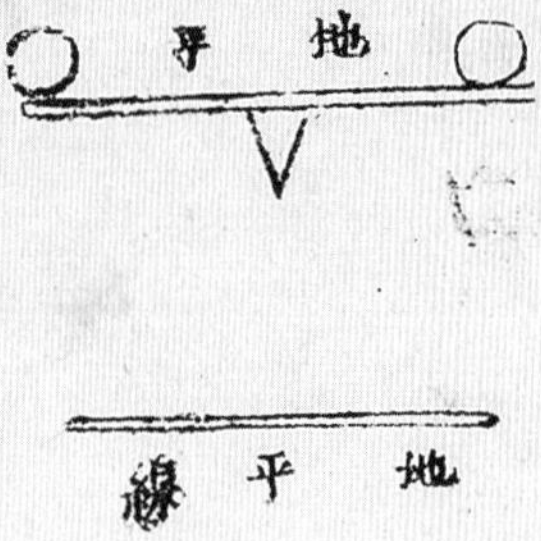

天平梁其心在下其兩端加重各等梁準地平則不動倘或一端斜起則斜下者必翻轉一過而後止

如上第一圖有地平字者既與地平

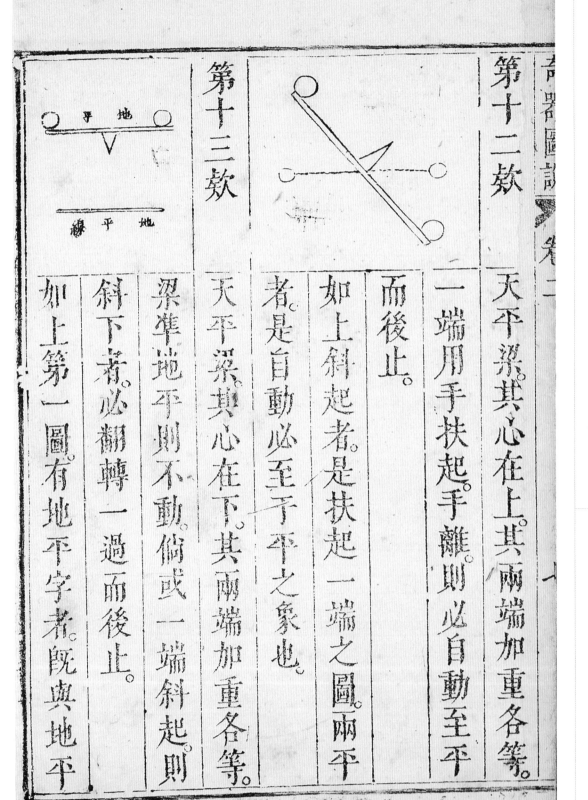

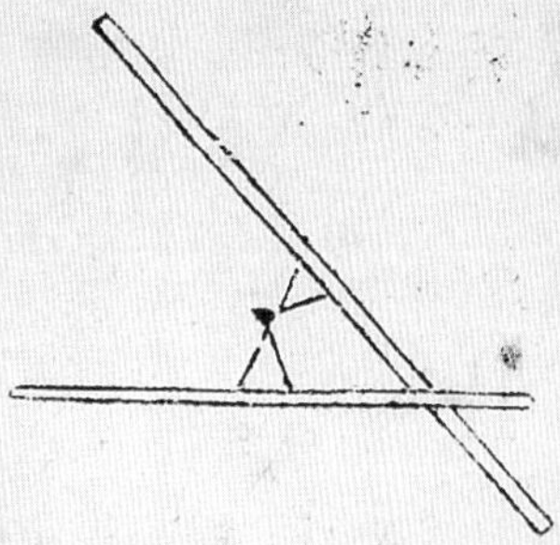

第十四款

準。則常平不動。倘如第二圖斜起者。則必翻轉一過。針心必反而在上矣。所以必反之者。重之心在下。故也。

天平梁。其心在中。其兩端加重各等。與地平準者。因不動。即或左斜。右斜。亦不動。

兩平不動。人知之矣。斜之而亦不動者。何也。因兩重相等。故不動。倘使一端畧加些須。則動矣。

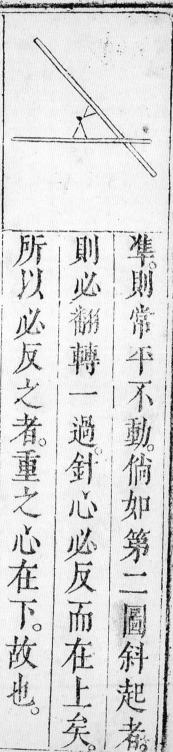

第十五款

天平正立垂

天平右端垂線聯于重板中徑如ℓ。板下支角如乙。板在乙尖上不動。板因天平左端加重。則垂線自起至平而準。是名天平正立垂。正立者。因垂線而爲名者也。

等子解

第十六款

等子之物有二。一橫梁。一提繫。

橫梁與天平之梁同。但提繫不在中。

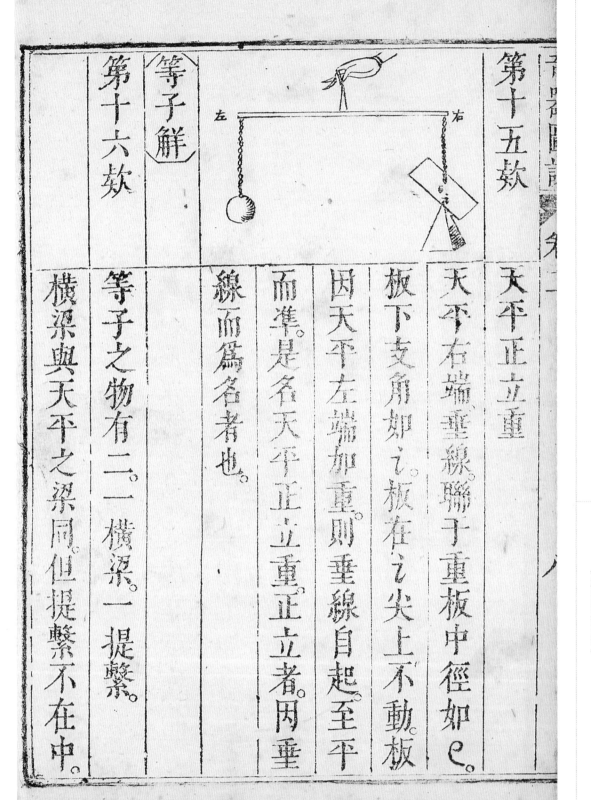

第十七款

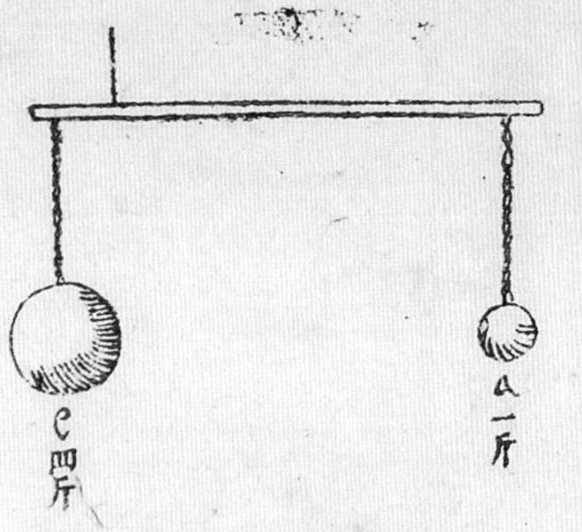

第十八款

微不同耳。提繫者。垂準之換體也。

有兩重不同。左右繫于等之橫梁。橫梁與地平準。則兩重名爲準等。

假如ㄙ一斤。繫于右。ᒉ四斤。繫于左。橫梁兩平。兩重名爲準等。葢別于相等之等也。

有兩重相等。相似。一繫橫梁一端之下。一橫附于橫梁。附橫梁者。其重心必在橫梁一端盡處。則橫梁平。

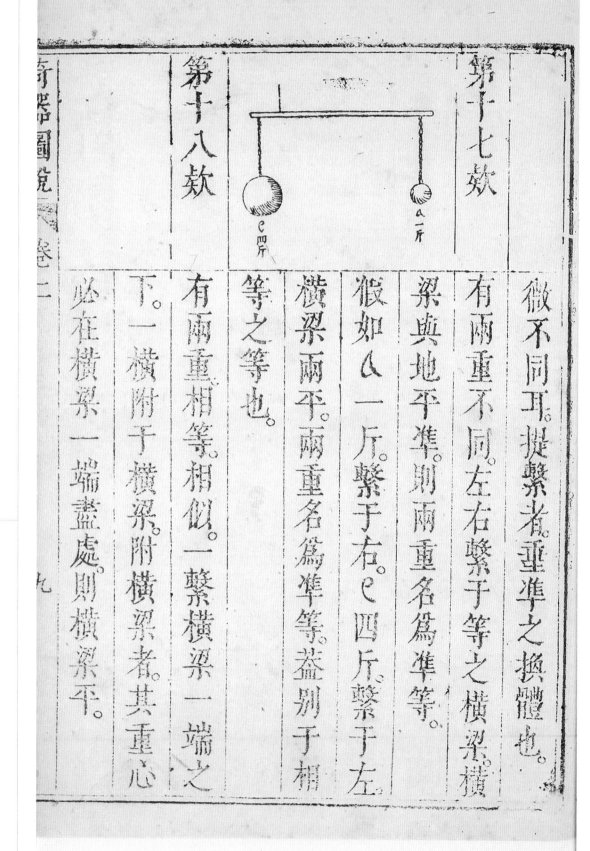

第十九款

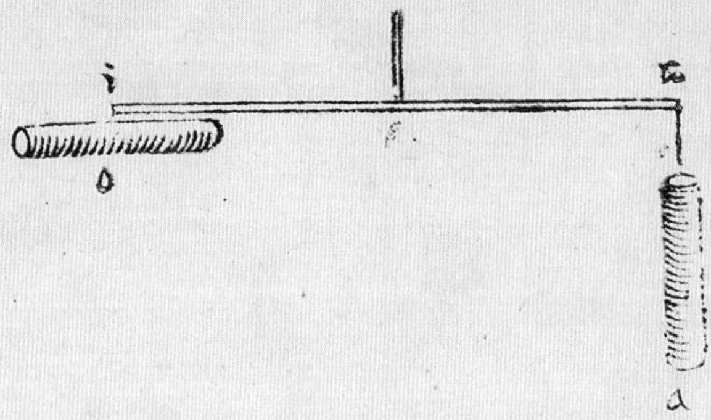

假如ㄙ重。繫于横梁一端之下。其重與ㄛ重相等。其形與ㄛ形相似。而ㄛ重則平附横梁。其重心在讠。讠ℯ端與ℯ儿端相等。則等梁自兩平也。所以然者。ㄙ重心直在儿下。ㄛ重心横在讠下。故必相準。

此款乃重學之根本也。諸法皆取用于此。

有兩係重是準等者。其大重與小重

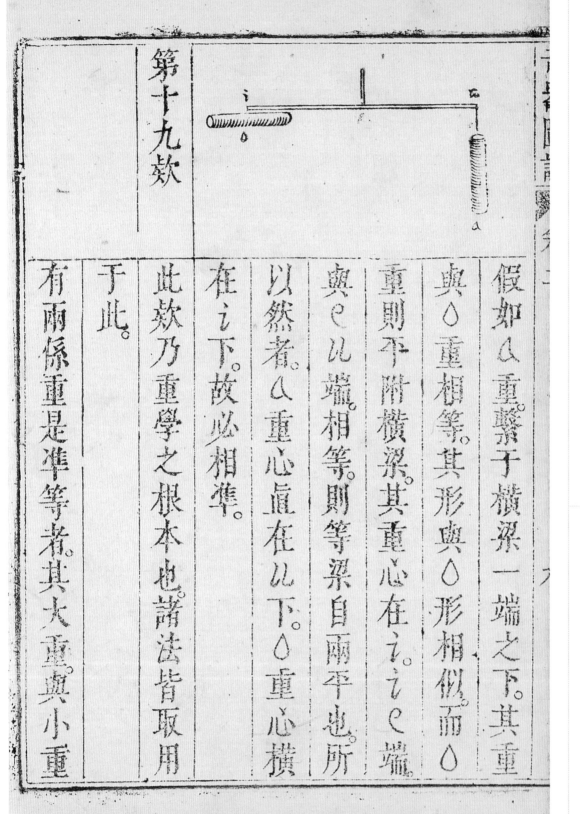

之比例。就爲等梁長節與短節之比例。又爲互相比例。

假如e大重八斤。與a小重二斤。爲準等。其比例爲四倍。則橫梁長節。從提繫到u。爲四分。短節。從提繫到i。但有一分。其比例亦是四倍。所以兩比例等。其兩比例。又是互相比例法。

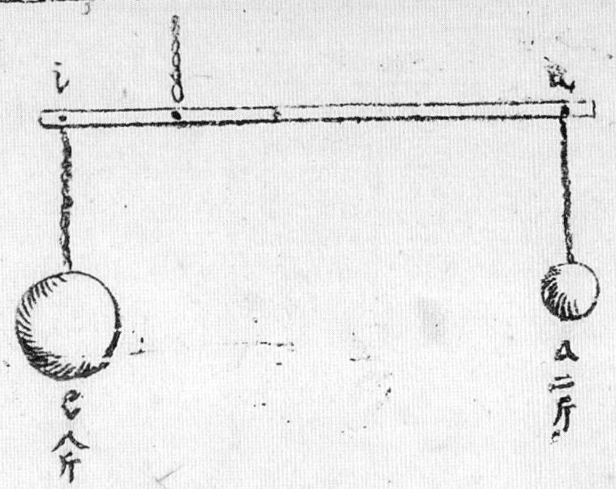

第二十欵

重在提繫長節一端。愈遠愈重。其重

下愈速。

假如上厶二斤。其重乙八斤。其梁愈長二斤。則〇爲十四斤矣。

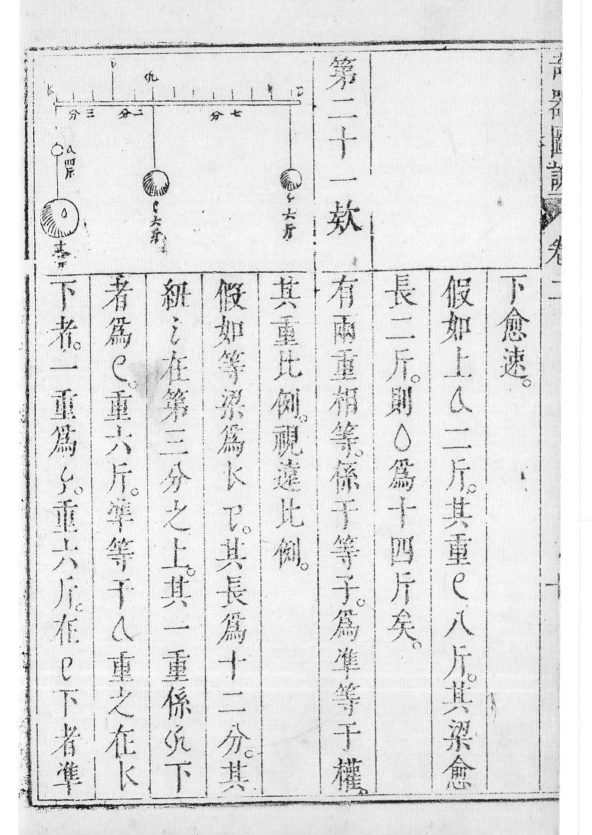

第二十一款

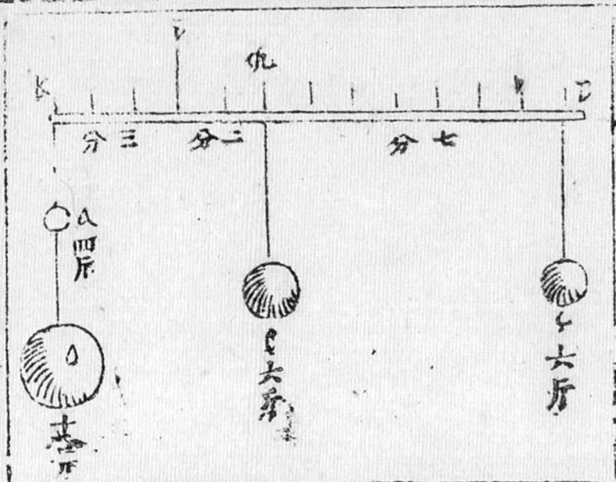

有兩重相等。係于等子。爲準等于權其重比例。視遠比例。

假如等梁爲卜卩。其長爲十二分。其紐之在第三分之上。其一重係几下者爲乙。重六斤。準等于厶重之在卜下者。一重爲夂。重六斤。在乙下者準等于ο。α ο之重比例。視等梁i ε。與i ω之比例。假如用數。i ε九分。i ω二分。其名四倍半比例。ο十八斤。與α四斤。亦是四倍半比例。

第二十二欵

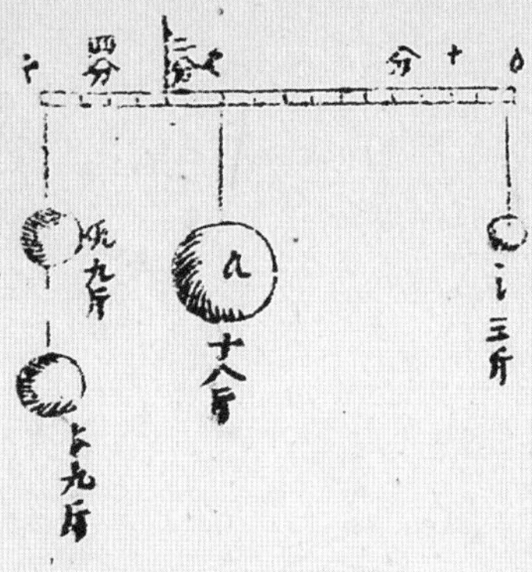

有兩重不等。係于等子。爲準等于權。其重比例。視遠比例。

假如等梁爲十六分。i小重爲三斤。係ο下。遠于紐心十二分。α大重十八斤。係ε下。距紐心二分。i小重準等于x九斤。a大重準等于k九斤。a重十八斤。與i重三斤。爲六倍。此例。o u十二分。與e u二分。亦爲六倍比例。

第二十三欵

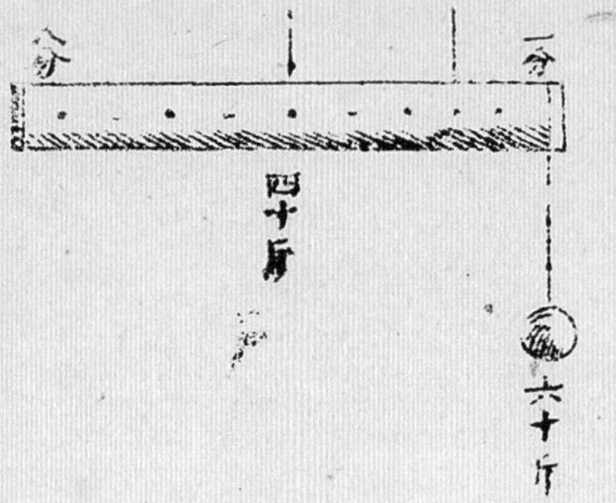

有等梁是重體。另有重係一端下。其係纏不定可近可遠到梁準等于重。其比例爲後。一二三四之兩比例。

一。重爲六十斤。　　六十

二。等梁全體。假如重四十斤。　　四十

三。梁左長端八分。與右短端二分之差爲六。　六

四。右短端二分。二倍爲四分。　四

第二十四款

有等梁是重體。另有重係一端下。若係紐定一所在。得前一二三四率之兩比例。自然梁之重。與係重準等。覽上二十三款圖自明

第二十五款

等子。便天平準。

等子與天平相較。等子人用最便。爲

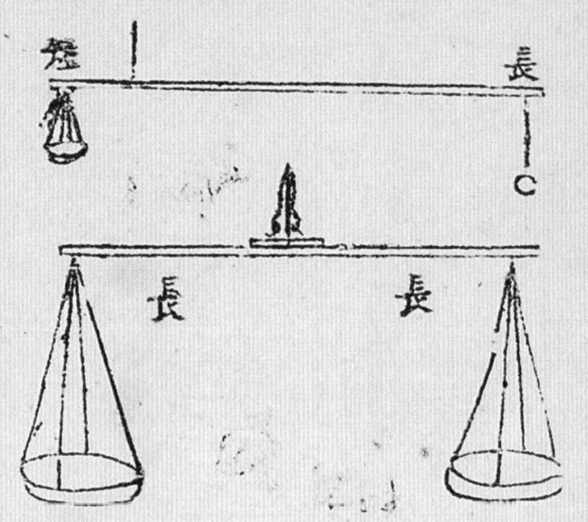

第二十六款

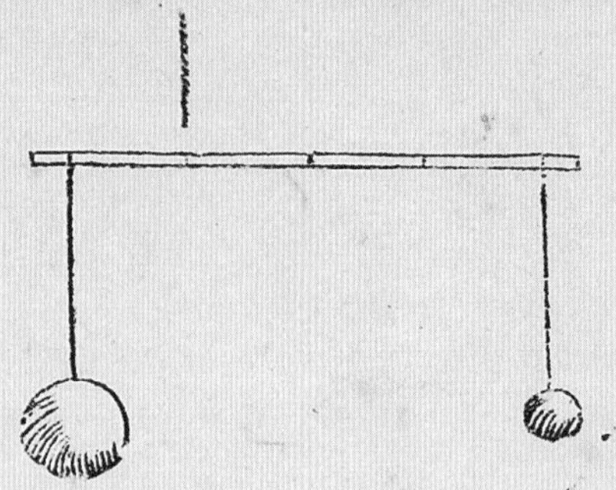

止一權。且隨物重輕。皆可用也。然而天平則更準。何也。等子。紐前一端最短。故間有不準。天平兩端皆長。故更準于等子云。

有兩重。係等梁兩端。求係紐之定位。于準等。

a重六斤。在o一端。e重二斤。在u一端等梁全體四分。要知係紐宜在何分。法曰。ae相加爲八。就用比例。

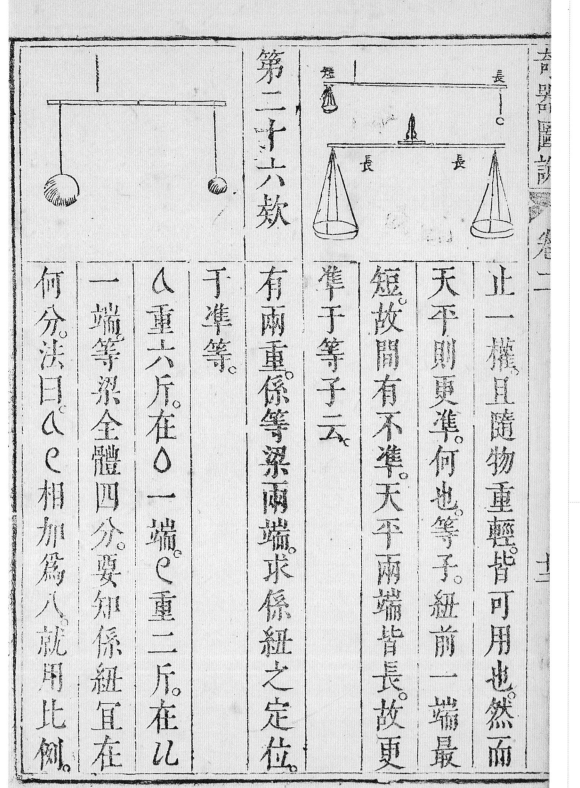

八　爲兩重總數
二　爲e重之數
四　爲梁體全數
四
一　爲l之端數　紐宜之分之上

第二十七款

有等子重體有其重亦有其分亦有一重係一端下求係紐之定位于準等

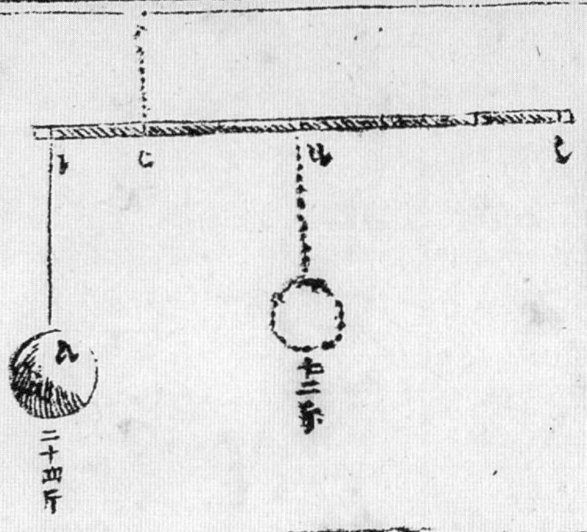

等子之重爲十二斤全梁六分係重ℓ二十四斤要知紐宜何分法曰平分等梁爲兩分自e至ℓ是等子重心則想ℓ爲十二斤加于ℓ二十四

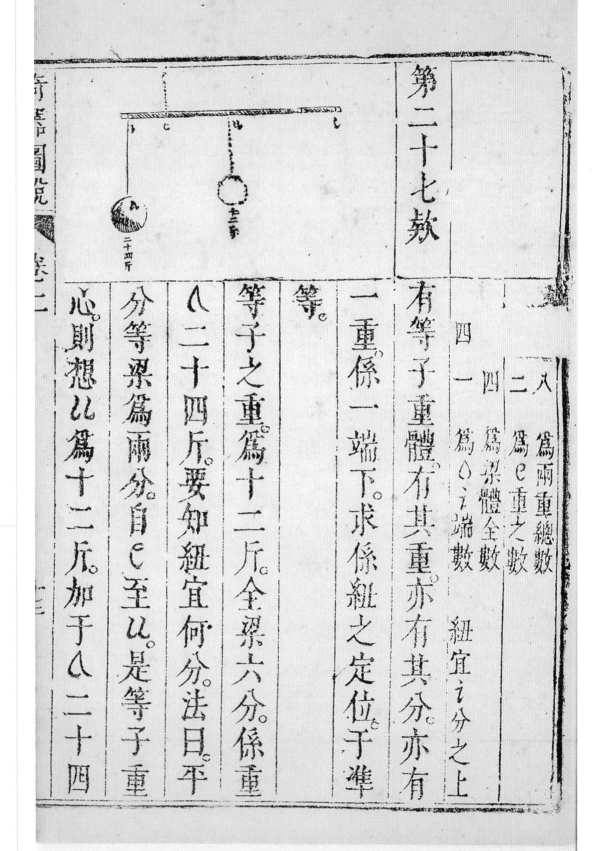

斤。爲三十六斤。就用比例。

一　三十六斤　爲兩重總數

二　十二斤　爲等梁重數

三　三分　爲ι ιι之分數

四　一分　爲ι ο之分數　紐宜ο分之上

第二十八款

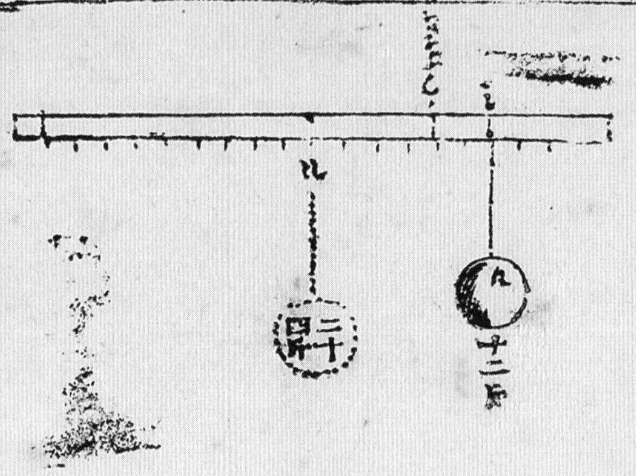

有等子重體。有其重。有其分。亦有一重。但係一端少內。求係紐之定位于準等。

等梁重爲二十四斤。全分十八。係重之ο爲十二斤。係于ι分之下。要知紐宜何分。法曰。得重心徑在ιι。想ιι

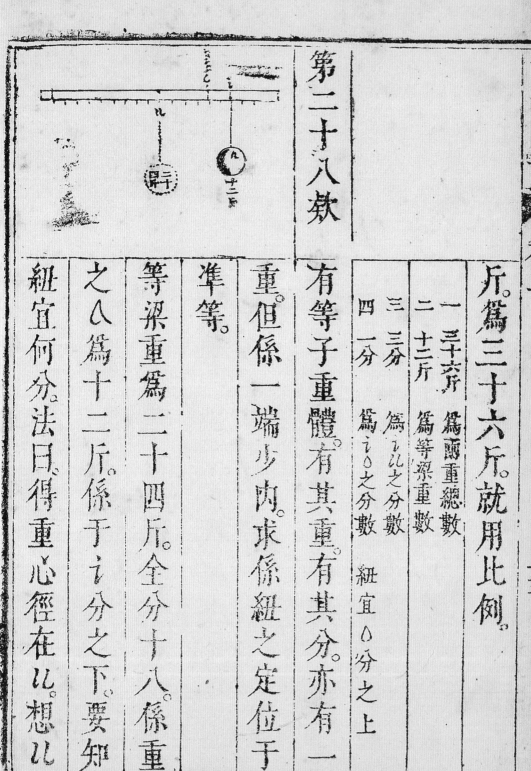

下所繫二十四等重。以至乙為六八。在兩重之中。兩重相加。為三十六。就用比例。

一	三十六斤	總數
二	十二斤	係重
三	六分	兩重中梁
四	二分	從乙到亇了紐宜亇分之上

第二十九款

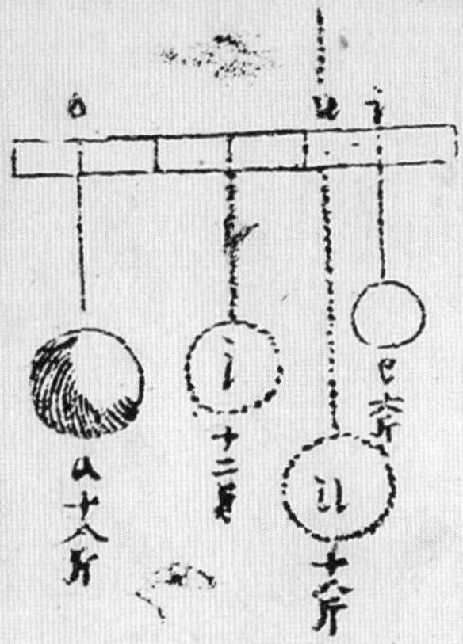

有等子重。有其分。但兩係重。在內不在兩端。求係紐之定位于準等。等子重十二斤。其全分十八。巳大重為十八斤。巳小重為六斤。要知紐宜

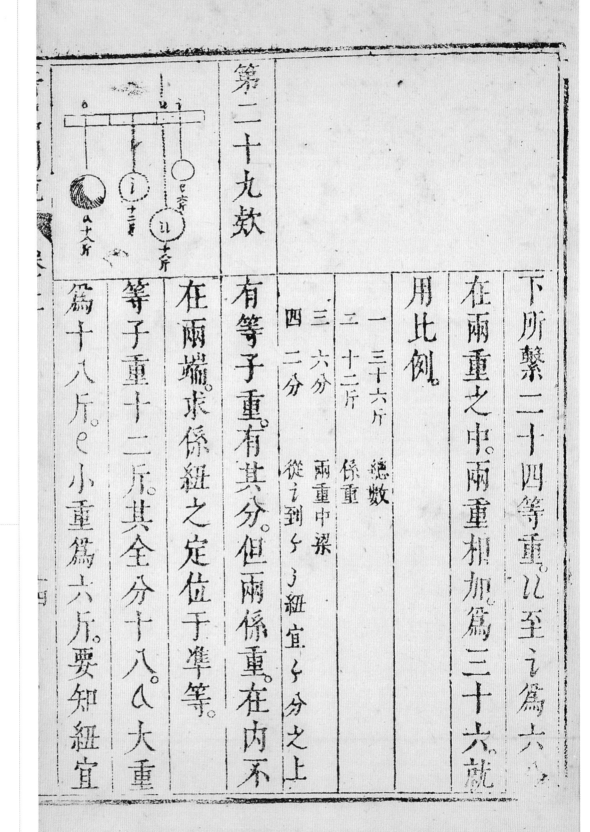

何分。法曰。假法二十八款用比率。

一丈　爲梁之全分
二六　爲乙重數
三六　爲乙至七之分數
四二　爲從乙至比之分數

每用比率　爲兩重總數　所以之爲紐
一三十六　爲比下之重數　線則兩重爲
二十八　爲乙至比之分數　等體之重俱
三十個
四五個　爲乙至匕之分數　是準等

第三十款

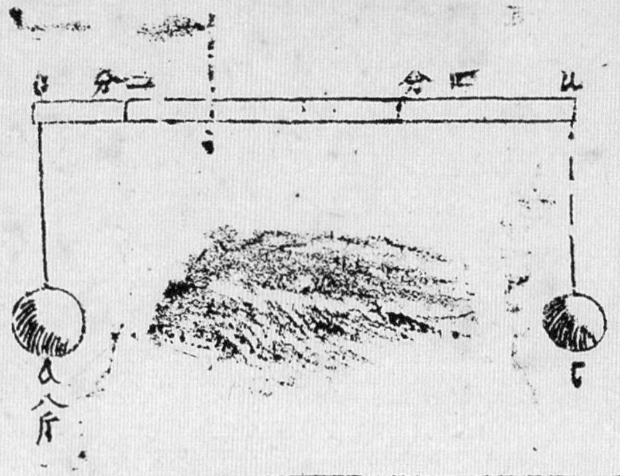

有兩重準等。有定係紐位。已得此重。

求彼重。

乙重爲八斤。等梁爲六八分係紐在二

分之乙。求乙重若干。法曰。用第十九

款比例。

一　四分　梁數長端

二　二分　短端

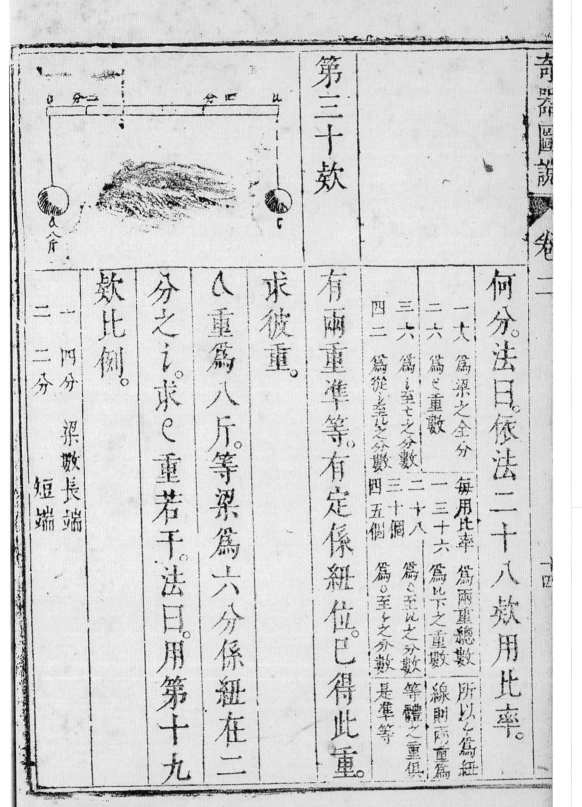

三 八斤 乙重
四 四斤 乙重當爲四斤

第三十一款

有繫重有等梁重以準等求係紐之位。

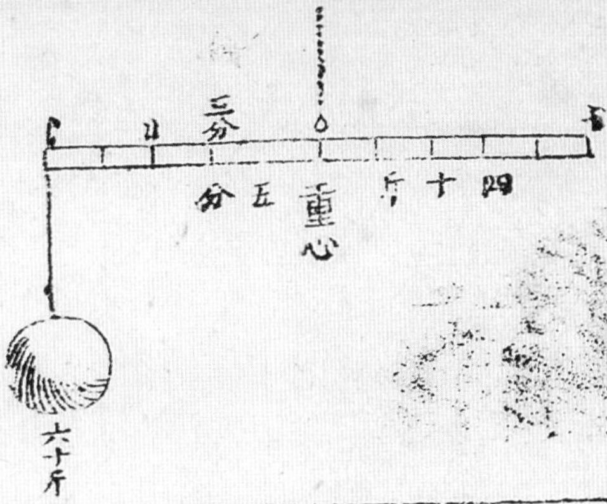

假如等梁之重爲四十斤。其分有十。係重爲六十斤。求係紐之位在何分。

法曰。梁重心在○。從○到乙。爲五分。

用此側法。

一 一百斤 爲梁重係重總數
二 六十斤 爲係重之數
三 五分 爲○乙之分
四 三分 爲從○到乙係紐之位分

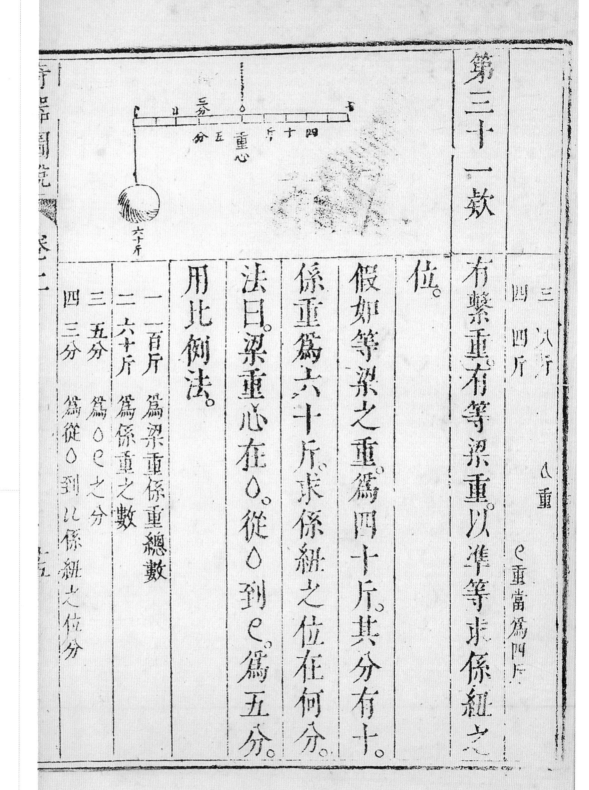

第三十二款

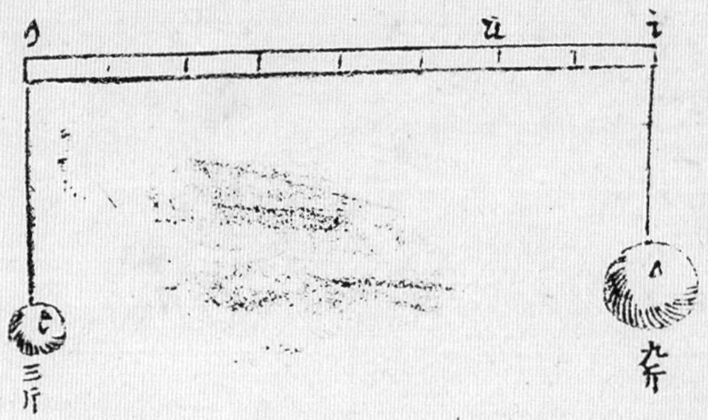

有兩重準等已有此端梁之長求彼端梁之長。

假如a重九斤。e重三斤。係兩端之下。已得i至u二分之長。求u至o長之分數。法曰。依第十九款比例。

一	三斤	爲小重
二	九斤	爲大重
三	二分	爲梁之小端
四	六分	爲梁大端之分數

第三十三款

有等梁重不用權。權物之重。

梁重有四十斤。分作十分。不知係重

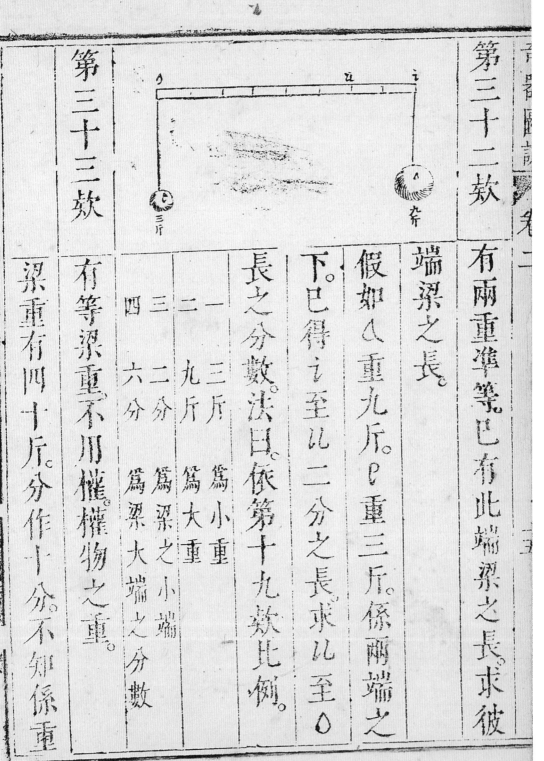

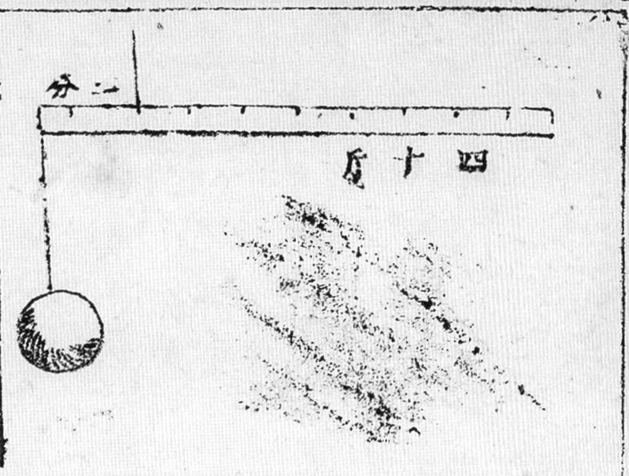

多少。但那移係紐至準等。得其定位

假如從重到係位是二分。則大端爲

八。相減爲六。就是差數。用三率法。

一　四分　爲小端二倍

二　六分　爲大小端差數

三　四十斤　爲梁之重

四　六十斤　爲係重之重

槓杆解

第三十四款

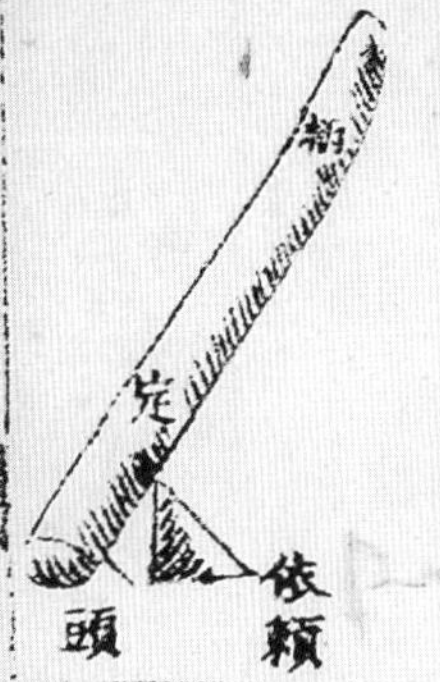

槓杆有三名。一曰頭。一曰柄。一曰定。

所外有依賴所。曰支磯。

第三十五款

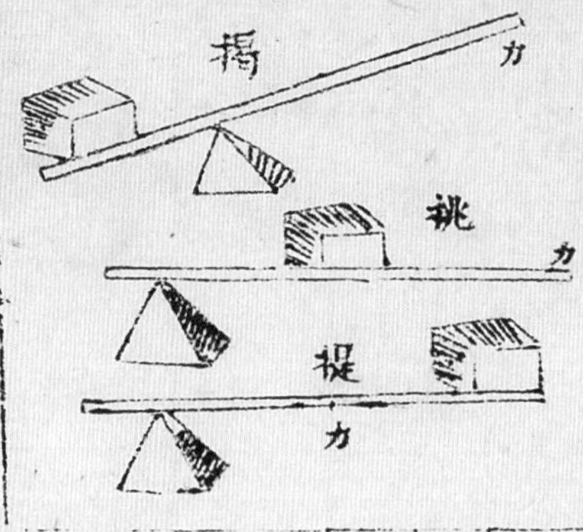

第三十六款

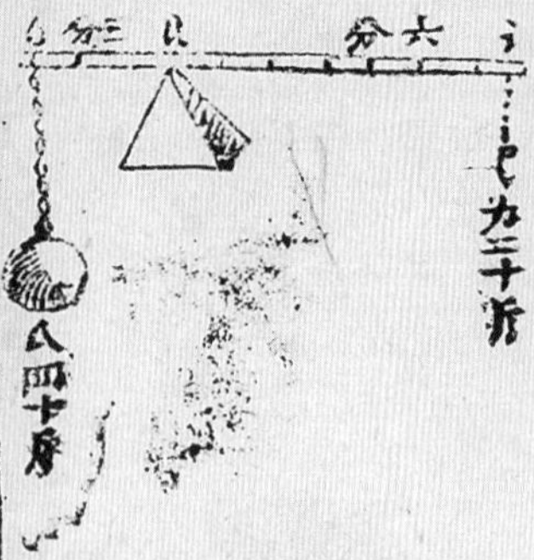

槓杆之類有三。總以為起其物者也。

一支磯在中。力在柄。重在頭。其名曰揭。二。支磯在頭。重在中。力亦在柄。其名曰挑。三。支磯在頭。力在中。重在柄。其名曰提。

揭槓平在支磯之上。頭有重。柄有力。重與力之比例。為兩端長短互相之比例。

假如揭槓之長。為九分。支磯在八。短

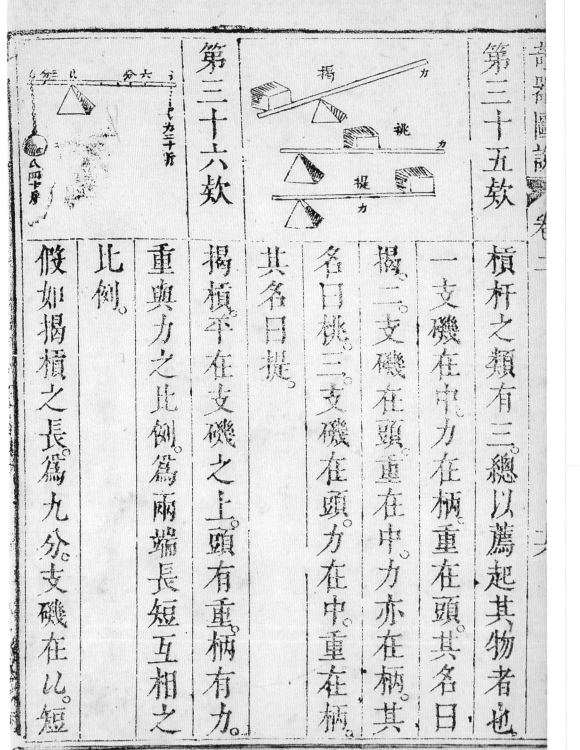

端三分。長端六分。a之重四十斤。e力必定二十斤。依第十九款比例。a與e二倍。長端與短端亦二倍

第二十七款

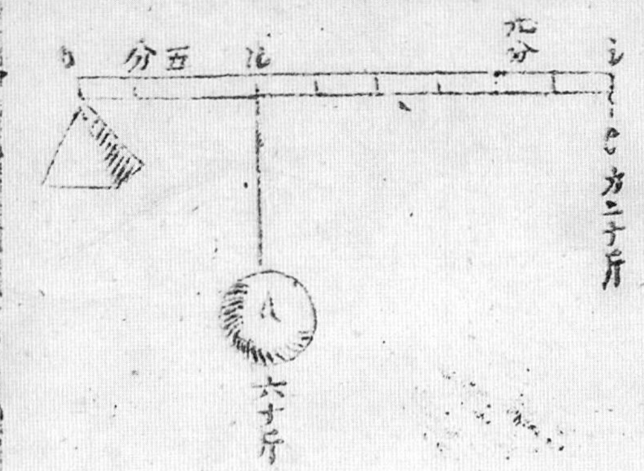

挑槓平在支磯之上。頭在磯。重在中。力在柄之比例。

從a重列支磯。是槓之分。與挑槓比例。就是力與重等。假如i至o九分。i至o三分。是爲三分之一。所以重六十斤。力止二十斤也。蓋係重愈近

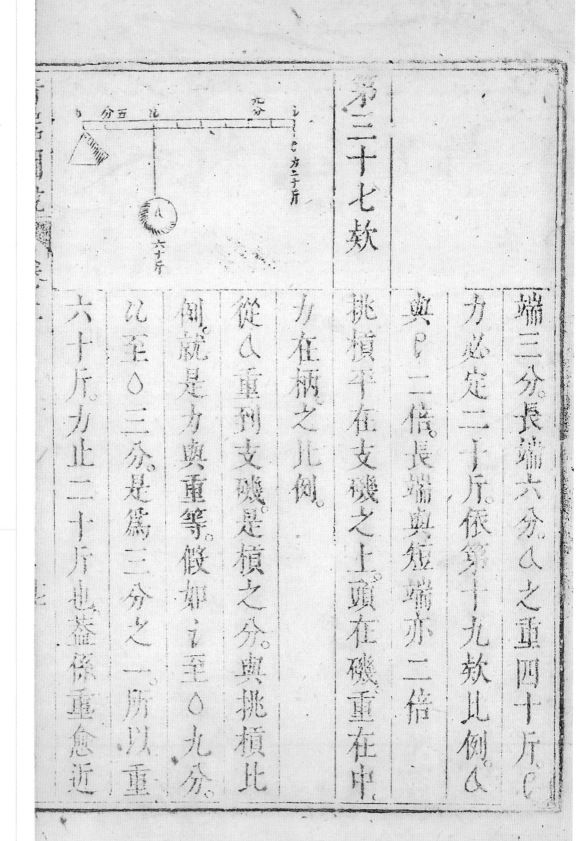

第三十八款

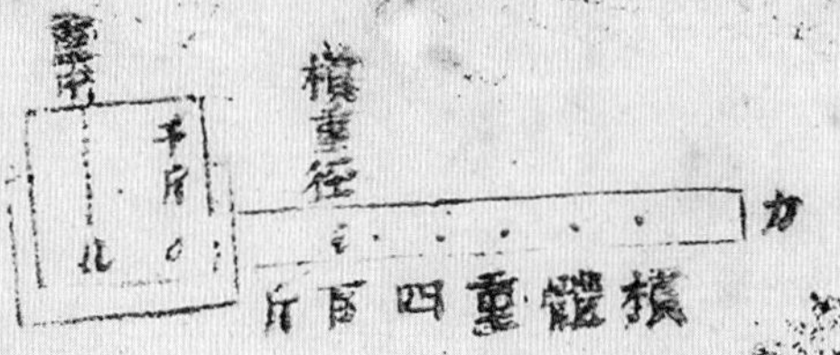

于支磯用力愈可少故挑槓常常省力。

有挑槓之分十尺其本體重四百斤。上另有千斤之重得槓之重徑重之中徑求挑力

法曰。○乙。與○己比例要等四百與一千比例假如ℓ○為二尺就用比例十尺與二尺比例為一千四百斤。兩重之千二百八十斤比例

第三十九款

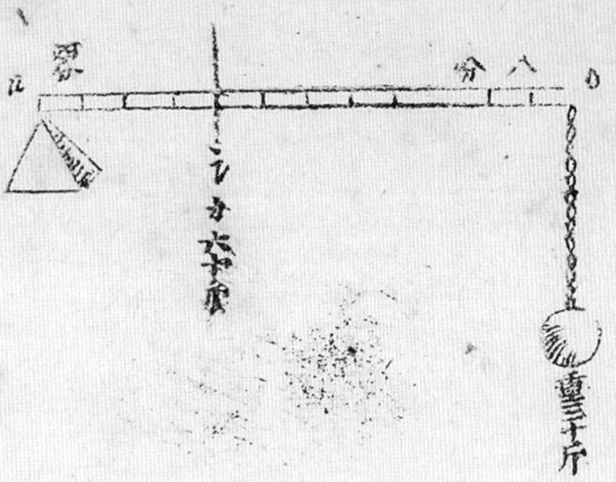

提槓頭平在支磯上。柄有重力在中之比例。

全槓o il。與從支磯到力e i。分數比例。等于力重之比例。假如o il為十二分。e i為四分。是三倍比例。力六十斤。與重二十斤。亦是三倍。係重力常要倍于重。故少用。

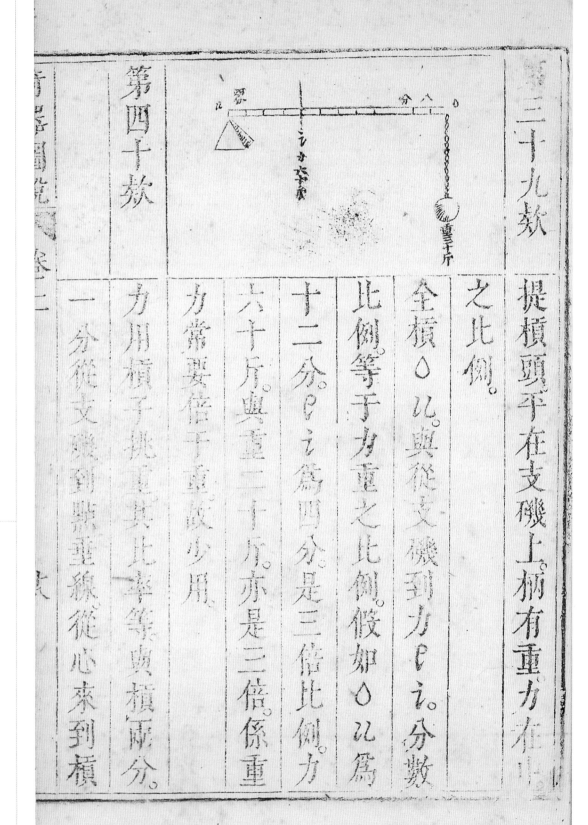

第四十款

力用槓子挑重。其比率等與槓所分。一分從支磯到點垂線。從心來到槓

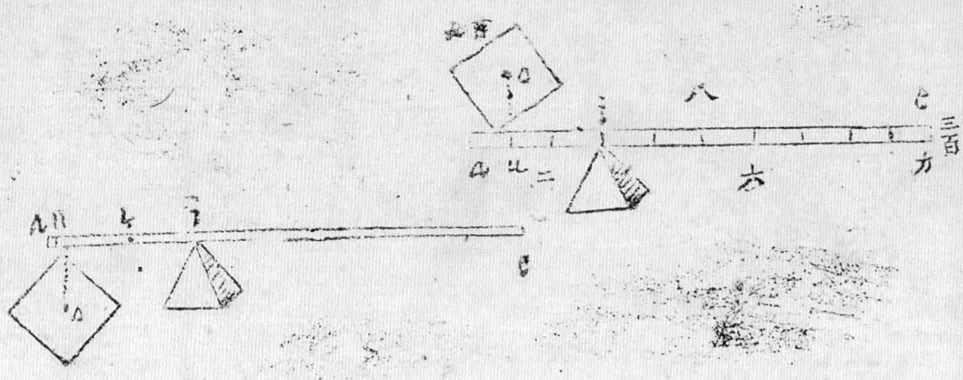

所。二分從支磯到力所

假如e d爲槓子。i爲支磯。能力在e。爲三百斤。d o重爲九百斤。所以比率。是三分之一。今從o中心打垂綫。到槓上。到u點。從u到i之長。與i到e長。比率。亦是三分之一。若u i爲兩分。則i d爲六分。是三分之一明矣。

第二圖。d o重係槓下。與d e二處

四十一款

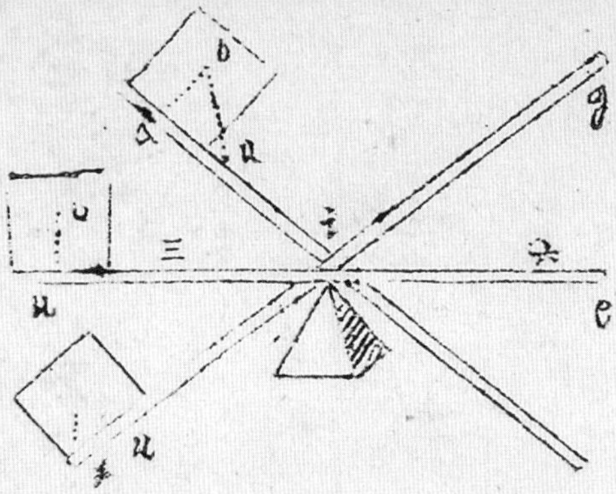

只用u o垂線。則不用a y兩點。其後萬法皆然。

能力挑重中心在地平横上。起重愈高。則用能愈少。若重愈低。則用能力愈多。

假如e a横子在i上。地平的。其垂線為o a。起重在上。則用能力在e從垂線o點到u。其u到i短于a到i之長。故用四十款之能力少也。

若重在地平之下。則從垂線爲ο。到t之與δ之長。所用前款。力在于ϑ。故力多。

揭槓在平。重心在上。重心起愈高。能力愈少

第四十二款

如上圖。重心起高。垂線到δ。視下平重。去支磯愈近。故用力愈少也

第四十三款

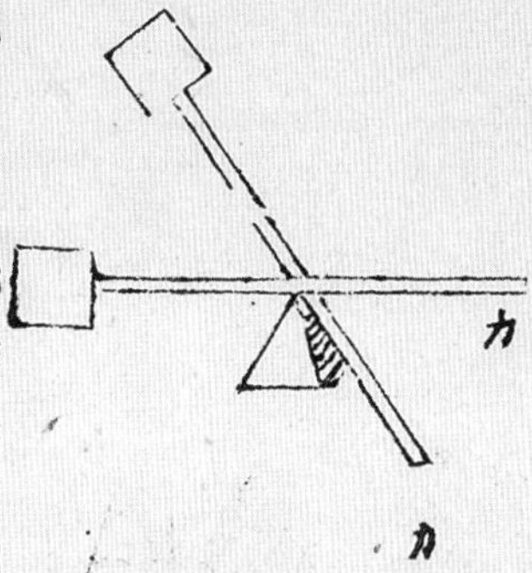

重心在揭槓頭内。槓杆或平。或斜。其能力等。

如上圖重心在平。在斜。去支磯皆等。故其能力亦相等也。

第四十四款

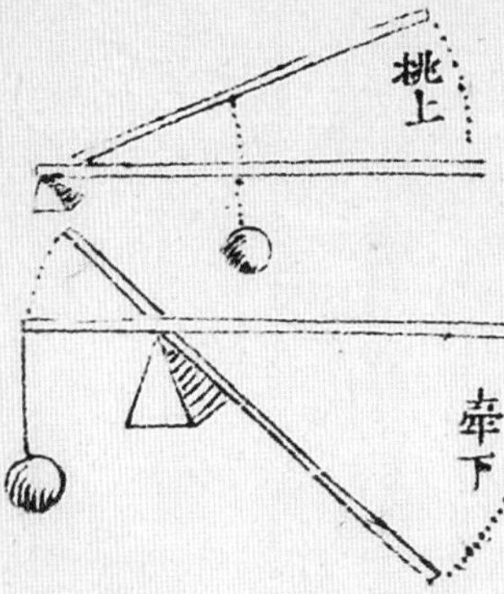

有重係槓頭上。支磯在内。槓柄用力。從平向下。相距之所。與槓頭係重向上。相距之所。比例。等于槓杆兩端之比例。

假如上支磯前相距小端。與支磯後

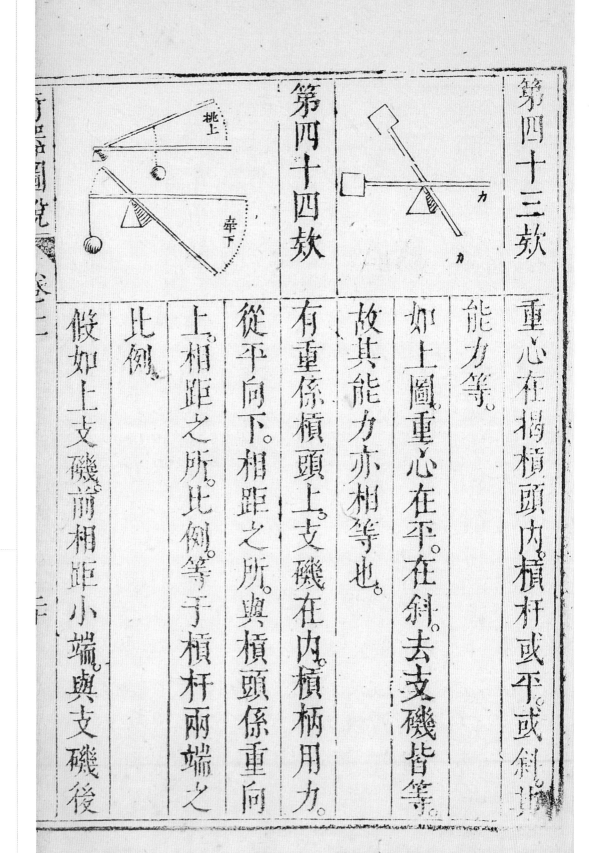

相距大端爲三分之一。盖小端與大端。亦爲三分之一也。後挑槓亦然。

第四十五款

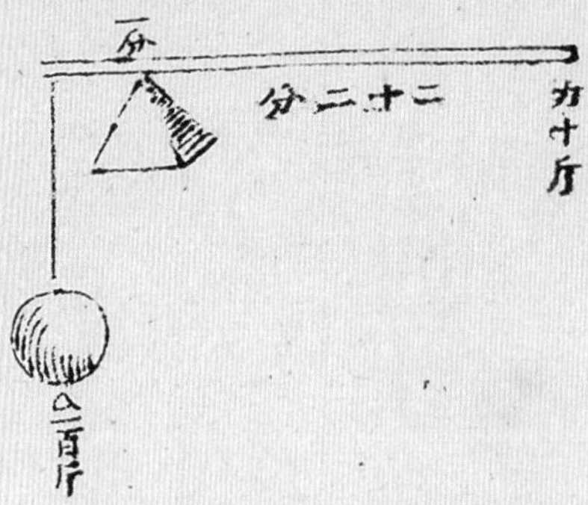

有重。有槓杆。有力運重。求支磯所。

假如乙重百斤。力十斤。槓杆二十二分。求支磯所在。用比例法。

一　一百十斤　爲能力與重之數

二　二十二分　爲槓長之分數

三　十斤　爲能力之分數

四　二分　爲支磯之所

第四十六款

有幾重。有支磯。有槓杆之長。求能力幾何。

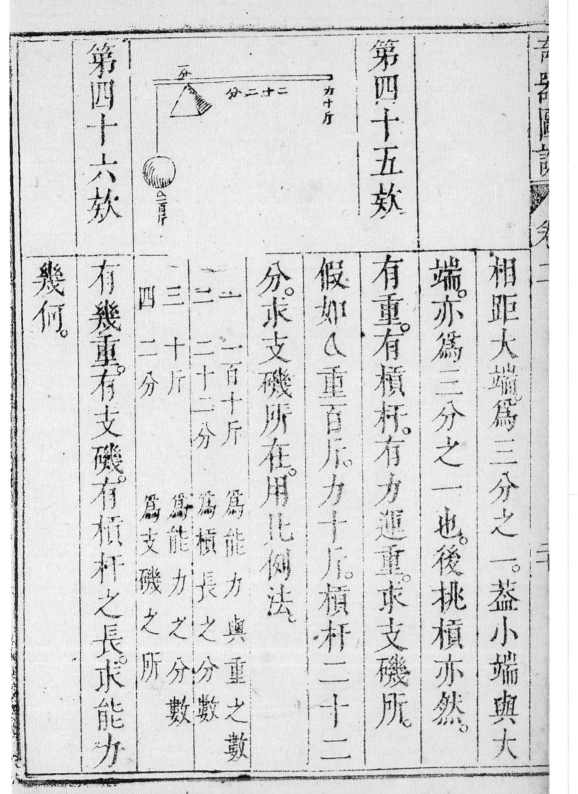

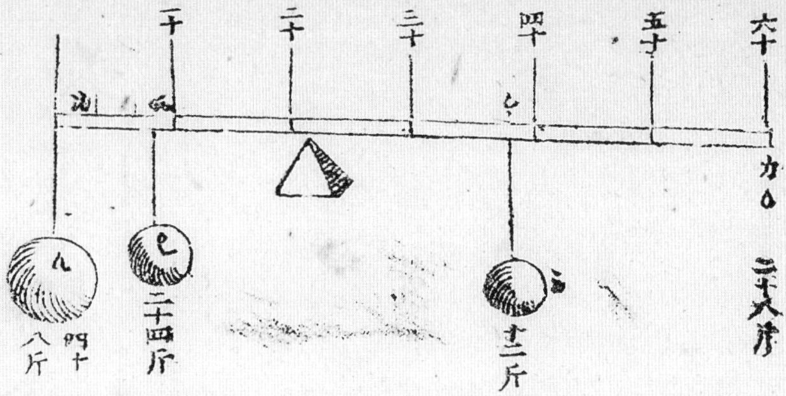

假如有三重。a四十八斤。在頭。b二十四斤。在九分界。c十二斤。在三十八分界。支磯在二十一分界。槓杆共長六十分。求能力宜用幾何。法曰。a b中。槓爲九分。求兩重支磯得小端三分。爲d。自d至c。槓有三十五分。用比例。又得五分。爲e。e第三次支磯到力o。爲三十九分。從支磯到e。爲十三分。比例等于三重。八十四斤。與

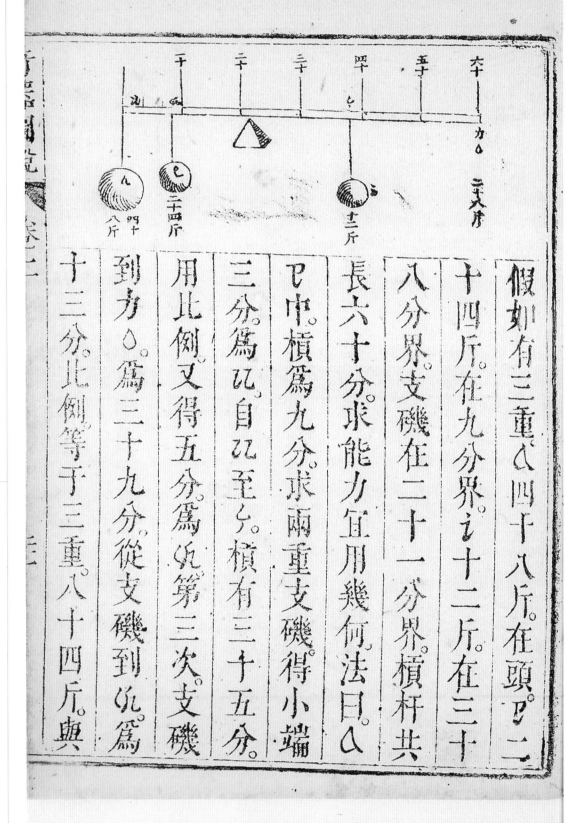

力爲二十八斤

第四十七款　有幾重。有槓長之數。有能力之數。求支磯所。

法。即用上四十六款之圖。先求準等如伉爲八分。自伉至力。爲五十二分也。用比例法

一	一百十二斤	爲乙巳辛〇三重與力之數
二	二十八斤	爲能力之數
三	五十二分	爲槓長短之分
四	十三分	爲從伉重心到支磯所之分

第四十八款　有重物。有重體槓杆。有支磯所。求能

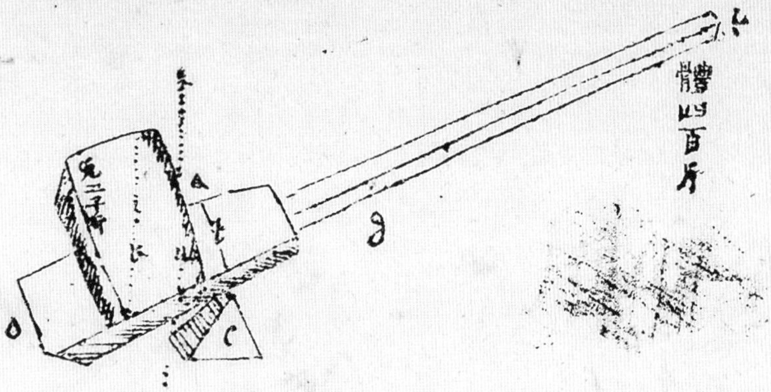

力幾何。

假如几重爲二千斤。其心爲え。槓杆兩端爲aㄅ。其體重四百斤。其重心在g。槓杆斜起。在支磯c上。ac是其定所重徑爲え长。长g爲六分。ɛㄅ爲十二分。ㄙㄅ用能力宜幾何。法曰。先求重物與槓體之重心。用比例法。

一	二千四百斤	爲重與槓兩重之數
二	四百斤	爲槓重之數
三	六分	爲從长重心到g重心之數
四	一分	爲從长到ㄙ之分數所以几 爲五分再用比例法

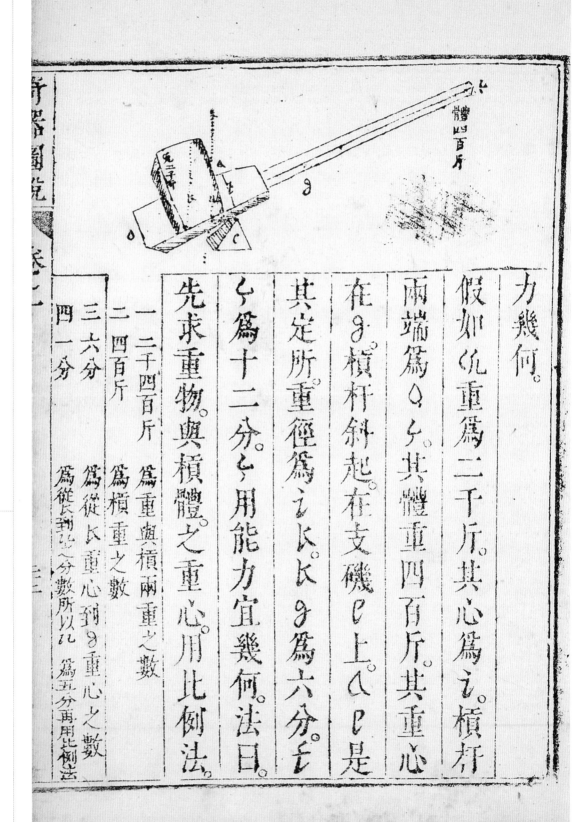

一 十二分 爲力分到支機重之分數

二 一分 爲此重之分數

三 二千四百斤 爲兩重之全數

四 二百斤 爲能力之數

滑車解

第四十九欵

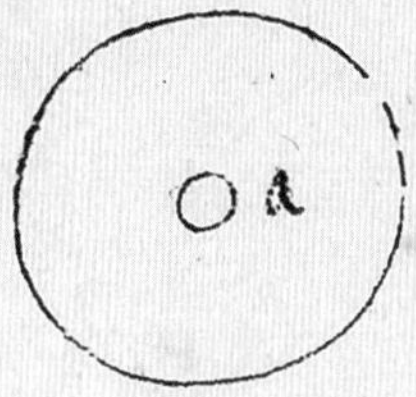

滑車。體全是輪。輪周之側面兩旁高。中則凹。無輻。無齒。無軸。而有軸之眼空。

輪小。而厚亦不多。兩旁高而中凹。以容繩轉其中者也。自身無軸。止有容軸之空眼。另有架安軸。而此輪貫于

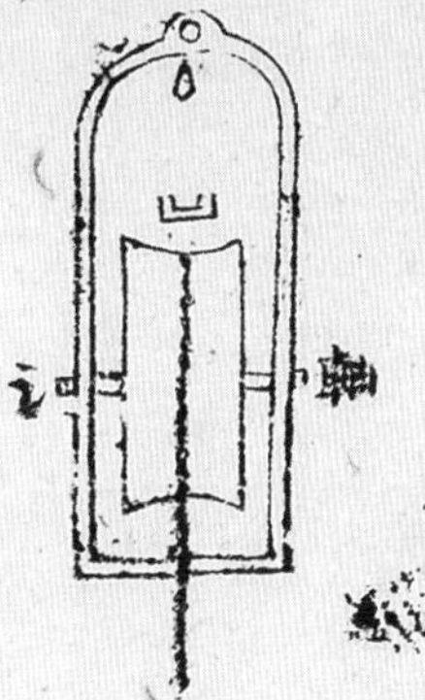

第五十欵

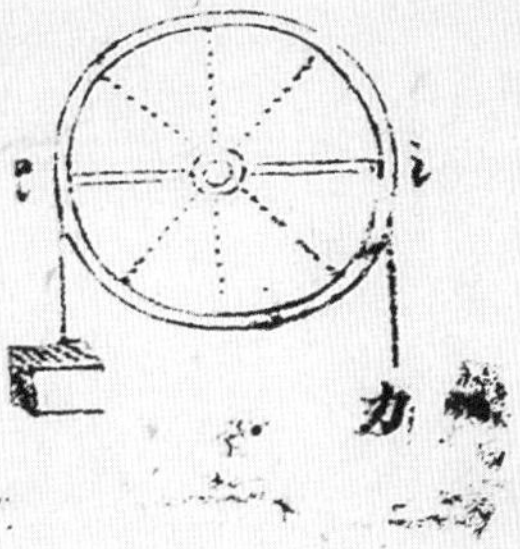

軸上。其滑最利。繩轉。故名爲滑車。両中呼爲羊頭滑轆者。此也。如上a爲小輪。其中有空眼。e爲轉繩。從凹槽中上下者也。o乃其架。i則其所貫之軸耳。

滑車。亦是天平之類。所以能力與重相等。

天平兩重相等。則平。一重一輕。則必偏而下矣。此滑車之力。所以常常與

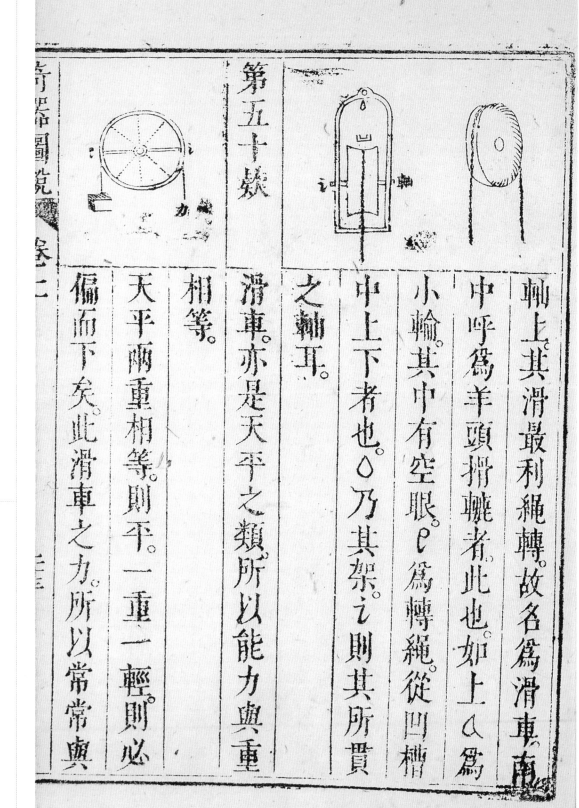

重相等。或云。ℓi一轉。則不平矣。何以云是天平。曰。ℓi徑線。周圍悉是。則轉轉都是天平。無天平之名。而有天平之實。故謂與天平同類。

第五十一欵

滑車大與小。能力皆同

槓杆等器皿愈大。其能力亦愈大。滑車不然。或大或小。其力皆一。爲何兩徑相等。故耳。

第五十二欵

滑車。不甚省人力。但最便人用

如人從井提水。則臂力易茇。有此滑車在上。而人從下挽之。雖不甚省人力乎。而手挽視手提。則必有分矣。

第五十三款

滑車之繩。一端向上。一端向下。其向下之力。與向上之重相距常等。其爲時刻亦等。

第五十四款

滑車之繩。兩端在上。一端係重。一端用力。力半可起重全。

假如繩定于a。從i o至e用力。架

之下端係重一百斤如ㄅ。從e用力起之。五十斤力。可起百斤之重。爲何。a i繩子不動。所以o i。似挑槓。i似支磯。因係重在中u之下。用挑槓比例。i u與i o。比例。常爲半徑與全徑之比例。故半力足起全重也

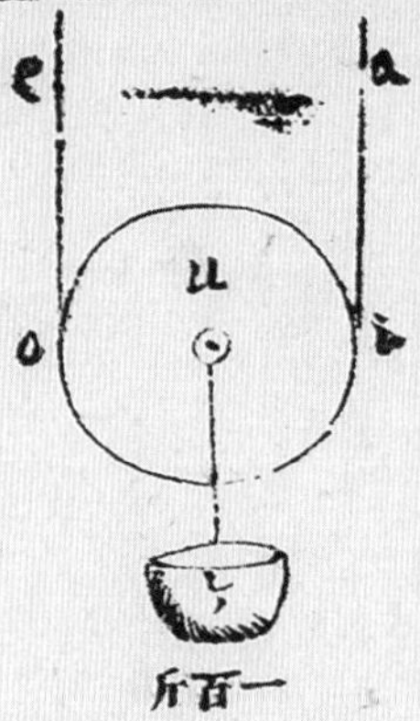

第五十五款

滑車之繩兩端在上。一端係重。一端用力。用力雖則一半。爲時則須二倍。且繩之向上相距之所。必倍于係重

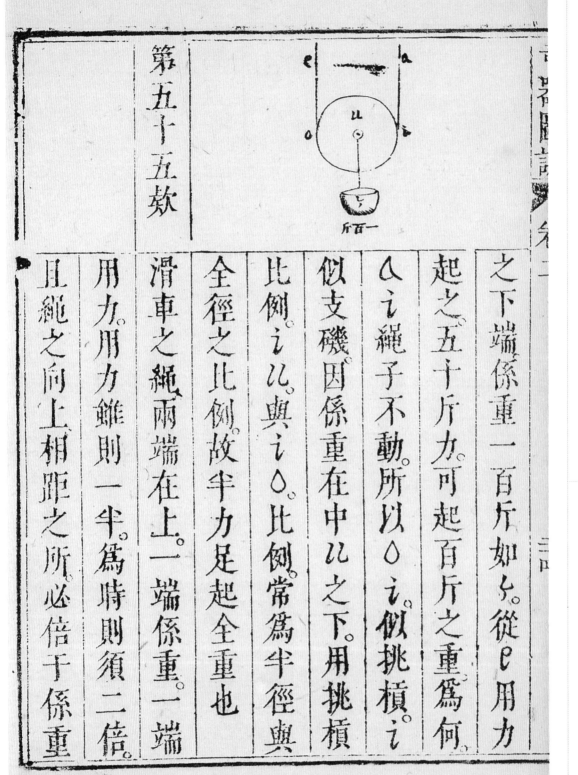

相距之所覽上圖自明。

輪盤解

第五十六款

圓體有三種　一球

二尖圓　三長圓

輪之物三。其全體。一。其在中曰軸。一。

其在外曰輞　一

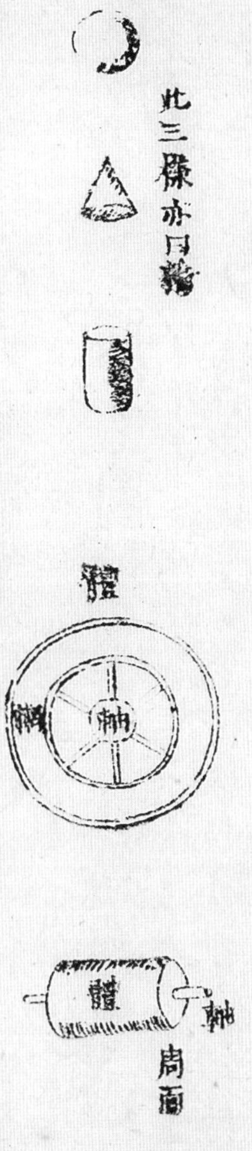

第五十七款　一有輪。其軸兩旁長出。與輪相粘。輞有

係重。人在輞邊平處用力。其重與能力。有輪半徑。與軸半徑。之比例

如上圖。輪之半徑爲a i。軸之半徑爲a e。a i要平行。i下有力。或重。如o。軸上纏索係重爲u。因a i四分。a e一分。兩半徑有四倍之比例。所以u重爲八百斤。能力止用二百斤。即相準也。再加少力。則重起矣。

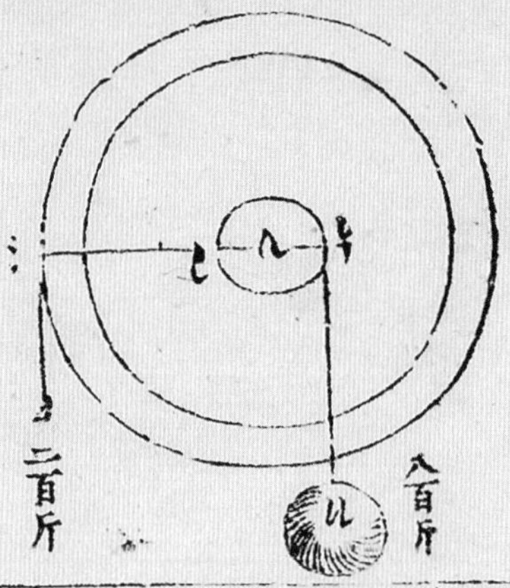

第五十八款

輪。即等子類。如滑車。即天平之類

看上圖。ㄟ夕平線。爲等子之梁。ㄙ間等不動所。力與重準等。即第十九款比例。故輪即等子類也。

第五十九款

用輪常常省力

因輪半徑。常大于軸半徑。故係重之起。常常省力。其軸倘更細。則用力愈更省也

第六十款

輪半徑。線不平。係重于線。其比例亦不同

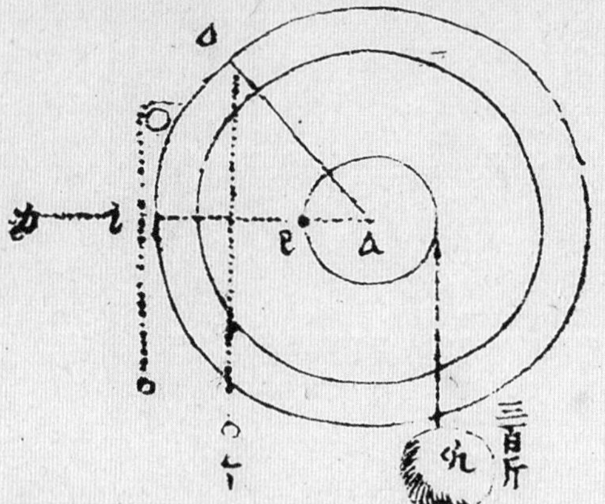

如上圖。有a o不平半徑線。其柄在o上。下係重為ㄙ。其垂線從o到乙。在a i平線上。軸之係重三百斤。如仈與力ㄙ比例。是a乙與a e比例。因a乙為三。a e為一。所以三百斤。用力一百斤也。若不用重而用手。則在o與在i。省力常等。葢因攀而斜下。其垂線常在輪之周也。倘必欲用重則于輪周加一滑車。其重之係索

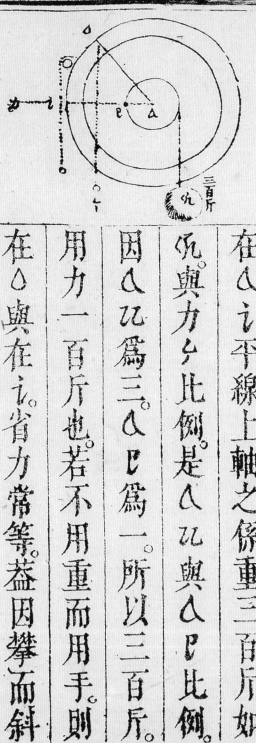

從滑車而轉則亦力省矣。

第六十一欵

輪周攀索之下。與軸係重之上。比例爲兩半徑之比例

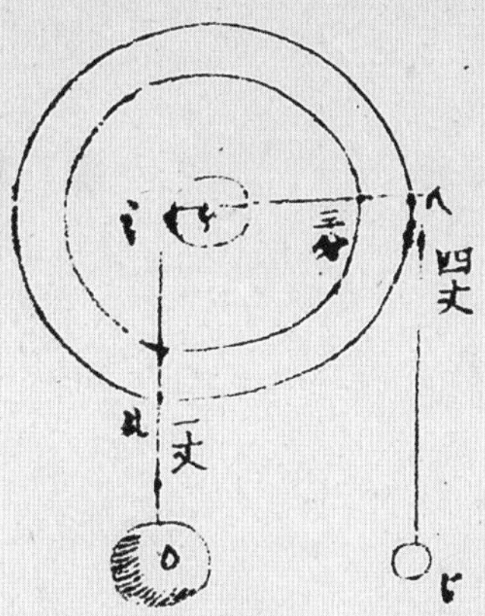

假如a e爲四丈與i o等。人在e所攀a而下。到e。即有四丈。而o重之起。但能到u。止得一丈。葢因a u爲四分。u i爲一分。故比例爲四倍也

第六十二欵

輪之用省力。而費時。比例

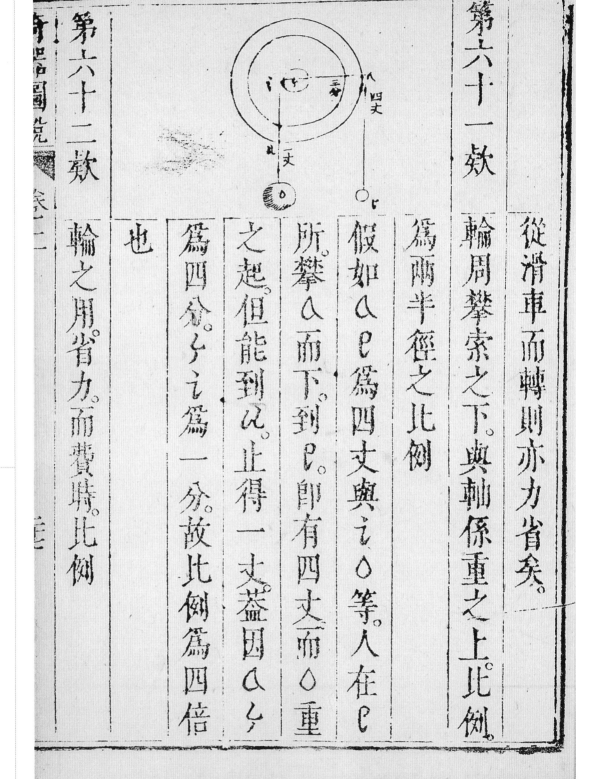

假如不用輪法欲起千斤之重其費時止一刻耳若用此輪法則費時當須四刻蓋用力則省而爲時則多也

第六十三款

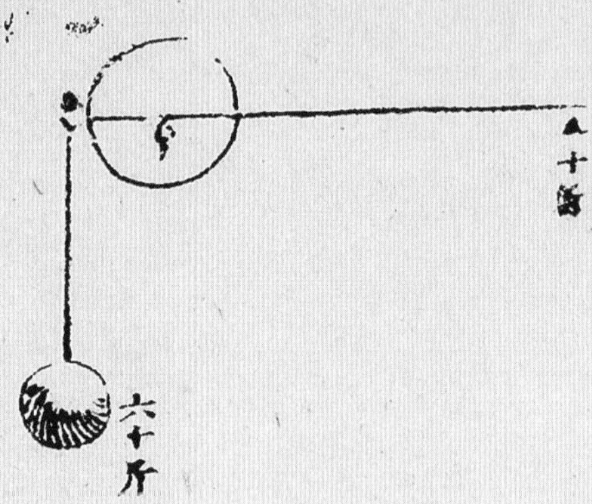

有重有力欲用輪起求輪法

有重爲六十斤能力十斤用α ℓ直線爲軸與輪兩半徑用比例法

一　七十斤　爲重與力之總數

二　十斤　爲力之數

三　十四分　爲α ℓ直線之分數

四　二分　爲ℓ ㄣ之分數即得軸之半徑所以ㄣα十二

爲輪之半徑也依賴前五十八款α力準

等子ℓ係重故得此法

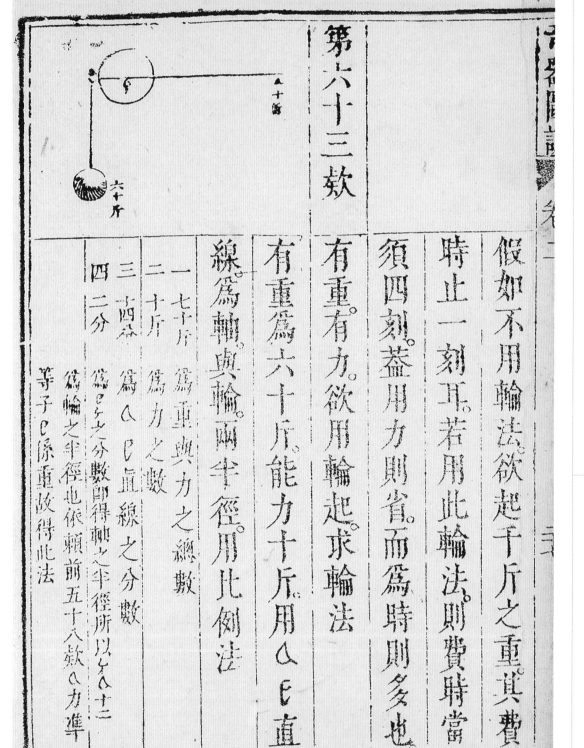

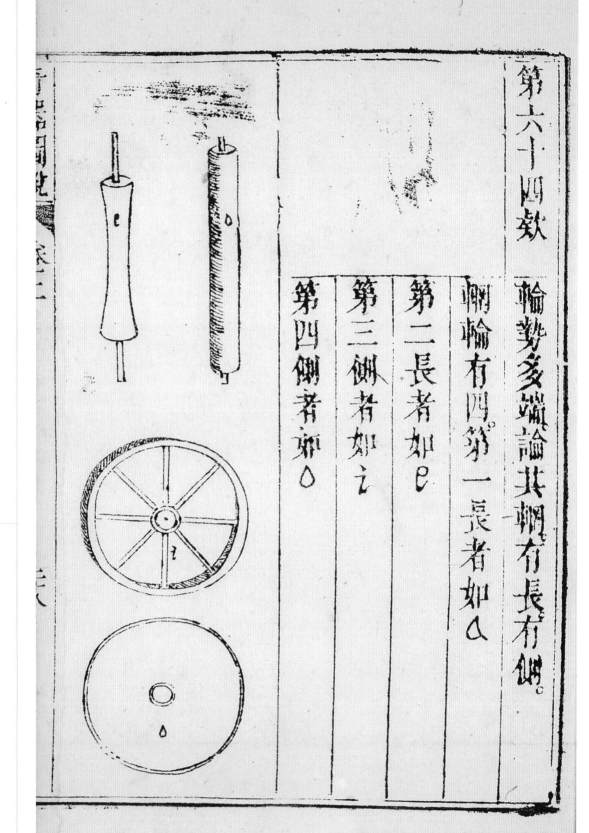

第六十四款

輪勢多端論其輞有長有側。

輞輪有四第一長者如a

第二長者如e

第三側者如i

第四側者如o

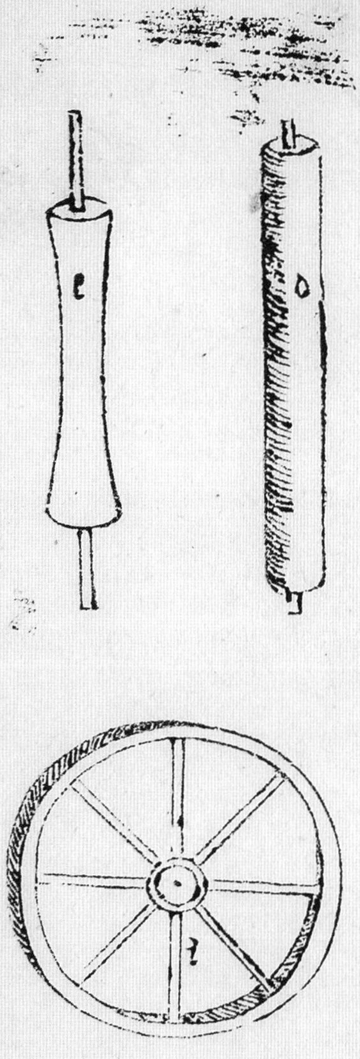

第六十五款

論輞之物。或牙齒。或波浪。或瓠稜。或光輞。或輞外加板。或輞是燈輪。或周圍。另安雙角。或另安水筒。或另安風扇。如後圖。

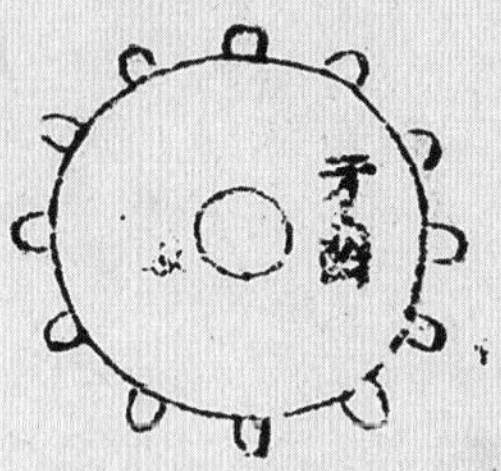

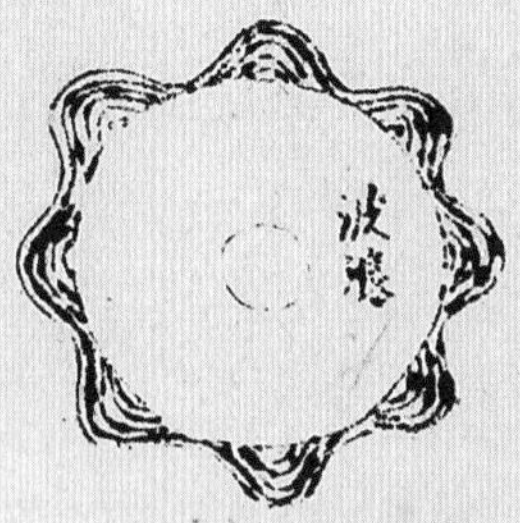

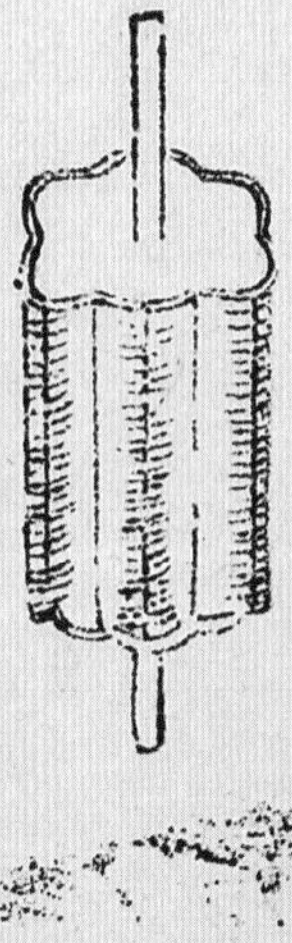

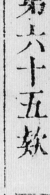

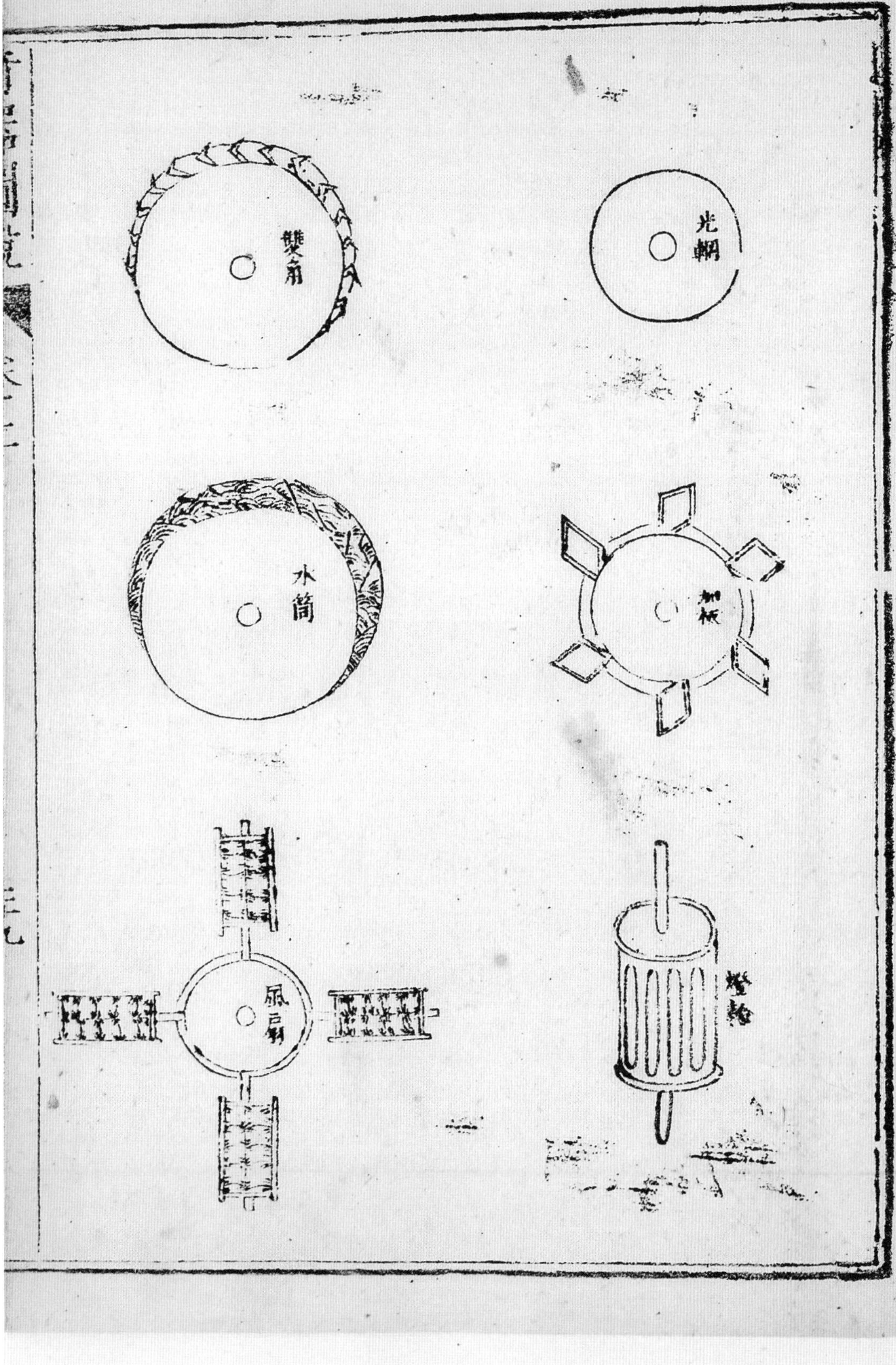

雙角
光輞
水筒
斜板
風扇輞
鑿輪

第六十六款

論輞有三。或無輻。止有輞眼。滑車之類是。或有輞甚細。自鳴鍾之類是。或圓圓廣厚。以便轉索。如轆轤之類是。

第六十七款

論輪體。有板輪。有有輻之輪

第六十八款

論置輪位。有平輪。有斜輪。有立輪

第六十九款

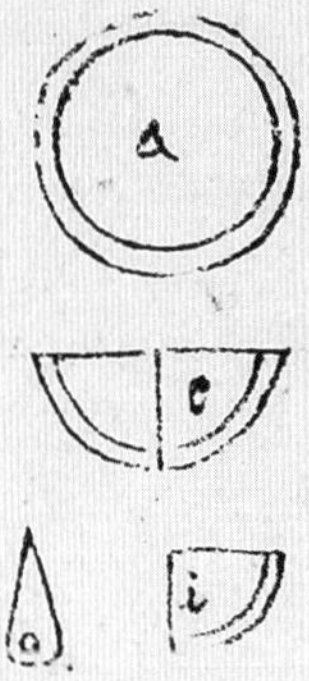

論輪之物。有全。有不全者。不全者。或缺一。或缺二

但有輞無輻。無體。如a。若有輻。其輞半輪。如c。或爲四分之一。如i。或止

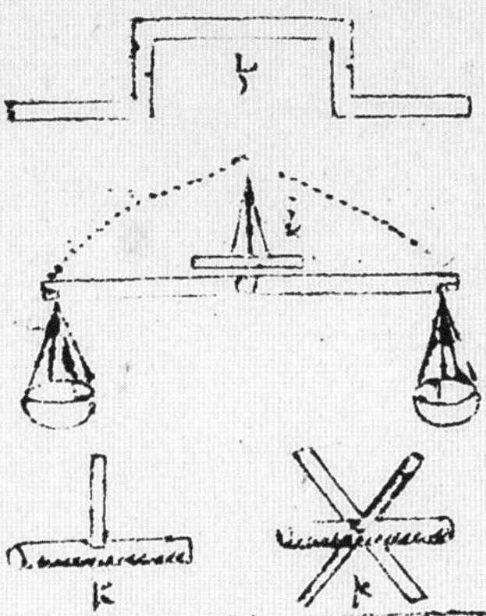

第七十欵

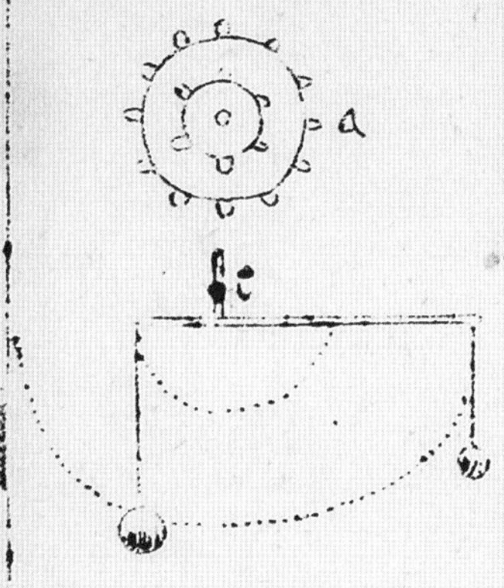

一觚。如ó。但是一線。或軸外為柄。如
ƙ。或軸中作曲柄。如ƒ
有軸。有體。無輞。其類亦多。軸有一徑。
為天平。如壬。或幾徑為轆轤。如ꝭ。或
止半徑。一個。或幾個。如ㄴ。
論輪之體。有相合而為用。
相合者。有二種。有全輪兩個。在內。在
外者。如ძ。有不全兩輪。但同軸有兩
半徑而無輞。如ℓ。此皆相須為用者

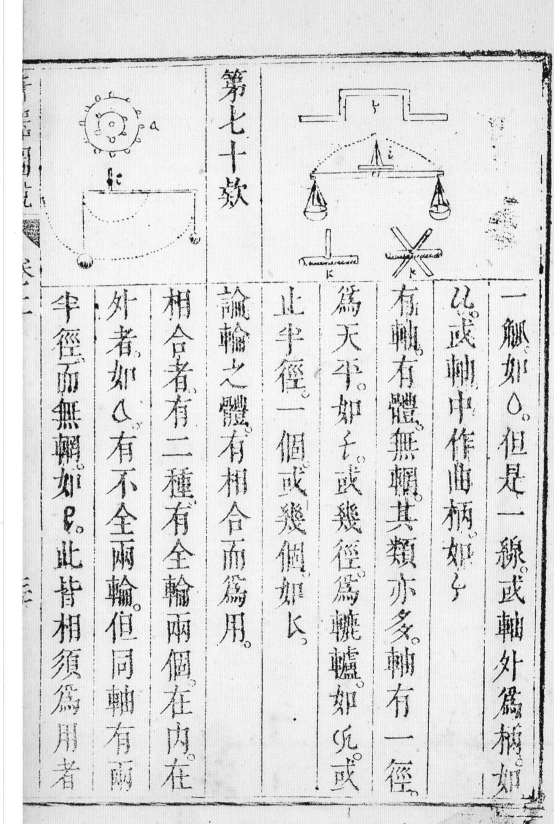

也

第七十一款

輪子所多用者。有八種

一行輪　或人或獸。行于輪內。以轉他重

二攪輪　或人或獸。在輞外。或推。或曳

三踏輪　止是人用足踏

四攀輪　止是人用手攀

五水輪　水力激之而轉

六風輪　風力鼓之而轉

七齒輪　齒與他輪齒遞相轉

八飛輪 前七輪受力而不加力飛輪受力而 又以已之重能加其力者也

藤線解

第七十二款

有線稜從圓體周圍迤邐而上曰藤線器如藤蔓依樹周圍而上或瓜蔓與葡萄枝攀纏他木皆是其類其象

第七十三款

藤線之物有三一圓體二圓體之軸三藤線

如上o為圓體其內有ab直線為其軸外線稜周圍迤邐而上乃係賴

于圓體并其軸者也

第七十四款

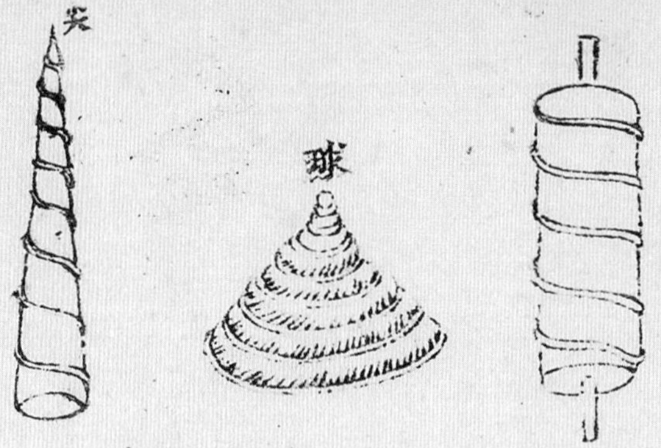

藤線器有三類一柱螺絲轉二球螺絲轉三尖螺絲鑽

蓋因圓體有三一柱圓二球圓三尖圓故藤線依賴而上遂成三類柱圓用以起重球圓天文家所必須至尖圓乃開竪深入之器工匠頗多用而此重學所常用者柱圓而已

第七十五款

前諸器皆有妙用而此器之用更大

更妙。

何以見此器更妙于前諸器也。為其用最廣。其能力又最大耳。假如水閘木重且長。人力不能起者。用螺絲轉則不難起。又如長大木。其尖為鐵。入地甚深。人力不能起者。用螺絲轉則能起之。又或欲壓有水有汁之物。他重物不能壓。即壓不能盡其汁與水者。惟此螺絲轉。為能壓之盡。且令物之糟粕渣滓浮石不能比其乾也。西庠印書。亦用螺絲轉。故其書。濃淡淺深。曲盡款畫之致。至于定置諸物。不拘銅鐵金木之器。其釘一入。便自安穩堅定。又不費力。抑且可開卸也。況別器有大能力者。須用長用大。此器即最短。最小。無不可作。器愈小而愈有能力。可怪也。試觀天象如日。一年一周。從冬至到夏至。也只是一個球螺絲轉。又如雨風陡遇。盤旋擊搏。即大木大石。可挾而上。又如波中洄漩之水。能吸人物下墜。草木如藤。如瓜。如豆。如葡萄之類。百種不一。皆具此象。海中水族。如螺絲之類者。不可勝數。故此物最貴重。南人以之作貝。代金銀也。此蓋天地顯以大用。妙用。托示物象。以詔人用者。不獨運重之學。不可離此。即如人間日用。繩索微物。

及弓弩琴瑟等弦諸用。匪此旋轉交結之法。便不得成。故其德。方之前六器中。此器爲更妙也。又況其製簡便長大者之堅固不待言。即甚小者。亦甚堅固而絶無危險所以亞希默得。常常多用此器。葢取其奇耳。能通其所以然之妙。凡天下之器。都無難作者矣。細心之人。不難曉解。

第七十六款

有立三角形。其底與地平。毎交上。各

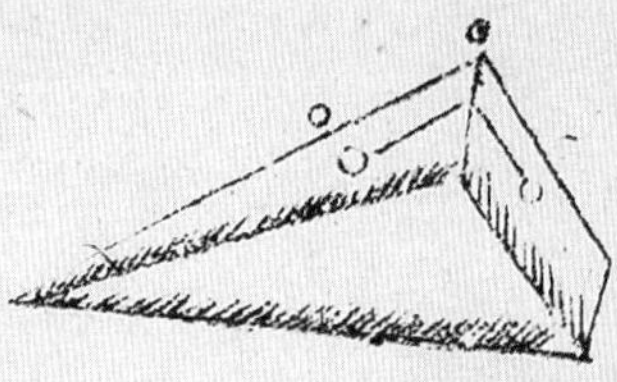

第七十七款

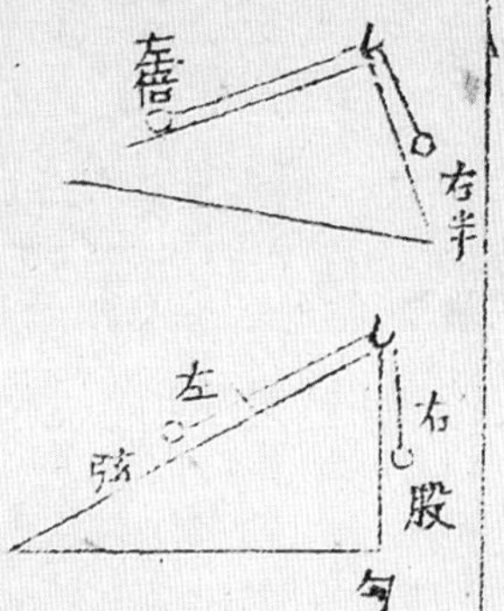

有一球。平繫于鈎。兩球相等。右交與左交之比例。爲右球與左球之比例。假如右交一半與左交。所以右球與左球。其位亦是一半。其三角形兩旁。爲斜立面。如三稜柱狀

有立三角形。其底與地平。右交爲半于左交。每交上。亦各有一球。平係于鈎。但右球爲半于左球。必定兩球爲準等

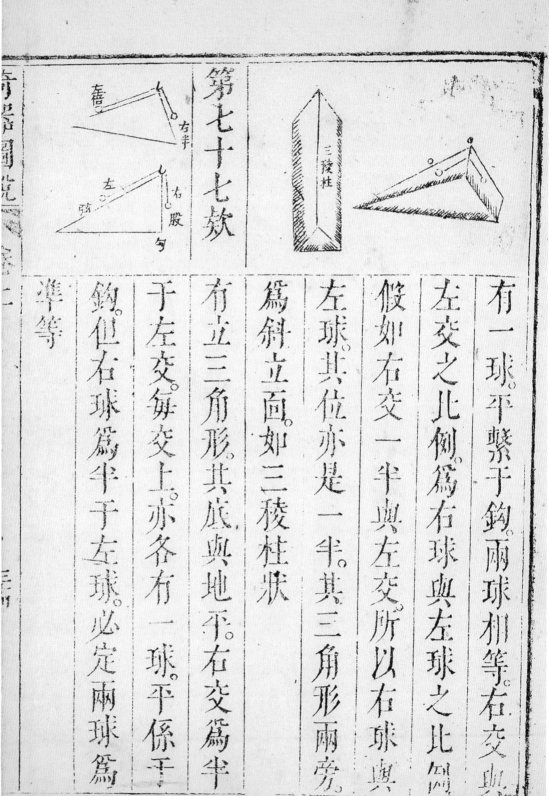

第七十八款

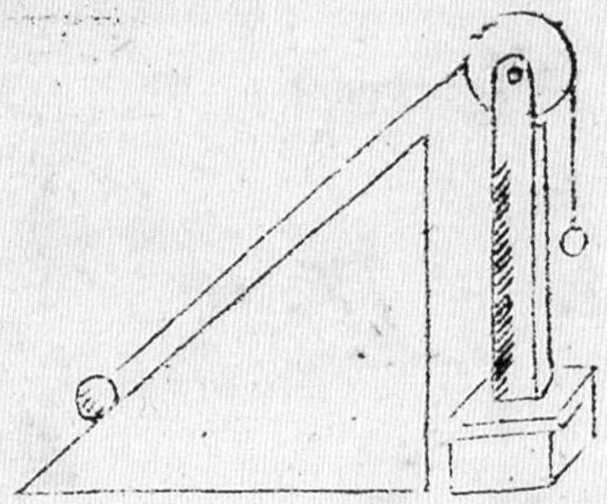

若三角形。下是直角形。其右交左交。就是股弦之比例。等于右左兩球之比例直立曰股。斜行曰弦。下底曰勾。直立與下底相交。即名勾股

有三角形同前。但不繫于鈎。依賴滑車而過。垂重向下。垂重與斜重比例。亦是股弦之比例

鈎與滑車。似不同類。然重從鈎內過。與從滑車之外過。則同一行也。故其比例亦同

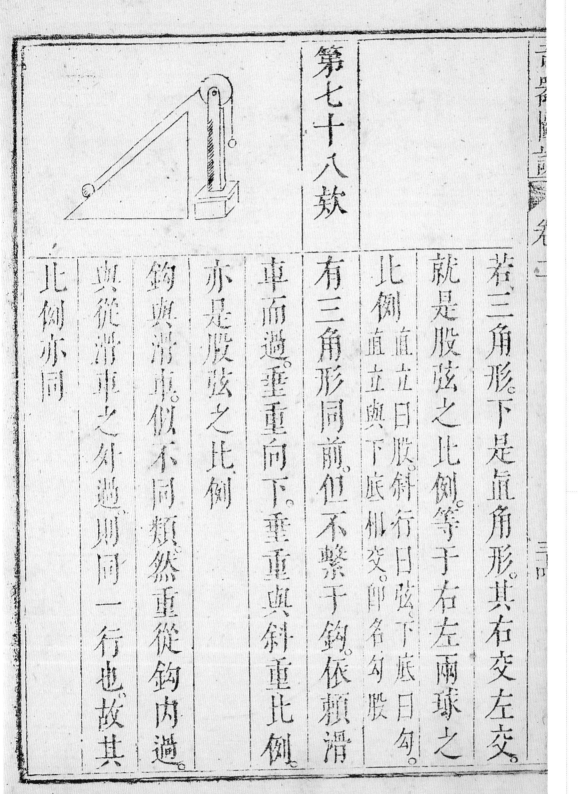

第七十九款

滑車。一邊係重。一邊有懸空係重在支磯尖上。名斜立重

假如甲重板。有重徑斜行線。一點不動者。定于乙支磯上。一點如丙。係于繩。斜行而上。過滑車。有垂重爲丁。所懸重板。不上不下。因丙乙直線是斜行者。所以丁重名爲斜立重也

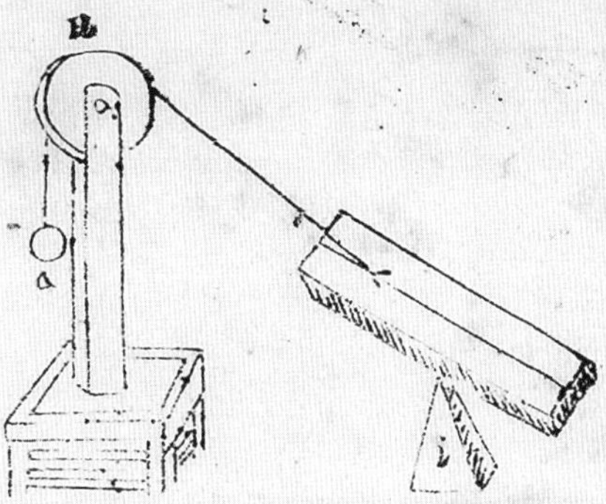

第八十款

三角形。兩旁兩重。皆係于角上。亦如天平等子之用。但其梁不是横平。而

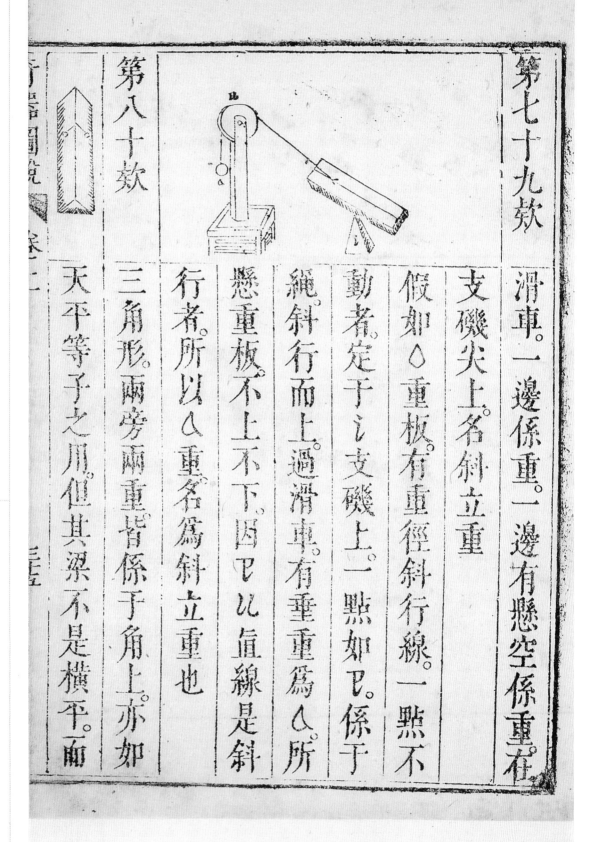

是有角。如後圖或從斜面上運重。或用斜面起重。理皆同

第八十一款

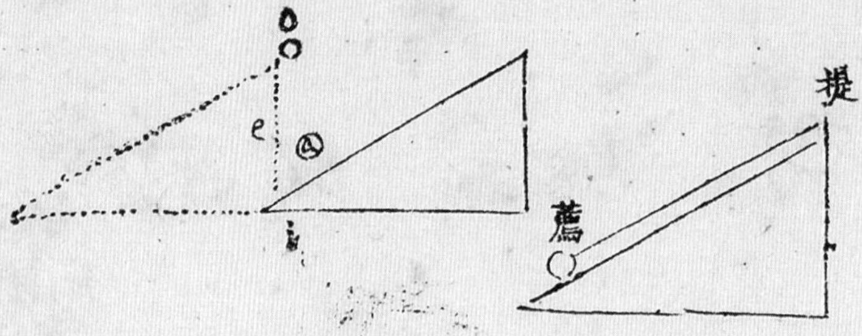

有斜面。欲于其面運重。或從面下邊。薦重使之上。或從面上邊。提重使之上。此兩者斜面不動。或有重球在地。將斜面尖斜入球下。移進。使重自上。此又動斜面以起重法也。其義與前二者同理。假如上第二圖。重球在地

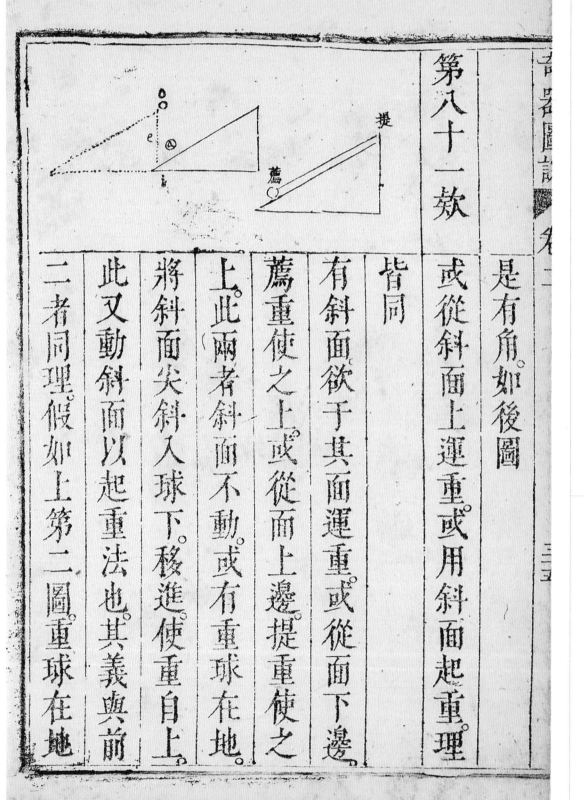

第八十二款

如ɑ。前有所阻如ᒪ。用斜面尖入球下如ɩ。用力推進。其球自起至o矣

斜面轉行圓柱上。即藤線形

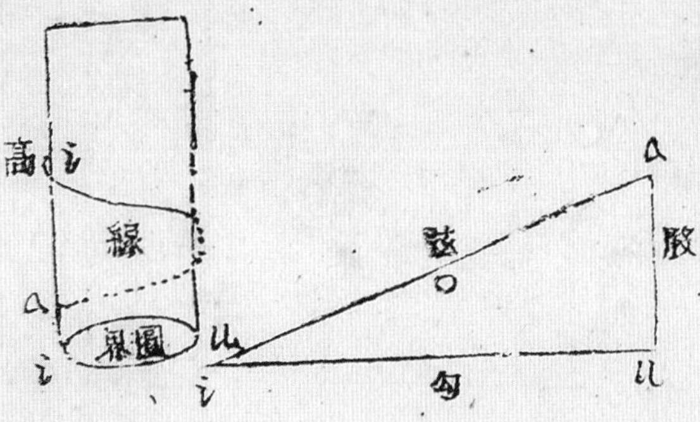

用斜面形起重。有不便者。其體必長故也。故即以斜面之長。轉纏圓柱之上。作藤線之器。以約其長。如上斜面。ɑo之弦。其體甚長。與柱之藤線等。股ɑㄥ。與柱之高等。勾ㄥɩ。與柱之圓界等。則知斜面必用長體。而圓線

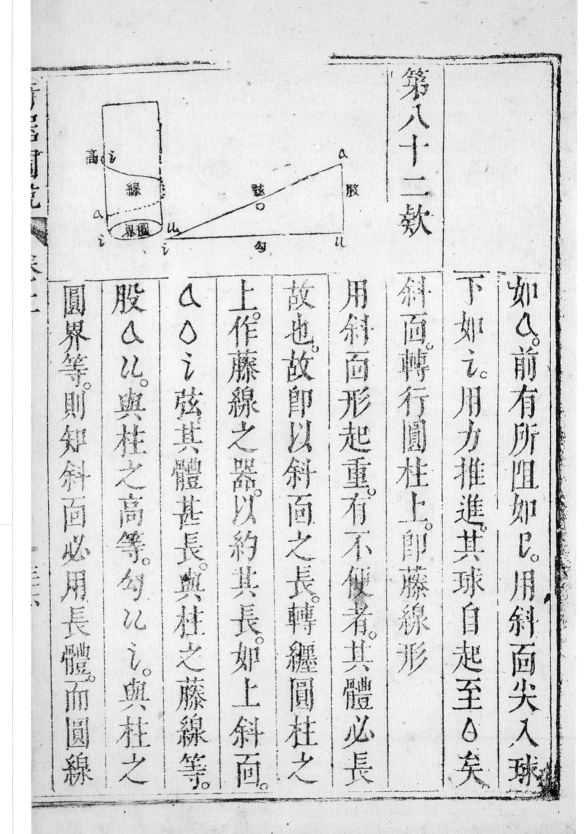

迤邐而上不必長也

第八十三款

重與能力比例就是藤長與高之比

例等

如上弦爲二倍于股重依賴七十八

款亦是二倍于力今弦爲藤線之長

股即藤線之高所以與重之比例等

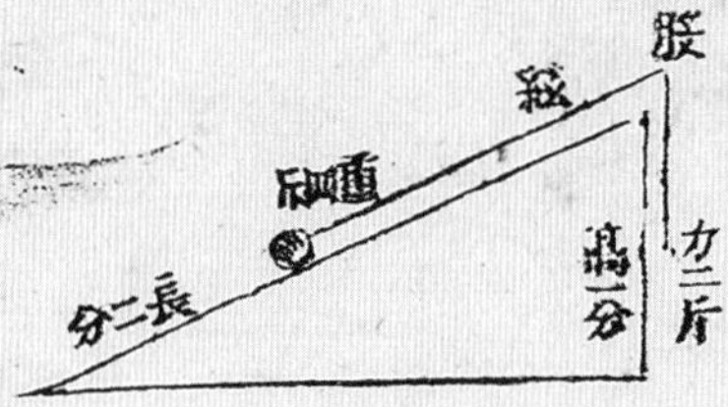

第八十四款

藤線愈窄其能力愈大

假如上三角形藤線之長與前三角

形等而股止一半之高則弦上之重

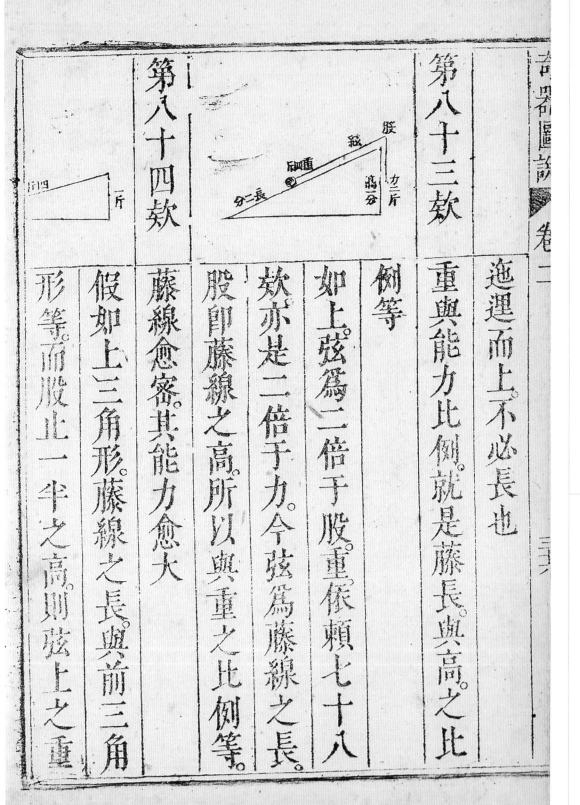

四斤能力。前用二斤者。此只用一斤足矣

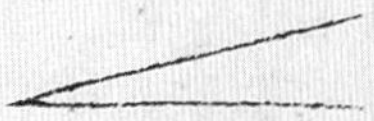

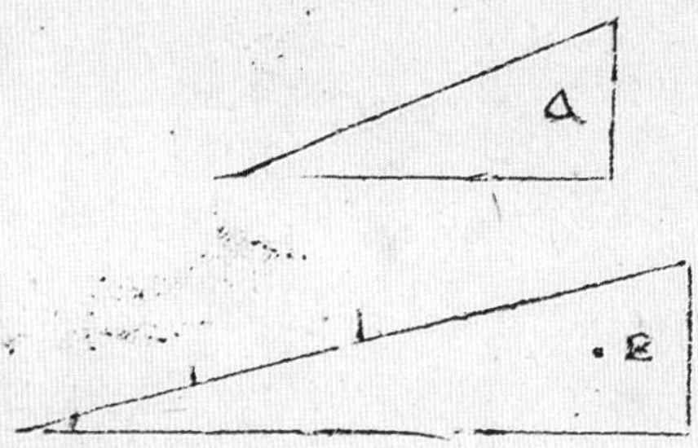

第八十五款

兩柱不等。藤線高等。柱大則能力亦大

假如a柱小。b柱大。藤線高相等。而大柱之弦。四倍于股。小柱之弦。二倍于股。所以大柱四斤之重。止用一斤之力。視小柱四斤之重。須用二斤之力者。不同也。與藤線高等義同

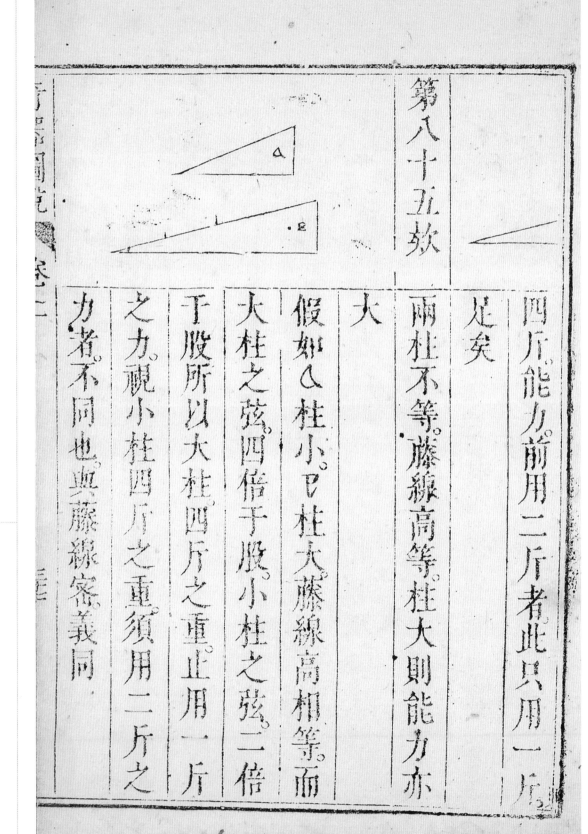

第八十六欵

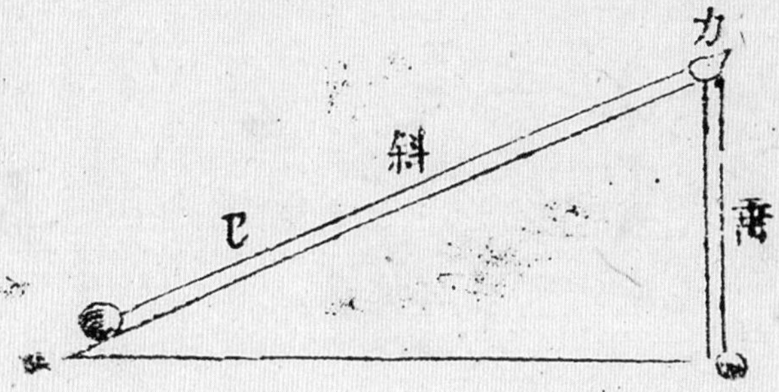

藤線用力最省。其費時必相反。

藤線之弦。二倍于股。用力一半足矣。但費時必二倍于垂線。如上圖。用力在ο。一垂重至以。一垂斜至α。一時用力。以重到ο。α重止可到乙。再費一時。方得到ο。然α重用力。止可二斤。以重則須用力四斤。所以用力一半者。路必二倍。故費時與省力相反也。

第八十七欵

藤線器之料。有三。鋼一。木一。銅一

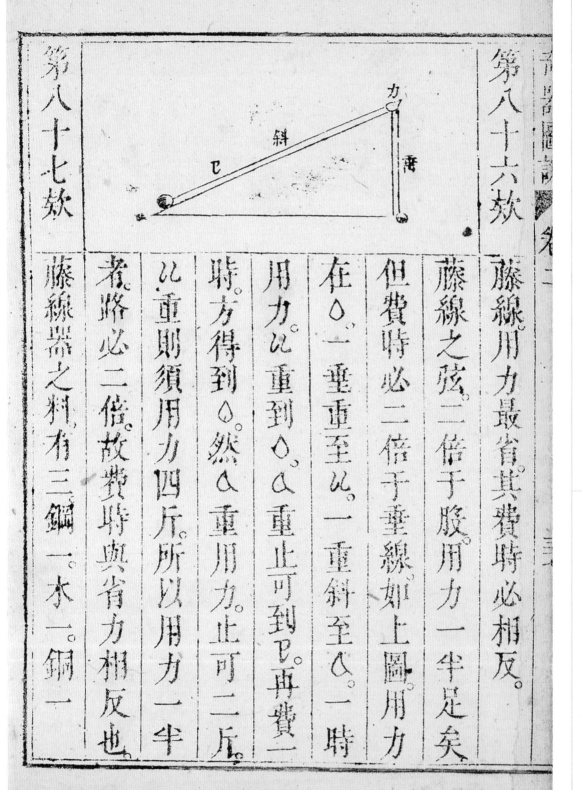

以不致彎曲。用鋼須要平滑一律。無滯爲妙。欲其行之利。宜用油。油又可令其不銹也。小藤線器。壯者用鋼。牝者可用紅銅。蓋銅與鋼相合。不致銹澁故耳。然大器則必用鋼而後可。木須用堅。已見前解。

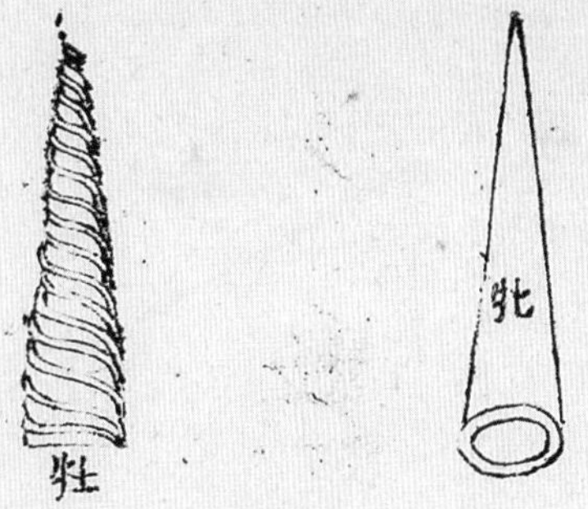

第八十八款

有柱徑。亦有藤線之斜。作藤線器

假如ㄙㄥ。是ㄙㄗㄥ柱之徑。亦有角。

定藤線斜上之形。要作藤線之器。法

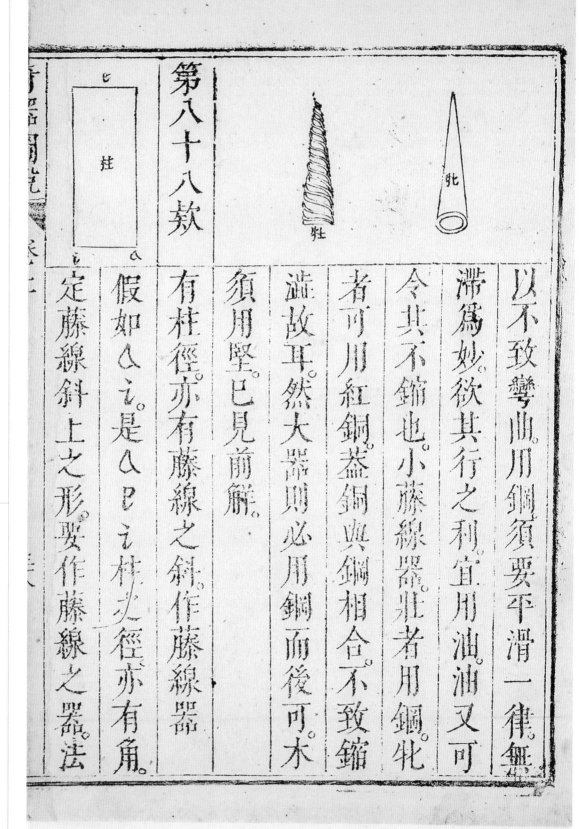

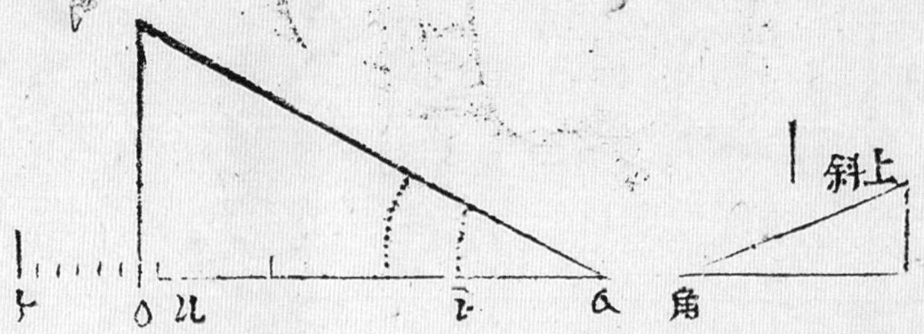

日。先打直線。ム至夕。用規矩取ム乙柱徑之長。按直線ム乙等于徑。要三個。再加七分之一。為ル〇。就有ム巳乙柱之圓界。又用規矩。從ム乙處作一角形。等于斜角形。〇上打垂線。遇角上斜線至巳。就有三角形。ム〇為柱底圓界。一周。則ム巳為藤線之一周矣。移ム角之尖到巳。接轉而上。可至無窮

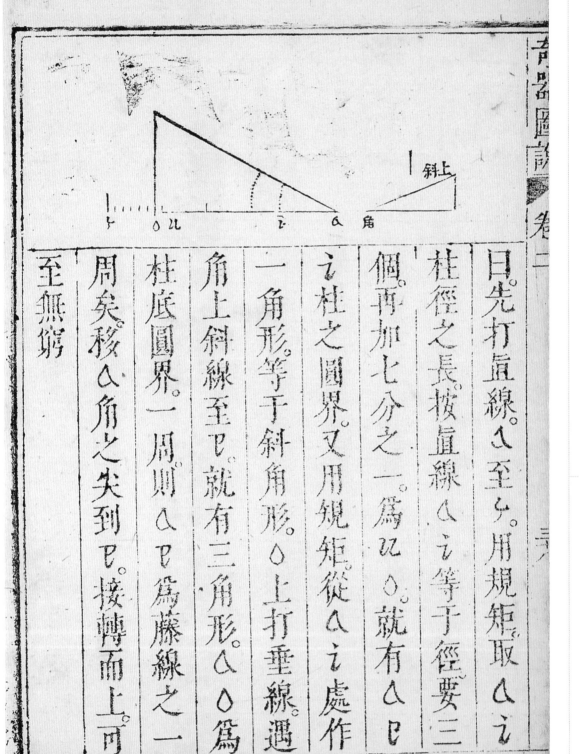

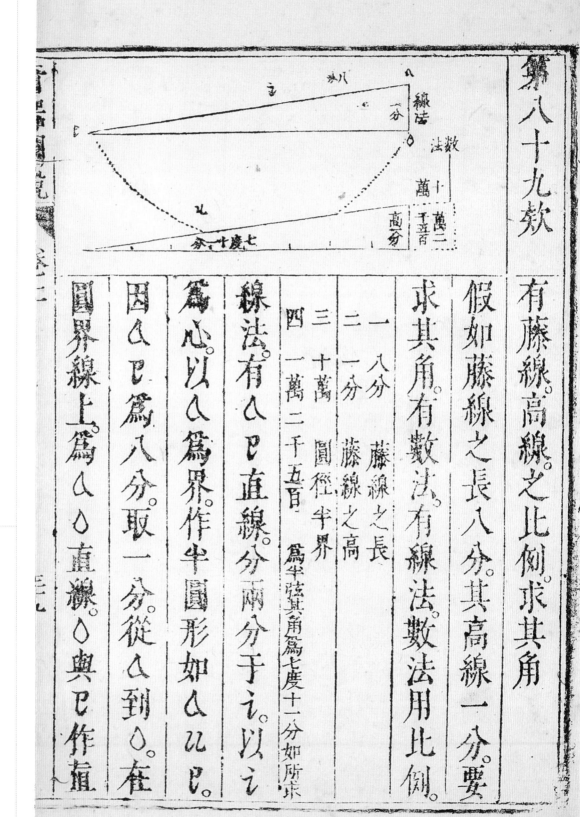

第八十九款

有藤線。高線。之比例。求其角

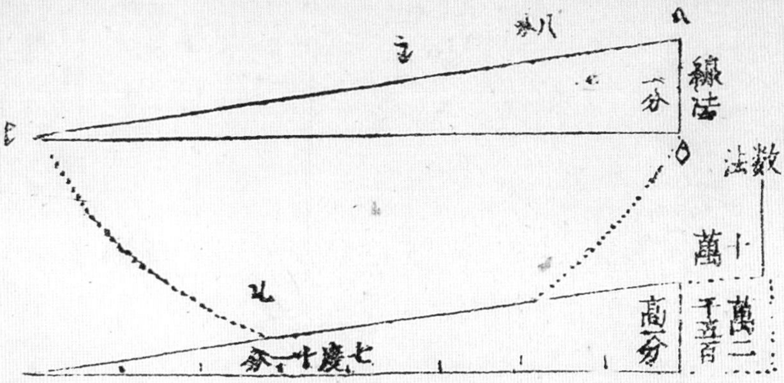

假如藤線之長八分。其高線一分。要求其角。有數法。有線法。數法用比例。

一　八分　藤線之長
二　一分　藤線之高
三　十萬　圓徑半界
四　一萬二千五百　為半弦其角為七度十一分如所求

線法。有a e直線。分兩分于c。以c為心。以a為界。作半圓形如a i e。因a e為八分。取一分。從a到o。在圓界線上。為a o直線。o與e作直

第九十欵

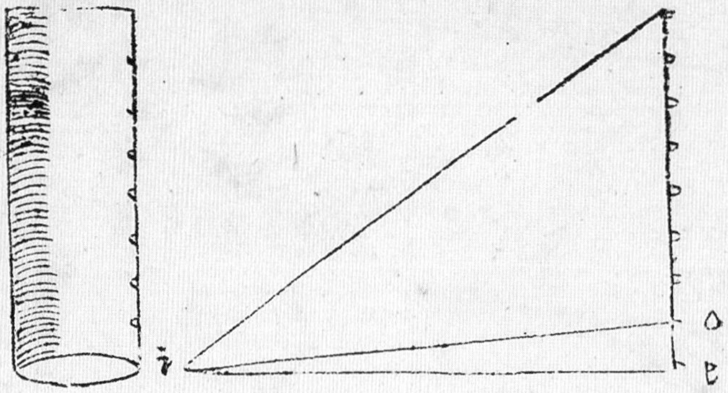

線。則厶巳○角。如所求

有藤線之器。求其角

有柱徑三分。其高八分。周要知藤線斜行之角。法曰以柱徑。求其圓界。爲巳讠上打垂線等于柱高。分八分。巳○爲一分。從○到打直線。就得巳讠○角。如所求。更有約法。若從巳讠線上。打垂線。其高等于藤線一周之高。爲巳○。相連于讠。亦得所求

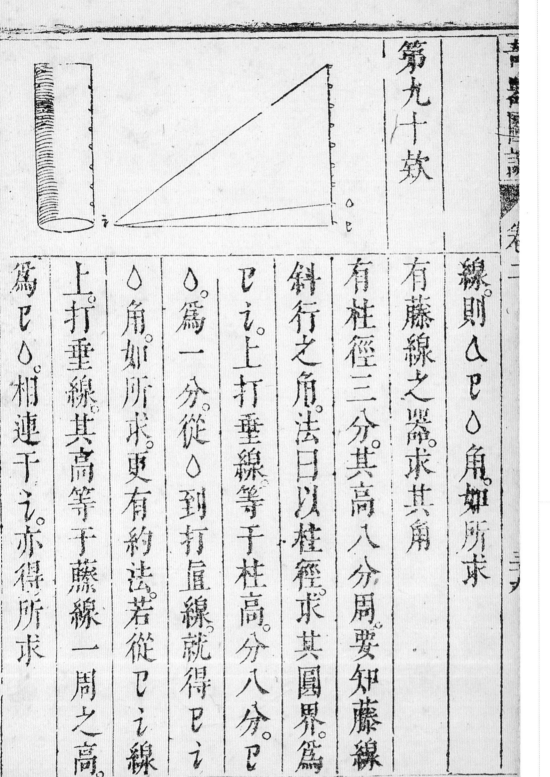

第九十一款

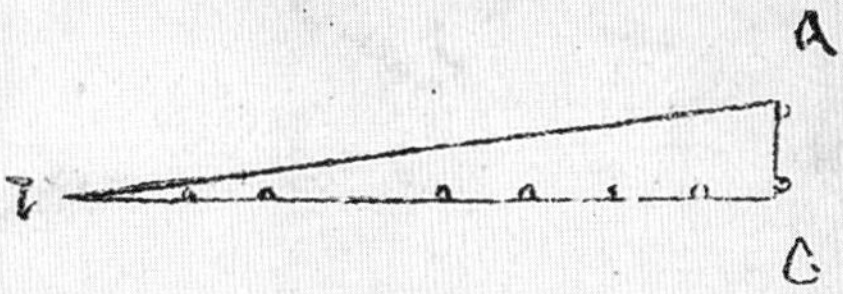

有藤線器。求其力。

如用上法。得其角矣。用八十四款比例。則得所求。如上圖。ɑo一分。ɑ至乙為八分。則八分止用一分之能力矣。

第九十二款

有重有力。求藤線器運

假如有重一千斤。人力一百斤。用何等藤線之器。可運。法曰。用十分比例。如上ɑo垂線。十分內取一分。為ɑ

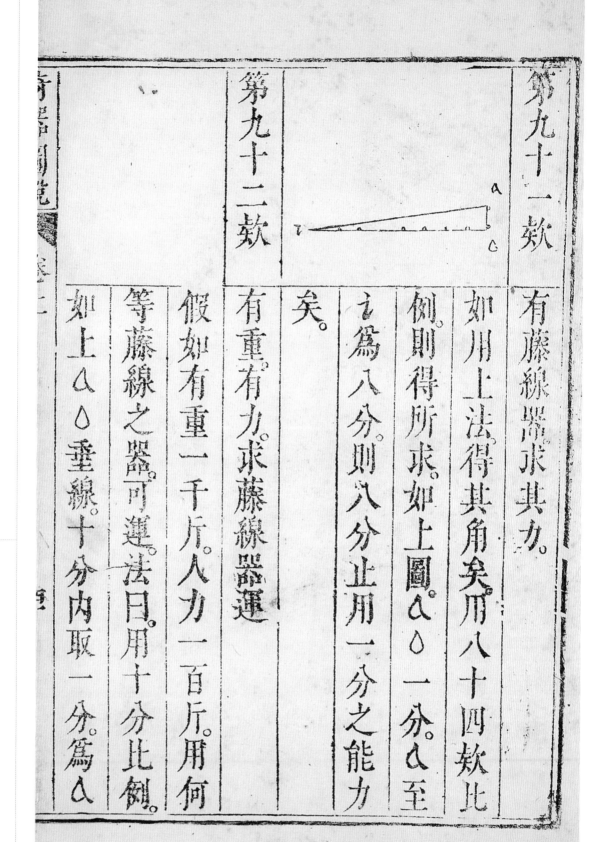

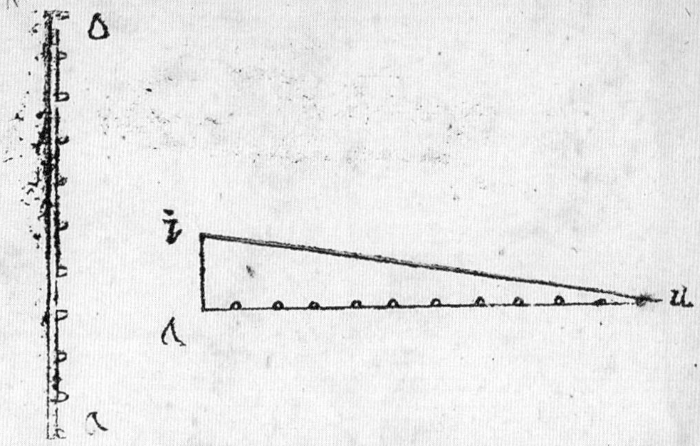

乙。用規矩。取十分。按直線上從乙到几。則得&乙几。三角形。用此三角形。作藤線器。則八力百斤。可起重千斤也

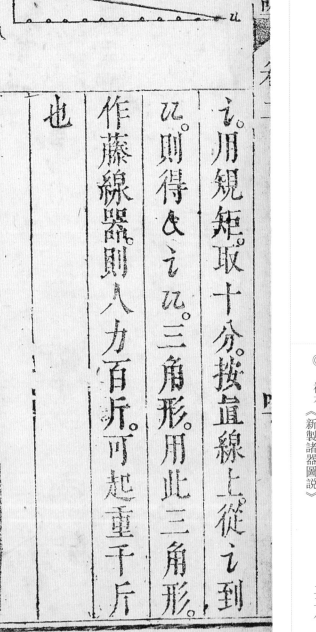

遠西奇器圖說錄最卷第三

西海耶穌會士鄧玉函　口授

關西景教後學王　徵　譯繪

金陵後學武位中　較梓

起重第一圖

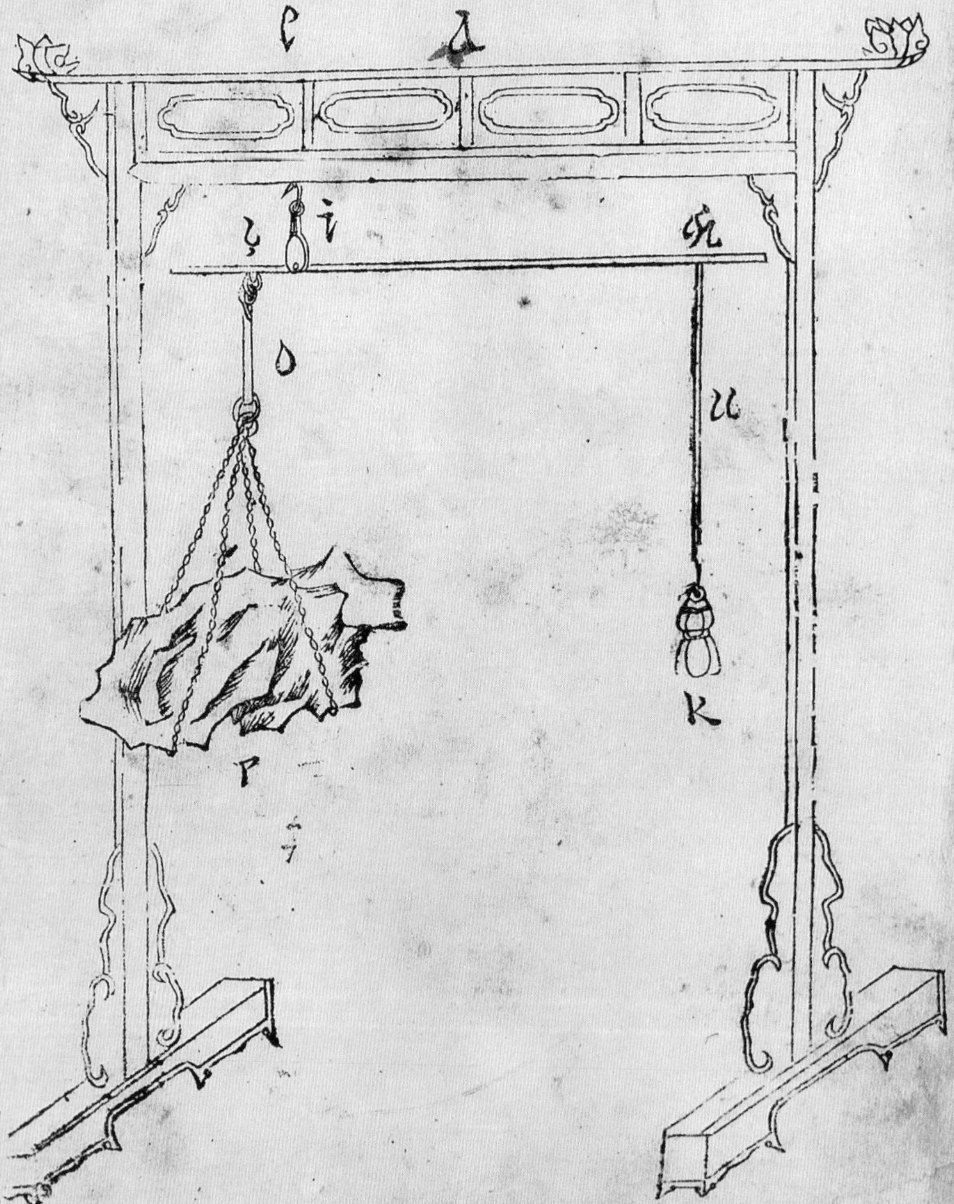

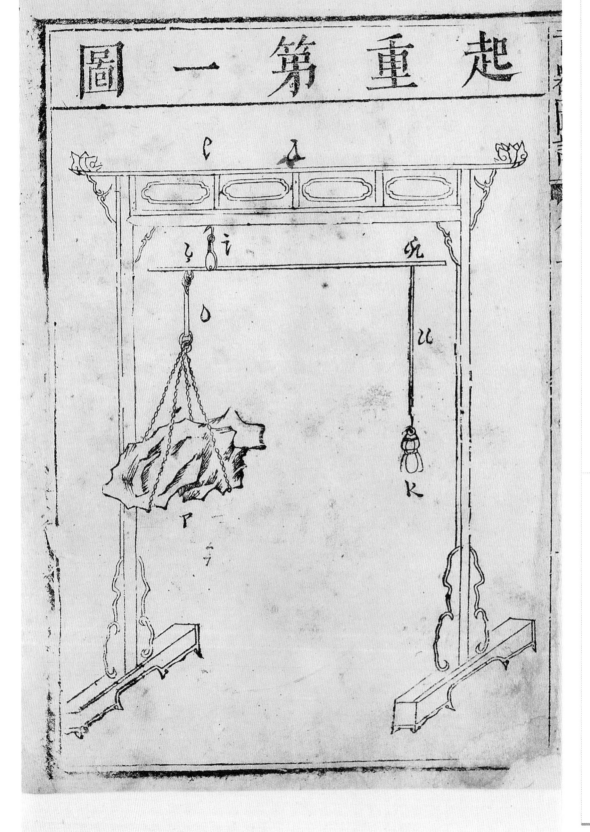

起重

說

第一圖說

假如有石重五百斤。欲起之使高。先用立架一具。如圖中之△。次於橫梁之巳。繫繫秤之索。如乙秤頭之△。爲舉重之索。秤尾之ㄦ。爲人墜之索。秤杆長十有一尺。秤頭至ㄆ爲一尺。秤頭過ㄆ至丸爲十尺。ㄗ爲人力。ㄥ爲石重夫。△至ㄆ既爲一尺。是爲一分。△至丸既爲十尺。是爲十分。以十分而舉一分。故一人之力。可起五百斤也

第二圖

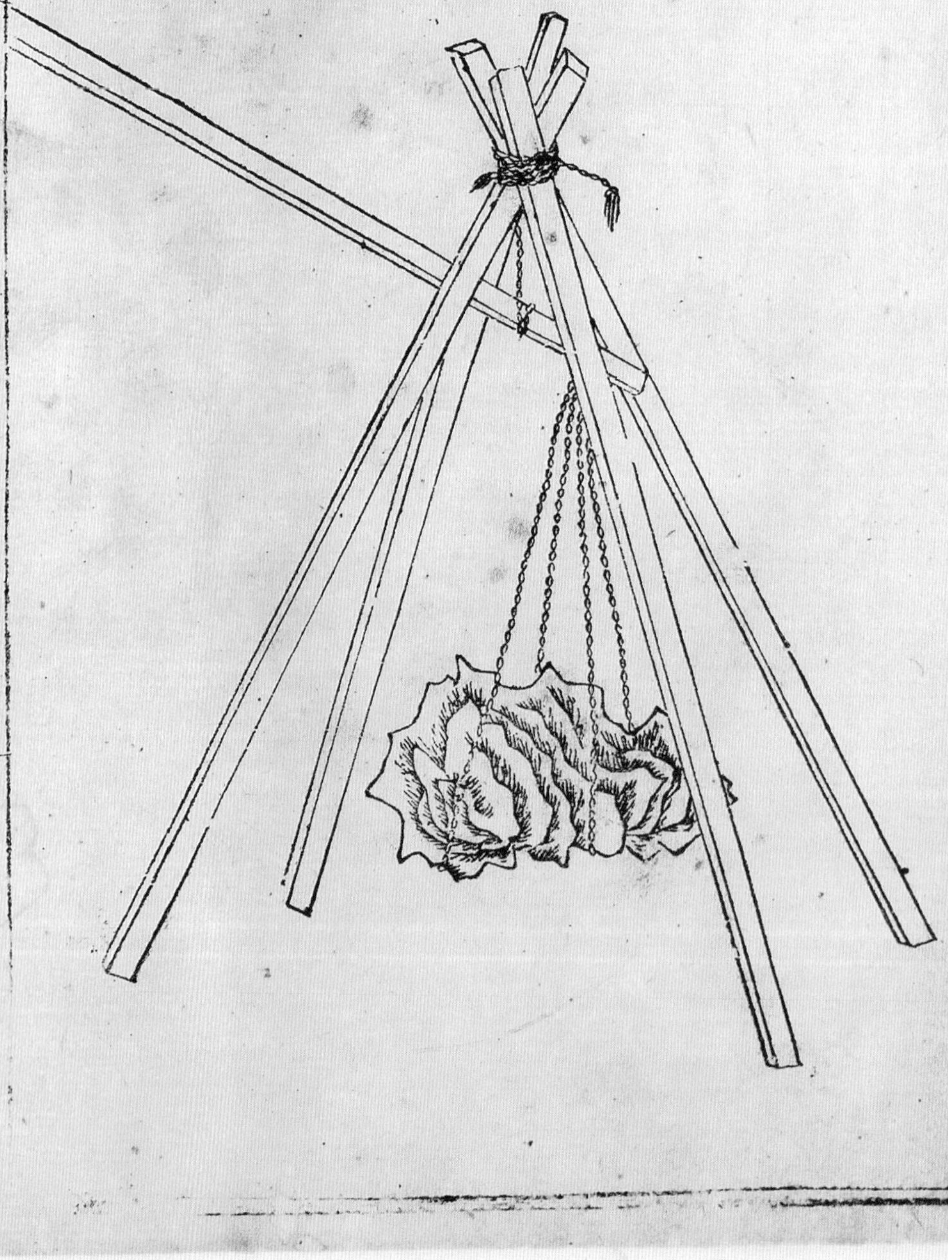

第二圖說

說

假如途次猝無立架。止用直木三根。或四根。以索繫縛一頭。竪之。三根作三足形。四根作四足形。以秤杆中心繫索。繫在上端中央。以秤杆前端一尺者。繫重物。以後端十尺盡處。繫人用力之索。更便也。

第三圖

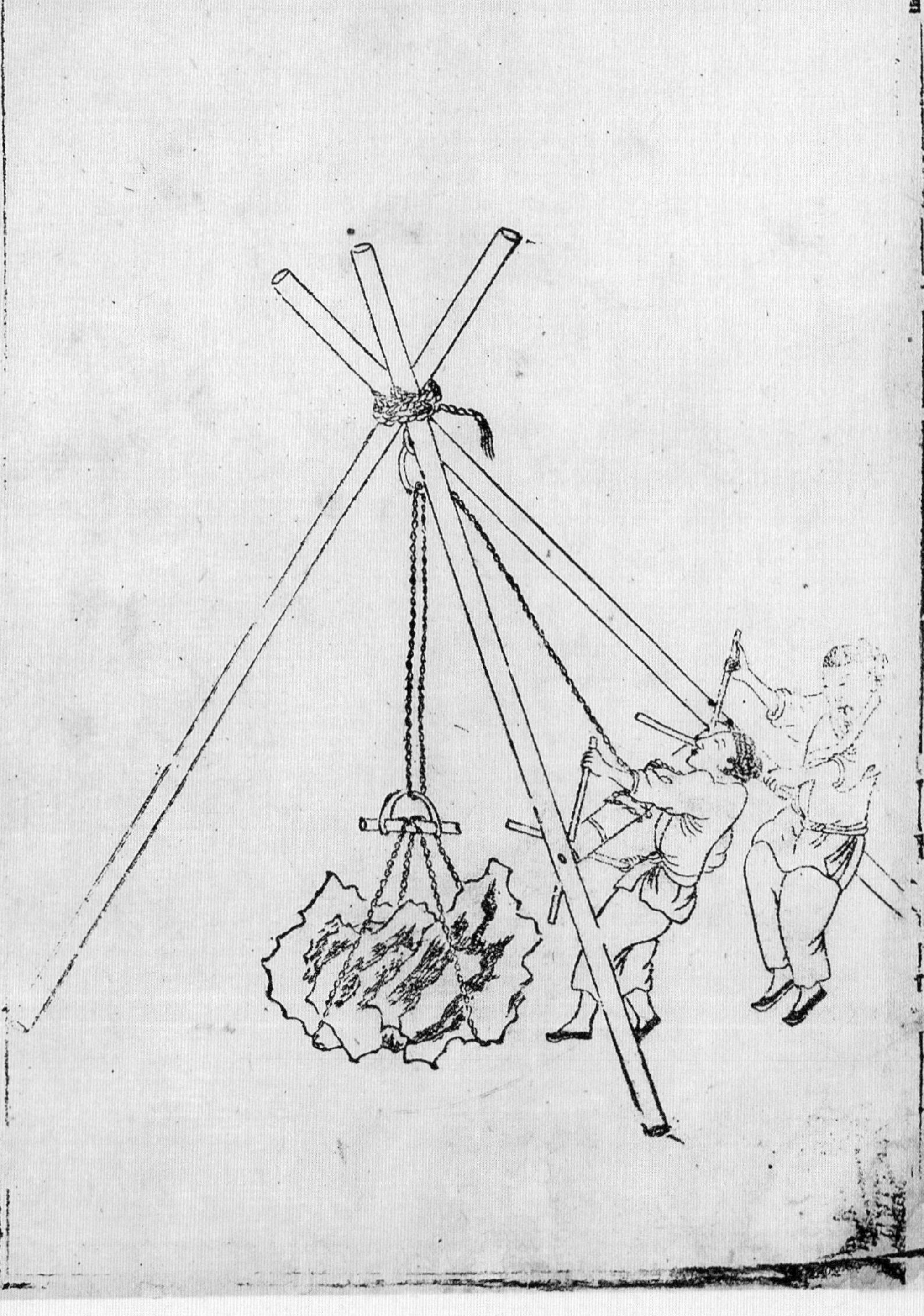

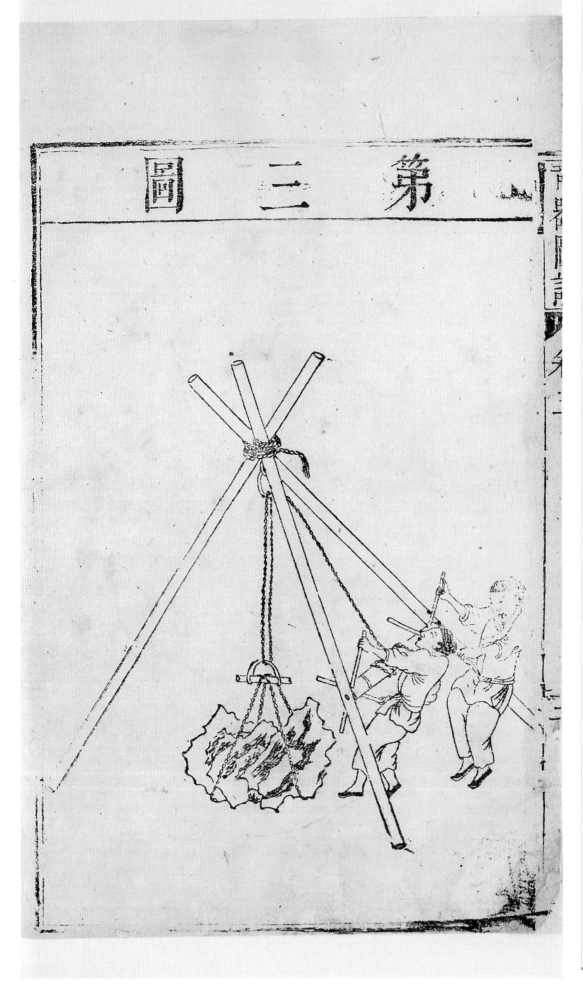

第三圖說

說

假如有石若干重。欲起之。先作三足形。立架上收下。開上端收處。平安短鐵橫梁。梁上繫滑車一具。下繫滑車一具。繫鉗石上。用索一端從上滑車。轉再而下。即從下滑車內。轉輪而上。復過上滑車而下。或即用人力曳之可矣。如石太重則滑車上下。各加一具。或加二具。亦無不可。愈多。愈輕。人力愈可少也。如石仍太重難起。即於兩竪架上。安一轆轤在內。轆轤兩端各十字相反。安四椿木。用人力轉其滑車內所轉之索。更便。且力甚勁也。兩法。總具上圖中。

第四圖

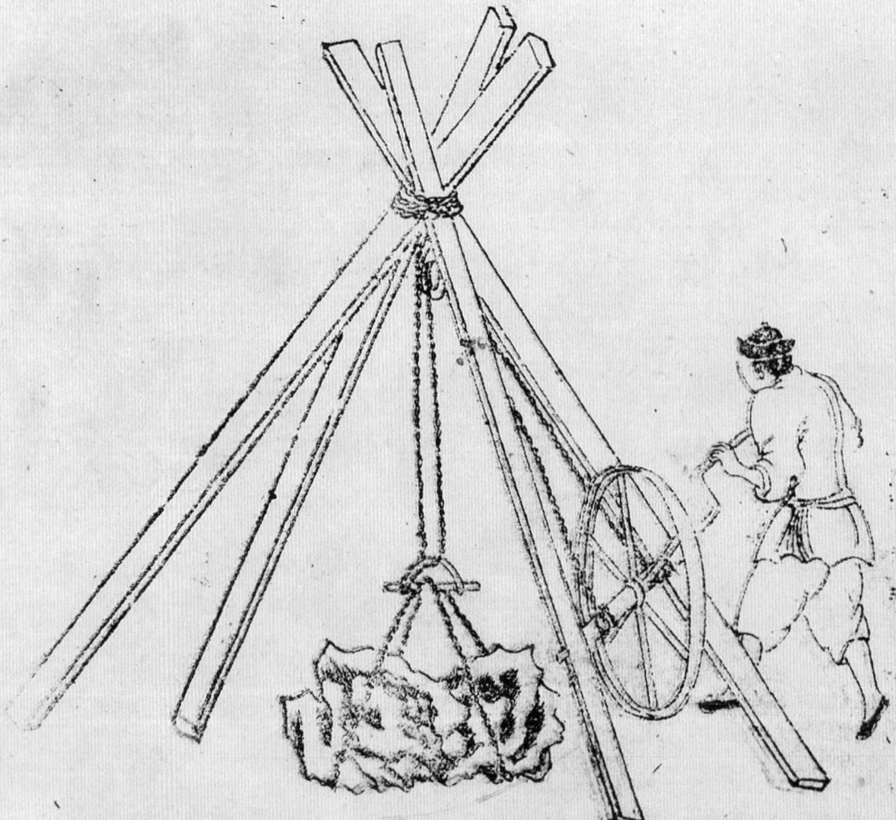

第四圖說

說

假如有石太重。即用六滑車。并十字轆轤法。仍或不起。則以轆轤改作大輪。如上圖。用人轉輪重可起也。

第五圖

第五圖說

說

假如石爲鉅重。難起。即用六滑車。并轆轤。改作大輪矣。或仍不起。則從傍再置一架。平安十字大輪。用四人遞轉。架上立安大輪所轉之索。其力愈大。斷無不起之理矣。

第六圖

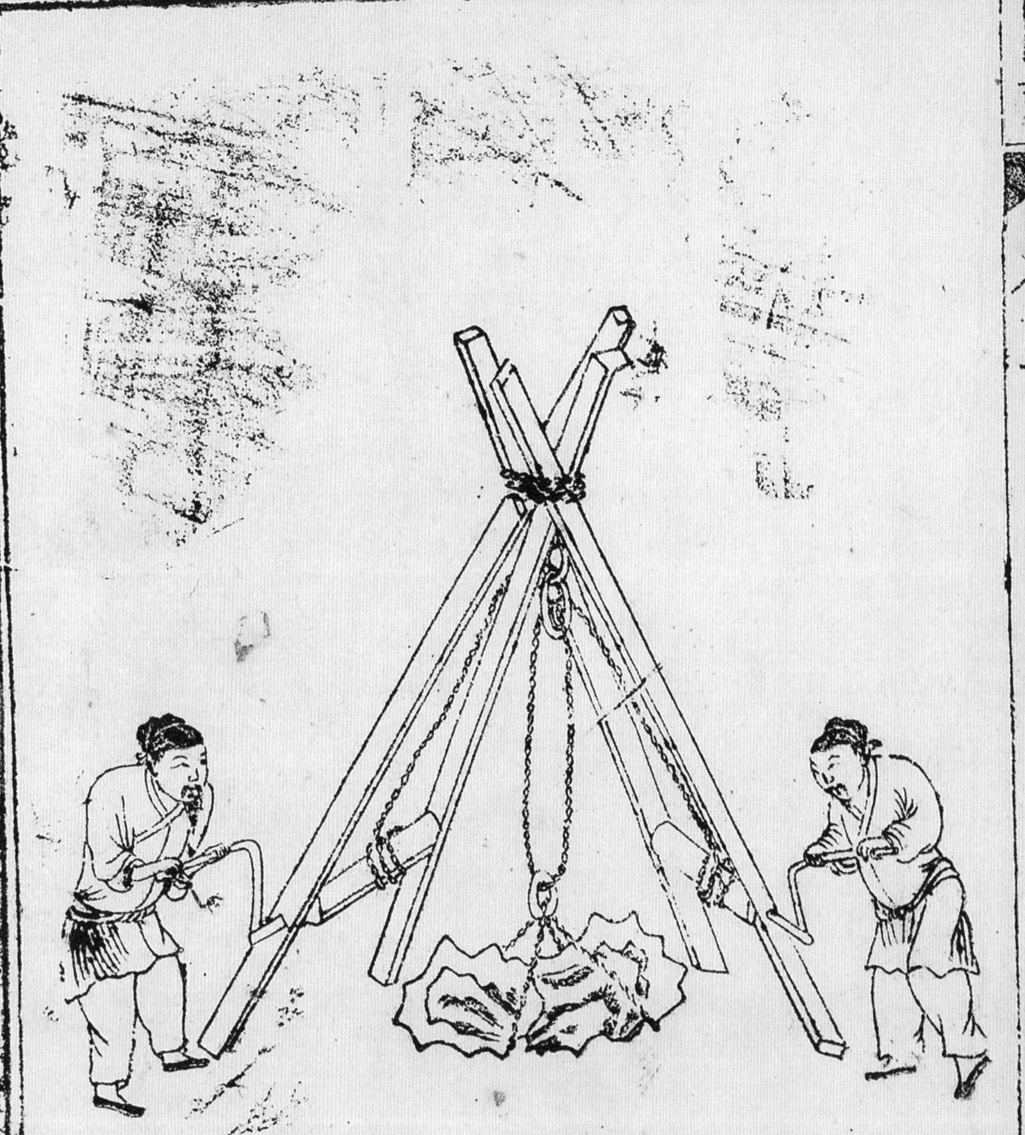

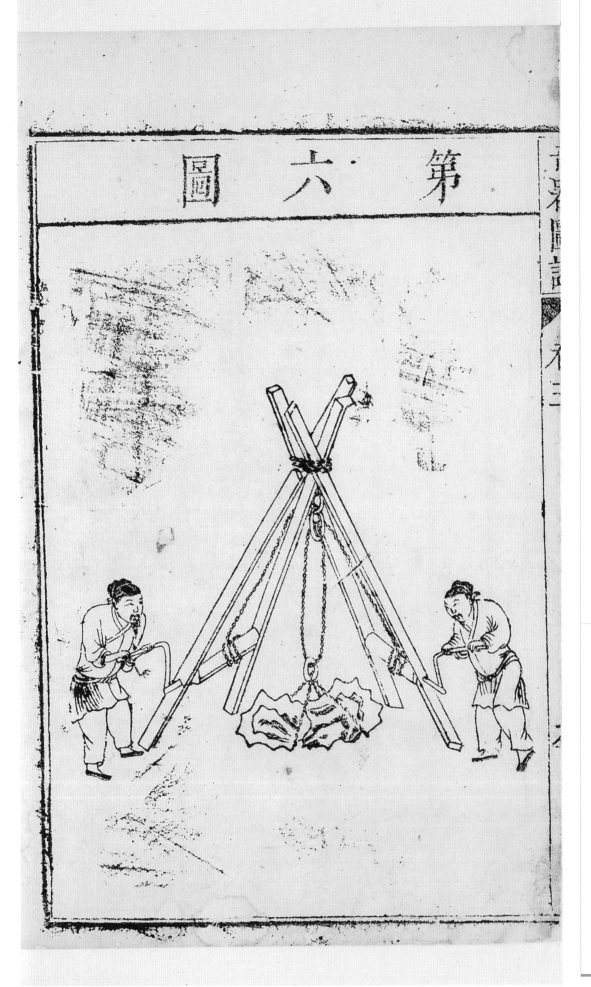

第六圖說

說

假如照前有四足架。上用滑車繫其重。兩傍架上。各安轆轤一具。其轉轆轤之柄。却在架外。繫重兩索。俱從滑車上轉焉而下。分纏兩轆轤上。以人力各相轉動。重自起矣。

第七圖

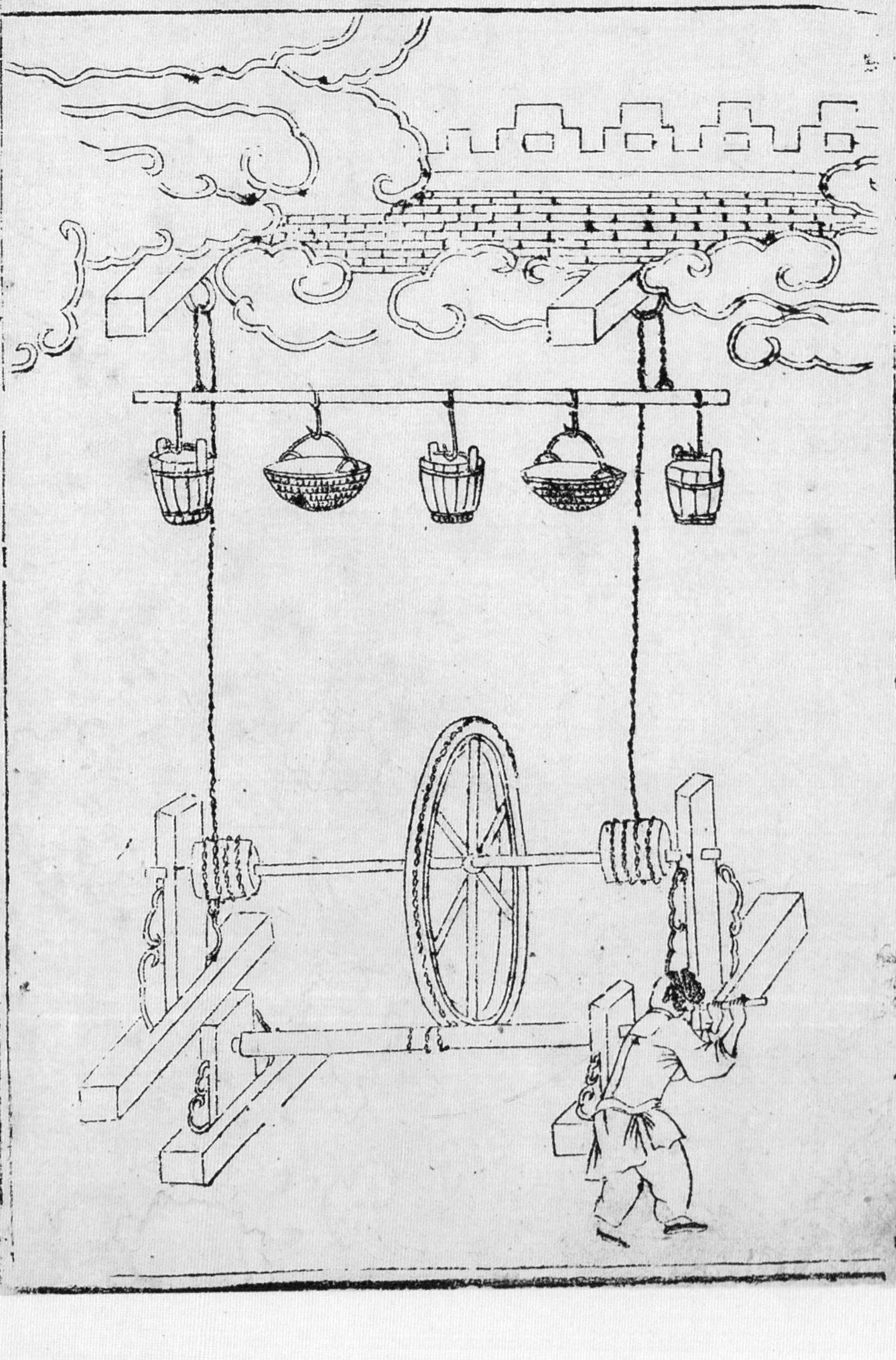

第七圖説

説

假如作屋作墻。起運磚石泥土之物。即不大重。
然或桶或框。一人可運五六框桶。其法。上用夜
叉平架。兩頭各安滑車一具。每滑車。貫長索一
根。其兩索各一端。定縛長杆一根。將所用框桶
諸物。鈎懸杆上。下用兩轆轤。各將前垂長索一
端。繫定。安置架上。如物力不大重。不大多。則人
轉轆轤。足矣。倘物或大多太重。則于兩轆轤中。
而更安一大輪。大輪另有索。旁繫一轆
轤上。其轆轤另是一架。一人轉此单轆轤。爰動
大輪之索。則雙轆轤自轉。諸物俱運上矣。

第八圖

第八圖說

說

用一長架。有橫桄。如梯狀。兩頭各安兩立柱。下端安一滑車。樣大槽轆。上端安一轆轤。但轆轤之製。分作四分。如南瓜瓣樣。其中相架梯長短作戽子。不拘多少。一如水車戽子之製。戽子中實以土泥諸物。一人用力。轉動上端瓜瓣轆轤。則諸戽可以流水而上矣。

第九圖

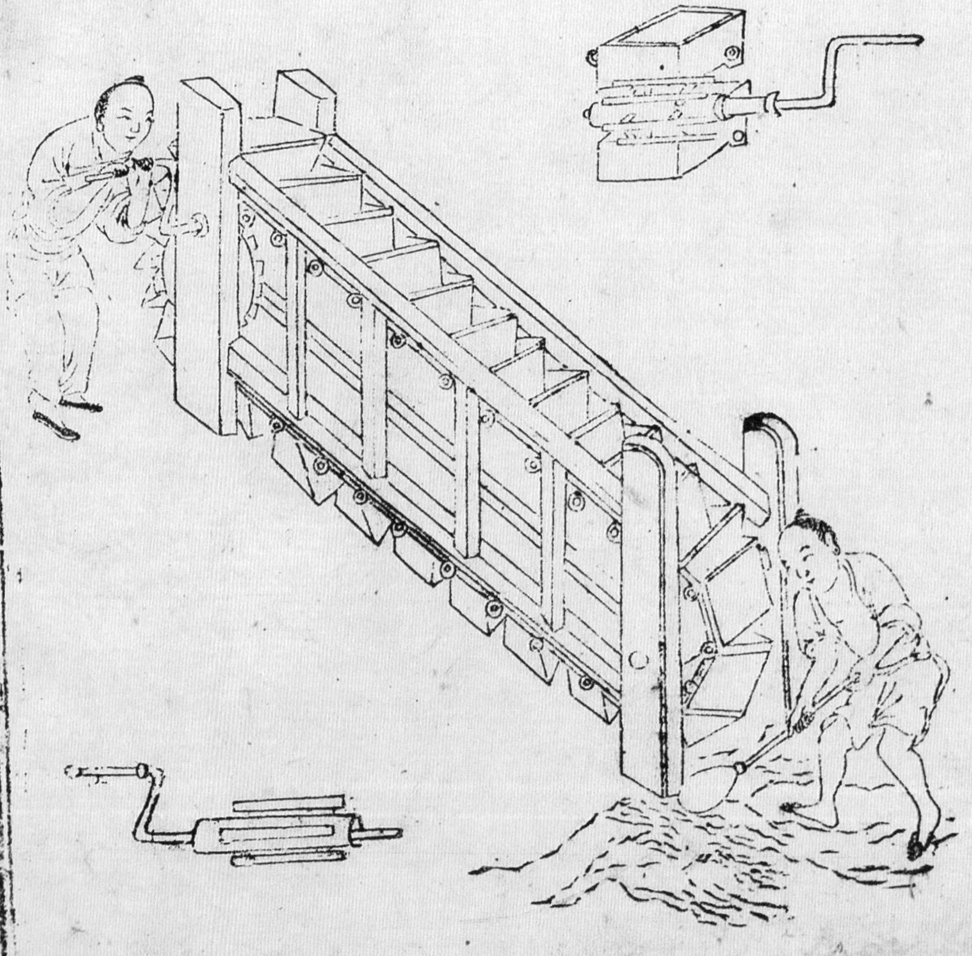

第九圖說

說

長架同前。或不用犀子。止用桶相聯而轉。上用螺絲轉法。如上圖。亦便。

第十圖

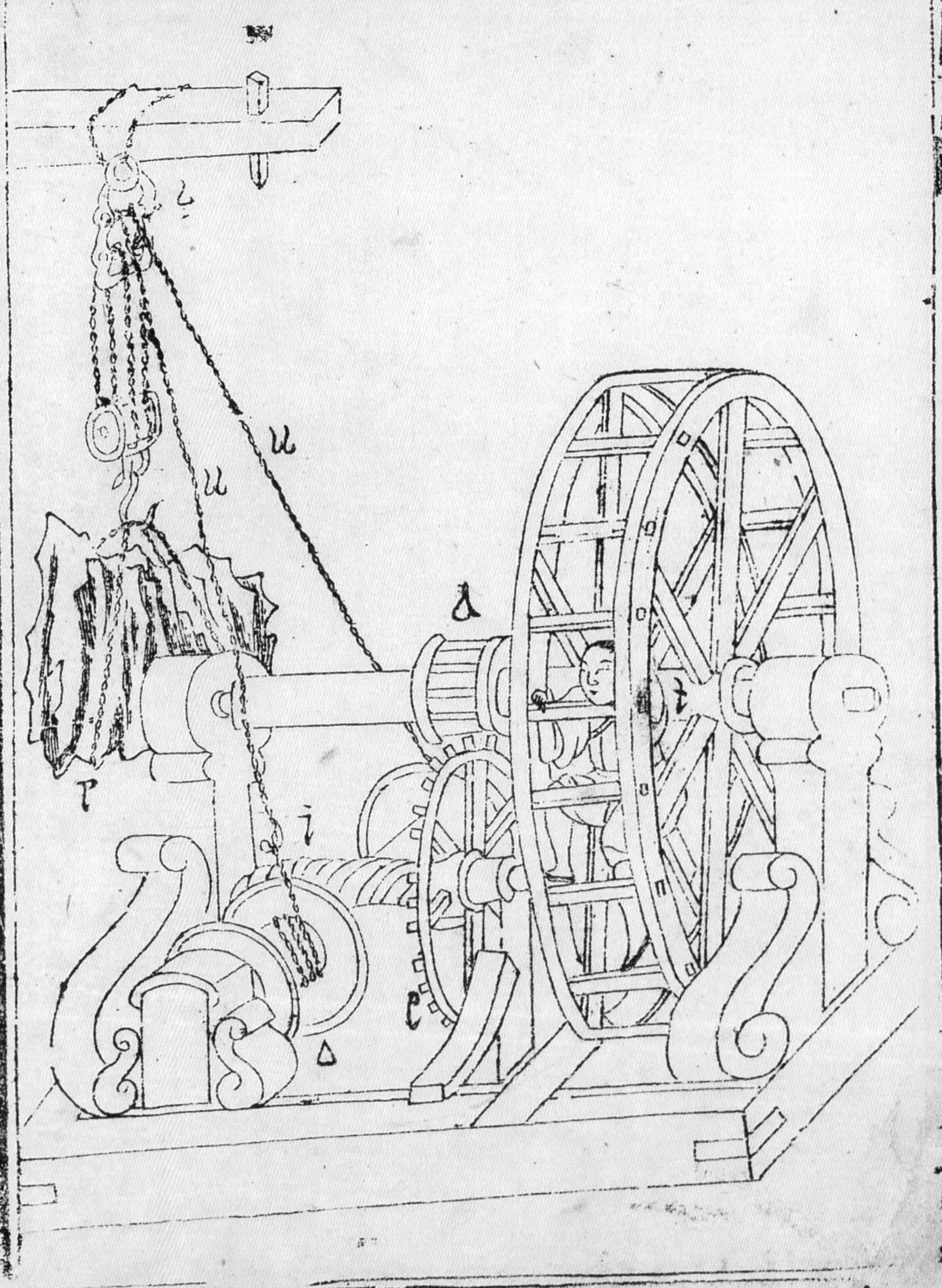

第十圖說

說

先作一行輪。行輪者。人從輪中行而不止。以動他輪者也。行輪本軸。安銅輪。有齒。如a。以轉有齒大輪。如e。大輪本軸。則有或銅。或鐵。螺絲轉。如i。其i螺絲轉。緊靠亦是螺絲轉。如o。但o螺絲轉大于i螺絲轉數倍。爲牝。而i乃其牡耳。o螺絲轉兩端。各繫起重之索。如u。其索各上繫于傍架滑車。如l。上端滑車。並懸兩旁。兩層。共是四個。如n。下端滑車。並懸兩個。如k。有重石。如p。繫置滑車。直貫至牝螺絲轉兩端。則以一人如t。行于大輪之內。而石自起矣。

第十一圖

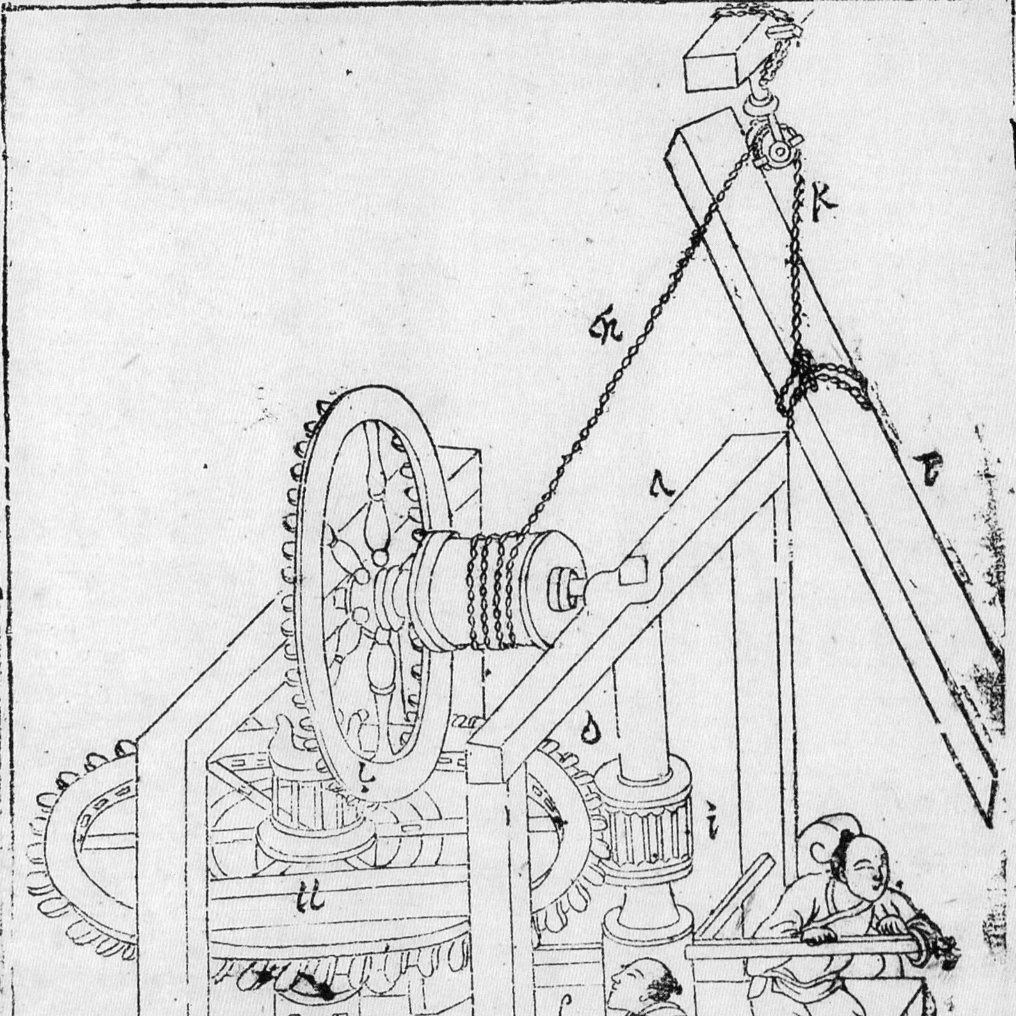

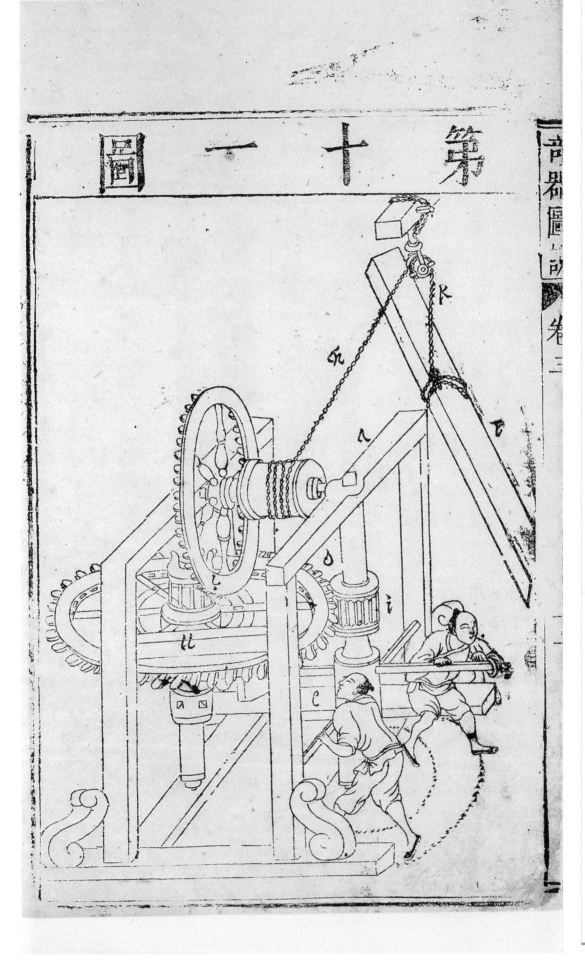

第十一圖說

說

先作一大架。如ん。次作一十字攪輪。如ℓ。上安小輪。周有長齒。如し。安架之一邊。於對邊架上。安大平輪。周有齒。與小輪周之長齒相合。如δ。大平輪立軸上端。亦安小輪。齒橫安。如ιι。又於架之上。橫梁中。安一大輪。有齒。與立軸小輪橫齒相合。如ɩ。即於橫梁大輪軸上。繫起重之索一端。如ぬ。其一端。從架上。別安滑車。上轉貫而過。如ㄣ。直至於重。如ʅ。以人力各攪轉十字輪。如ち。則重起矣。儻滑車平定一遠架上。又可作引重法也。

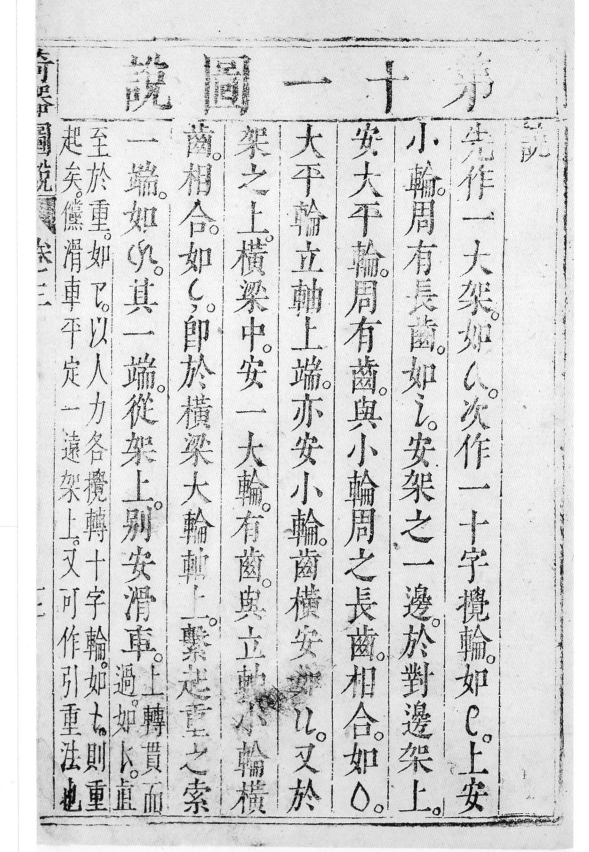

引重第一圖

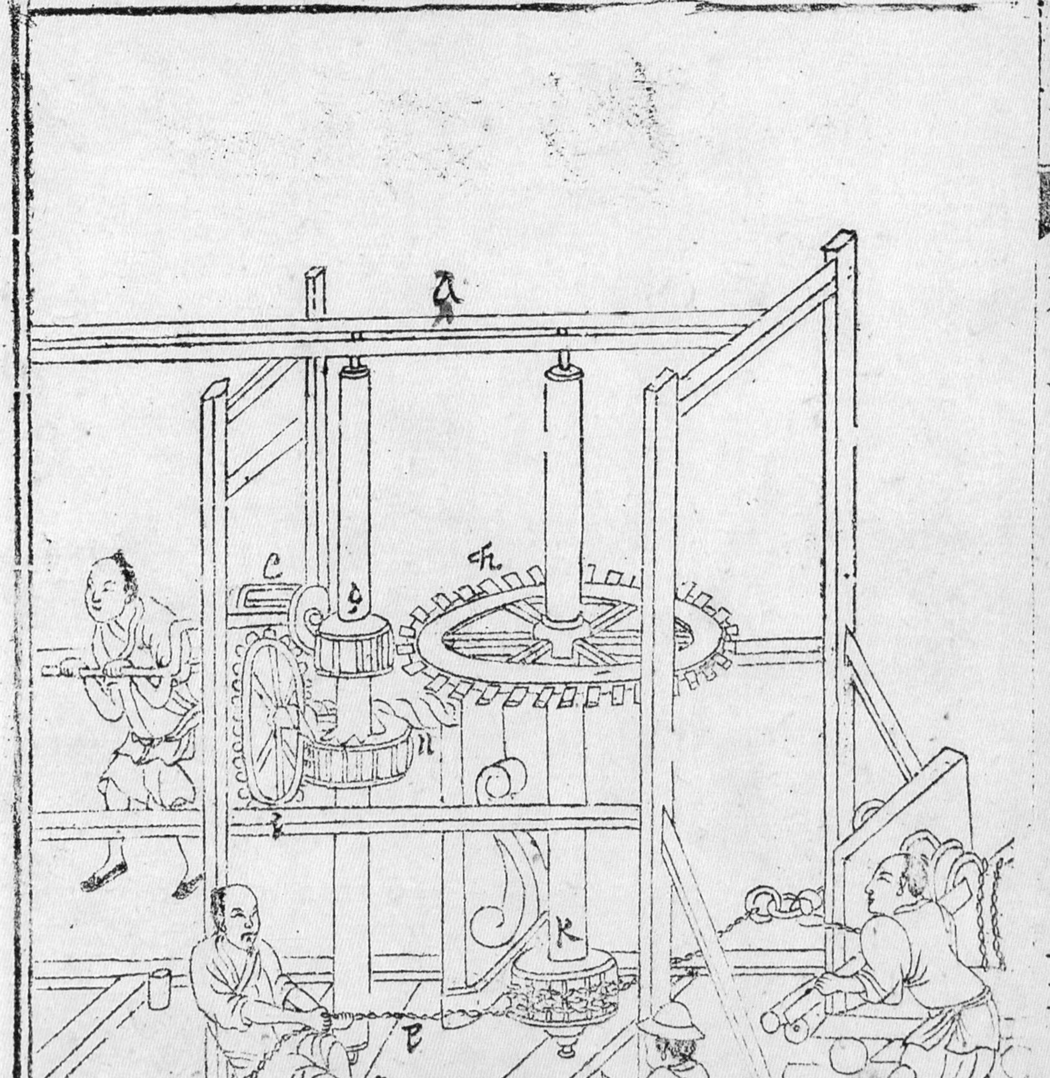

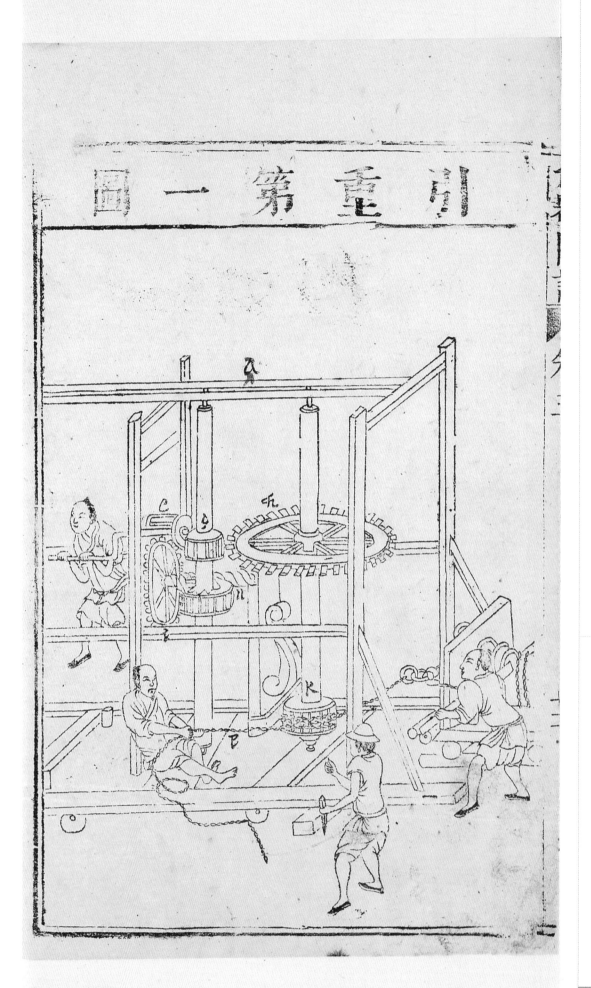

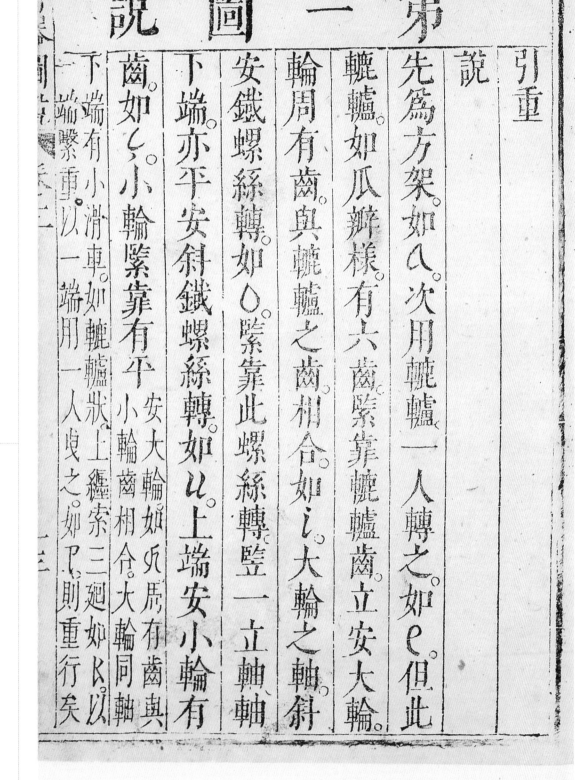

第一圖說

引重

說

先爲方架。如α。次用轆轤一人轉之。如e。但此轆轤。如瓜瓣樣。有六齒。緊靠轆轤齒。立安大輪。輪周有齒。與轆轤之齒。相合。如ι。大輪之軸斜安鐵螺絲轉。如○。緊靠此螺絲轉。豎一立軸。軸下端。亦平安斜鐵螺絲轉。如u。上端安小輪有齒。如ζ。小輪緊靠有平安大輪如乂。所有齒與小輪齒相合。大輪同軸下端有小滑車。如轆轤狀。上纏索三廻。如ㄅ。以一端繫重。以一端用一人曳之。如卩。則重行矣

第二圖

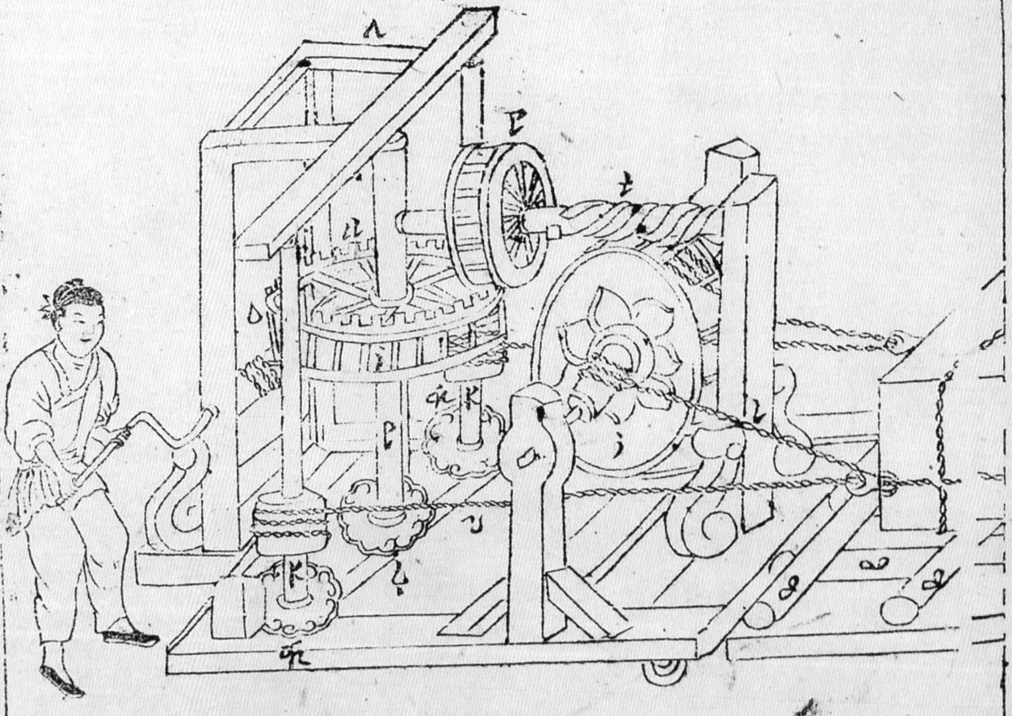

第二圖說

說

先爲方架。如a。架之前端。安立軸。如e。上有大輪。如i。輪周有螺絲轉齒。如o。輪上有立齒。如u。立軸下端。有星輪。如l。緊靠星輪兩旁。各有立柱。亦各安星輪。如x。兩旁星輪上。有纒索之搰轆。如k。緊靠螺絲轉大輪。安立輪。如p。立輪之齒。與大輪上立齒。相合。立輪之軸。有長螺絲轉。如t。其長螺絲轉。緊靠有大立輪。亦是螺絲轉齒如j。立輪兩旁。轚繫重之索。如a。前端立軸大輪之外。有螺絲轉之柄。如f。以一人轉之。則重行矣。凡重之下。有長輥木。如g。遞輥遞支而前

第三圖

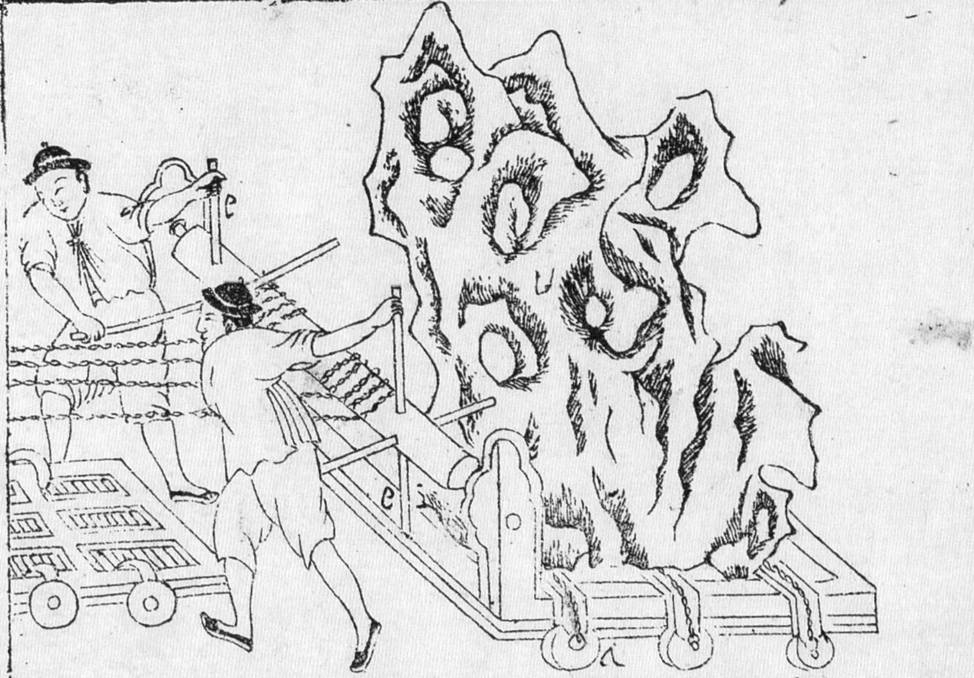

說

先爲大平車下有活安長輥木如ㄟ車前端兩旁安有斜柱上有軸兩端各有十字木樁如C於其前再爲兩車各如其製如ㄟ如Ｏ但其前兩空車用時暫梶不動待載重之車至近然後

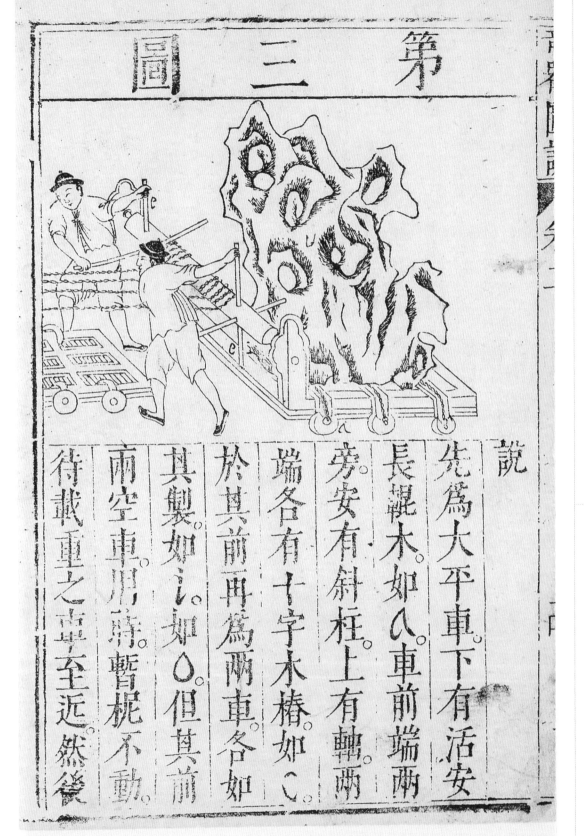

并圖說

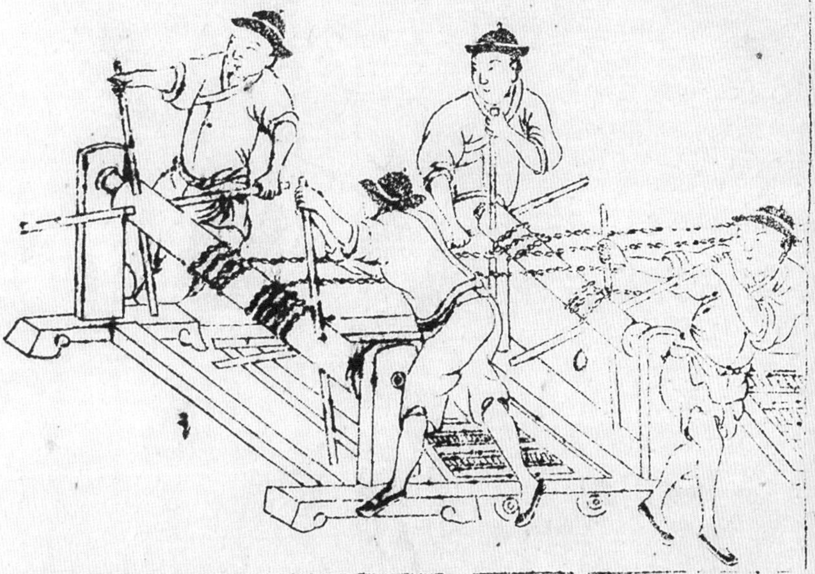

起而移之前也、

第四圖

第四圖說

說

爲大輪。一軸兩輪。並列軸之中。繫大桶。或繫別重。以長杆繫軸上。軸不轉。而兩輪轉。一人肩杆而曳之。或於杆頭安橫桄。一人推之。皆可行也。

說

爲兩小輪。中有軸。繫杆木。杆之中。懸大桶。或別重。一人肩而曳之。或用橫桄推之。皆可。

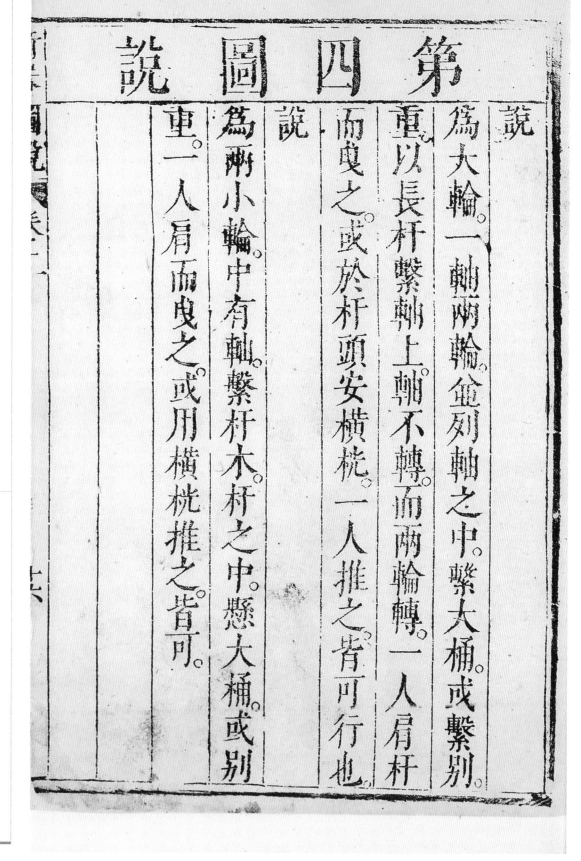

轉重第二圖

奇器圖說卷

第一圖說

說

先爲立柱中央作方曲拐形如α立柱上下直對要正旁拐立枝爲手所轉處中爲小軸外貫木筒或竹筒便可轉也或於下端作輪或於上端作輪以爲轉他重之機惟人所作立柱兩端盡處各爲鐵鑽安於架之鐵臼中則其轉也無不利矣

第二圖

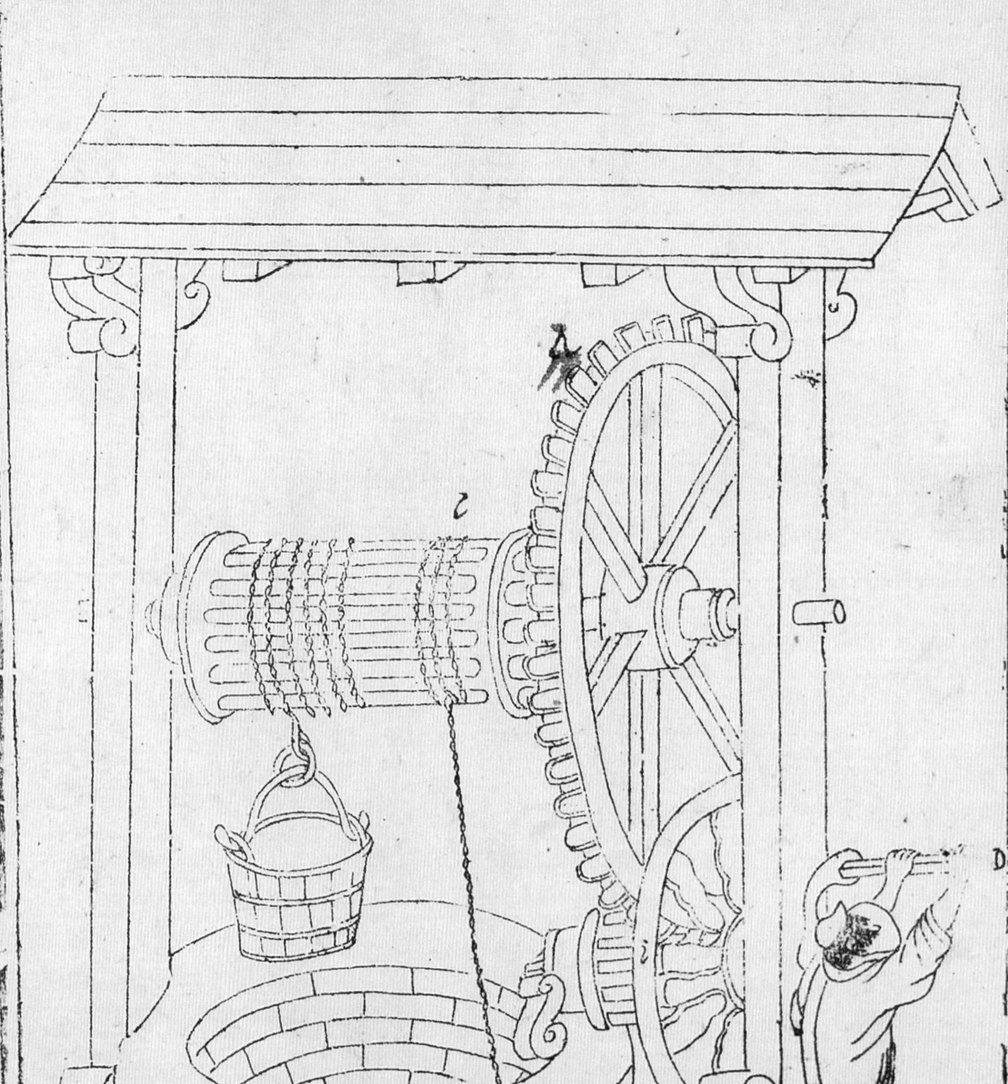

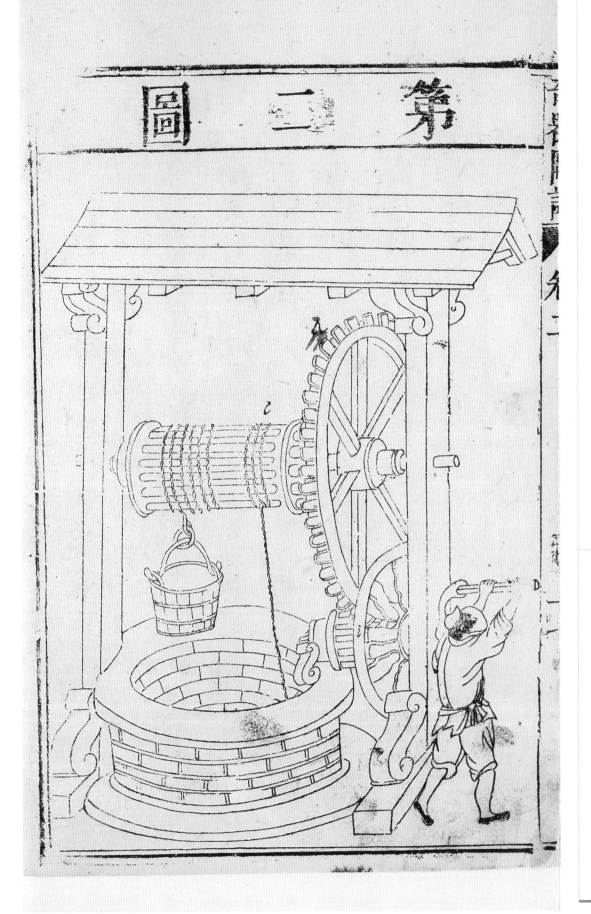

第二圖說

說

先爲大輪有齒如a安兩柱中。次爲轆轤周圍有齒與大輪齒相合如e。一人在柱外轉其柄則重可轉也。或人力不勝則於轆轤一端近柱處安飛輪一具如i。飛輪者巳似無用而實能以重助他人之力者也。故轆轤轉之不足加一飛輪則人力必大勝矣。

取水第一圖

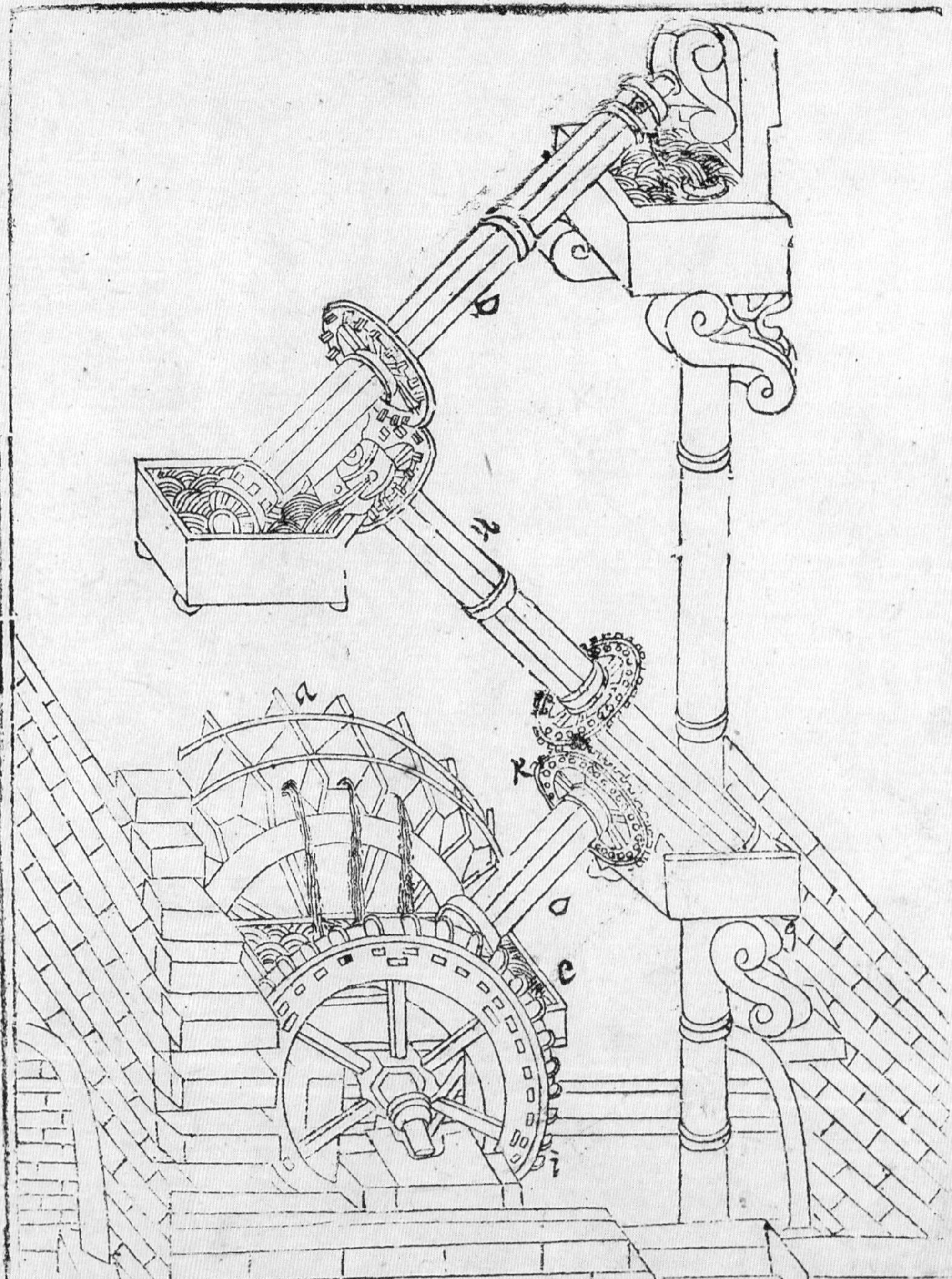

◎祖本《遠西奇器圖說録最》《新製諸器圖說》

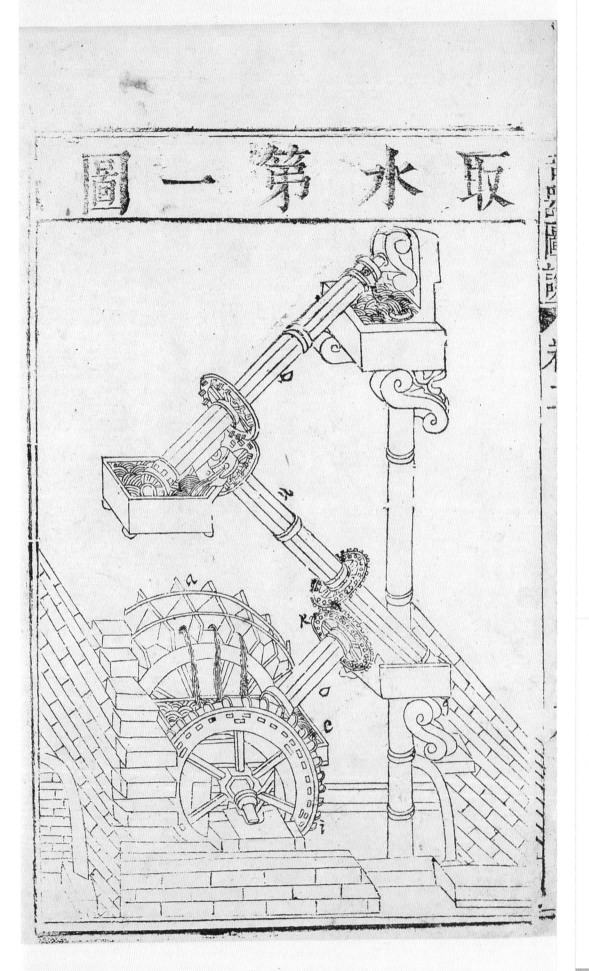

第一圖說

取水

說

先爲大立輪。中藏水戽。如ᑎ。轉水至槽池中。如ℓ。大立輪同軸。又有次立輪。有齒。如ℓ。再爲龍尾車。三具以次而上。如ᗝ。如ℓℓ。如ℓ。第一龍尾車下端。有小鼓輪。亦有齒。如ℓℓ。與次立輪之齒相合。上端又有旁齒小輪。如ℓ。則於第一龍尾車下端輪齒相合。第二龍尾車上端。與第三龍尾車下端輪齒。各以次相合。則水自上矣。

龍尾車之製。詳具泰西水法中。

第二圖

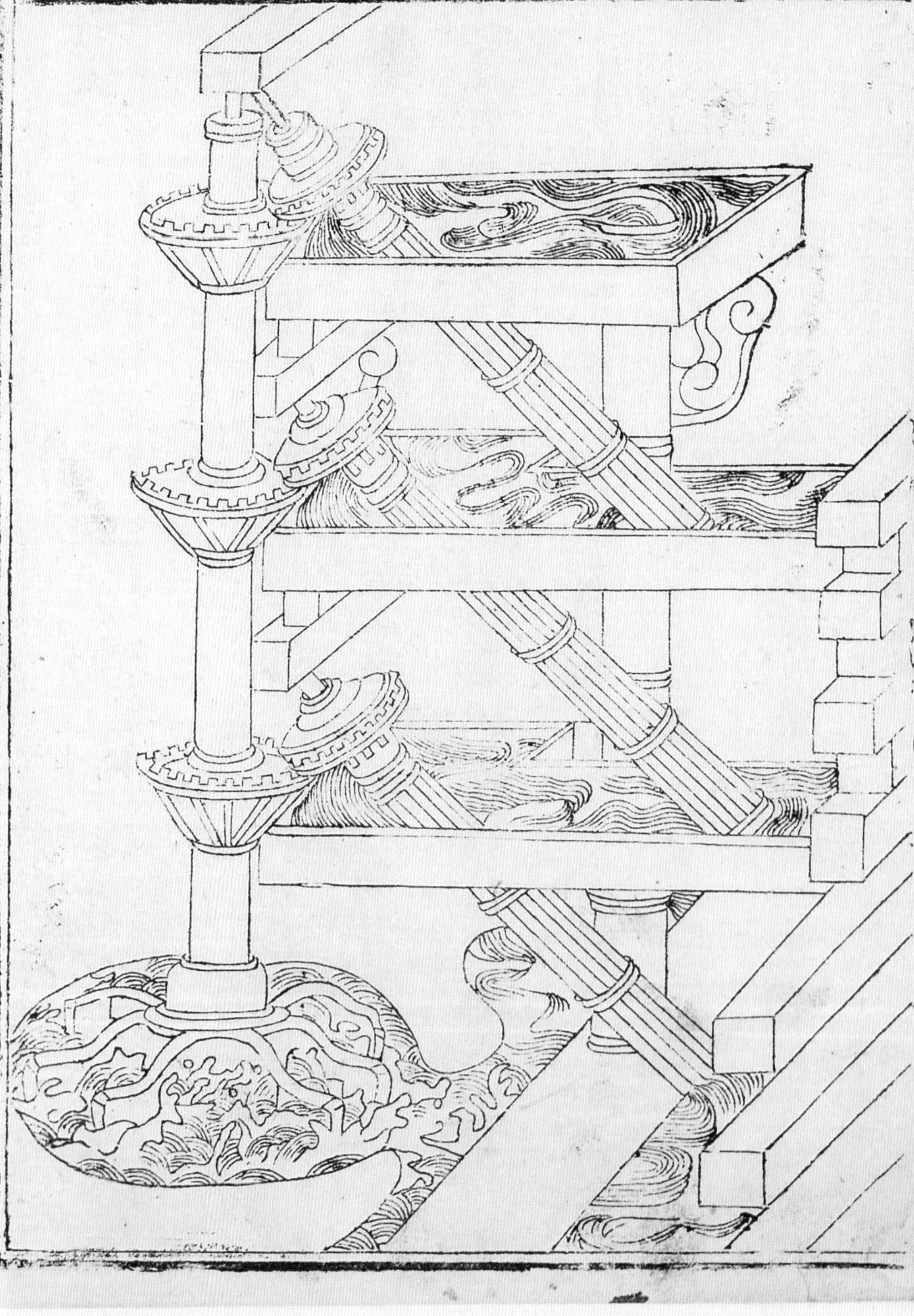

第二圖說

說

先爲大立輪。層累而上。爲三有齒之輪。與三龍尾車上端輪齒各相合。柱下爲平輪。輪之齒。各以立板作之。外端彎曲如杓樣。向水勢衝處。水衝其杓。杓杓相推。則大立柱自轉。而三龍尾車自然依次而上。上水矣。但龍尾車。各從池水槽中轉旋。恐漏水不便。故於池中。先作空筒。上下各長於槽。嚴安槽中。龍尾車自筒中旋轉。庶不致已貯之水下漏。爲微妙耳。

第三圖

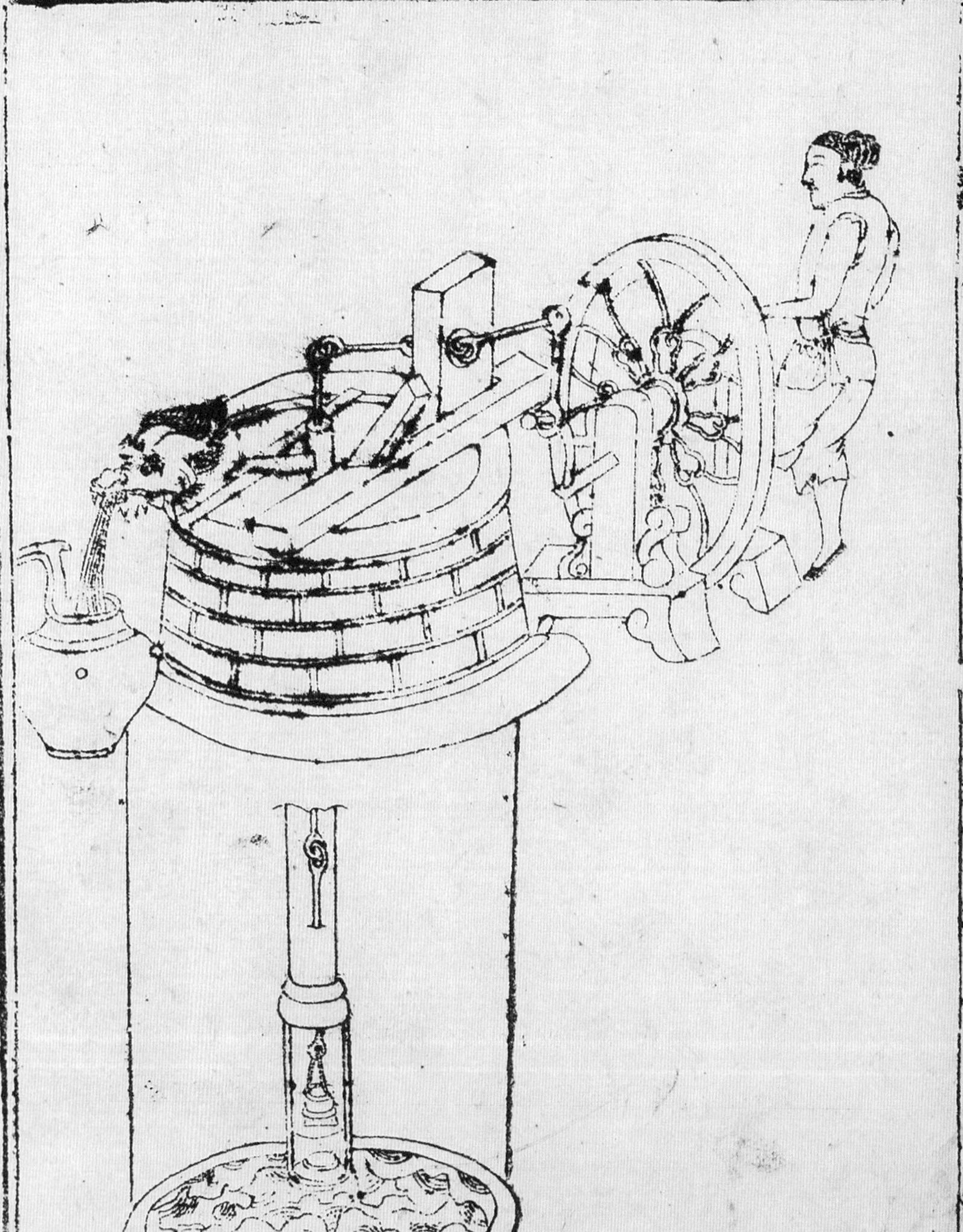

第三圖說

說

先爲飛輪之架。次於飛輪軸之兩端。各安一鐵曲柄。但一端向上。則一端向下。必使相反。故以一端繫於恒升車。取水筩頂可上可下之木。以一端。用人力轉之。則水升矣。飛輪者。助人用力之輪也。

恒升車之製。亦詳具泰西水法中。

第四圖

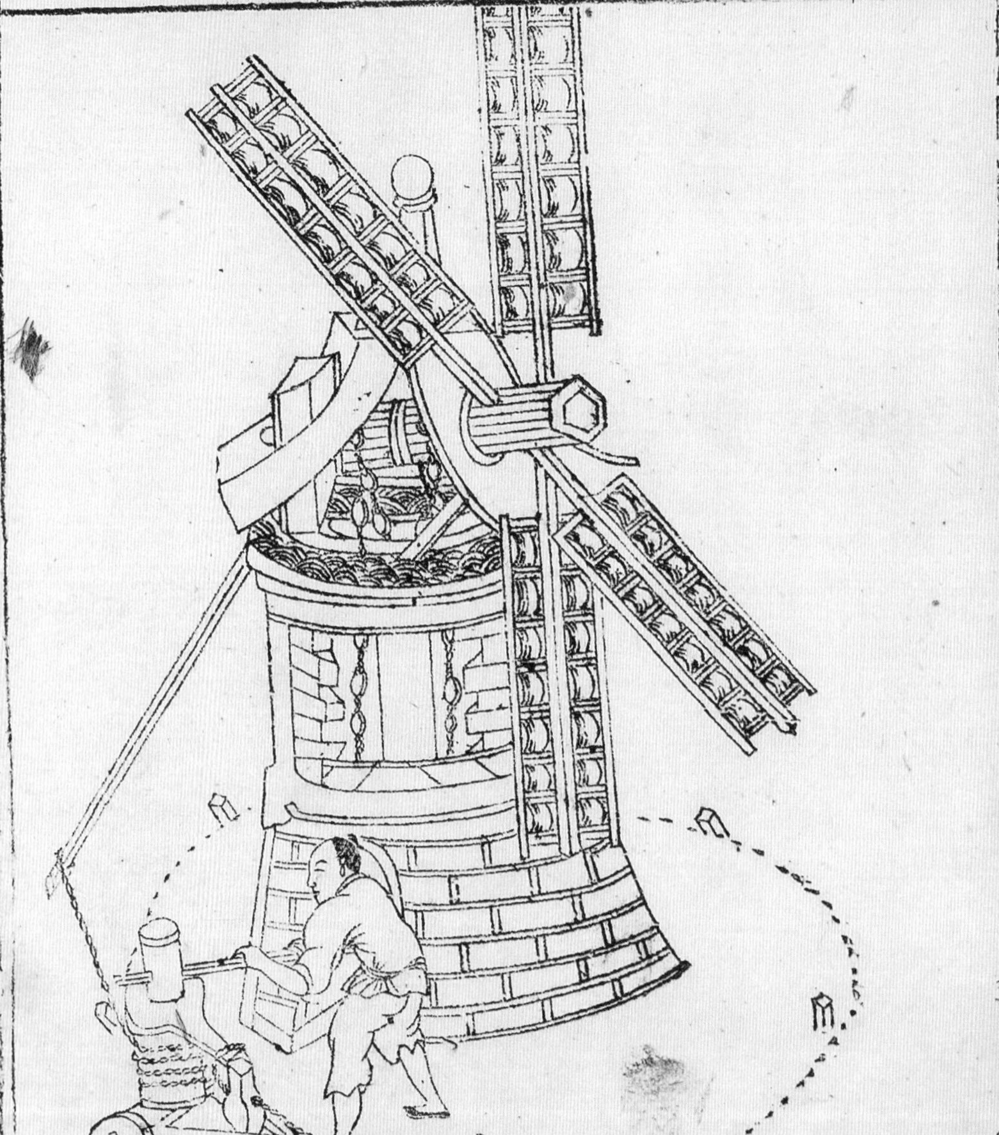

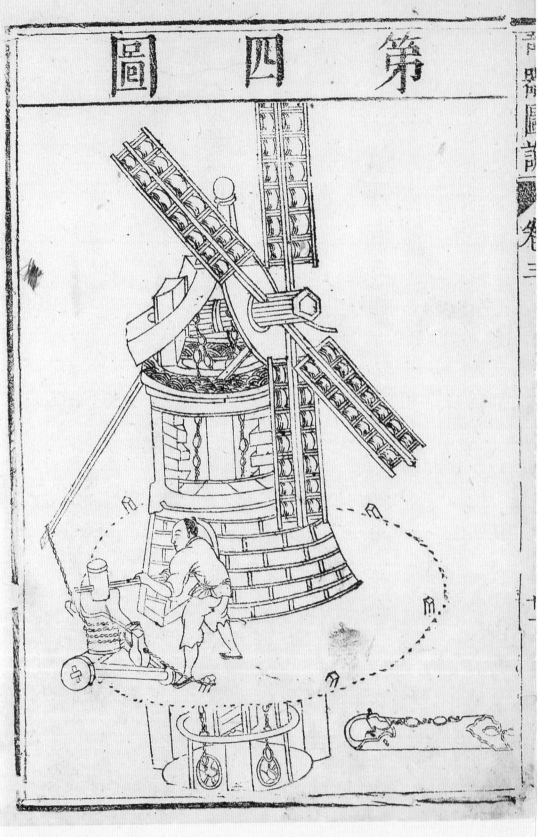

說

第四圖說

井中水。不能上。先作風車。以代人。而風車有軸即在井上以轉井中取水之犀者也。但此圖。水犀之製。非此中常用之犀。乃是長筒直貫井底筒底有軸。筒中有索。貫諸皮球。如雞子樣。上下俱小。以便筒中上下。狀若聯珠。其數不拘多少。惟視索垂井底水中。折轉從筒中而上。直至井上池中。環連不絕為度。蓋以風輪轉軸。軸轉皮球之索從筒底軸遞轉而上。遞塞其水。直從筒中。遞湧而上。而後吐之井上池中也。其作球作筒之法。詳如圖旁散形。風車之製多端。詳後轉磨諸圖中。

第五

之圖

第五圖說

說

爲長槽。前寬後窄。于其中。平安一軸。其前端。安一木杓。杓上有環。繫槽前上端横木上。槽前下端有小長板。如乚。杓入水則滿。至高處。則因下端小長板所靠。不得不倒而吐矣。

嚮余曾自作一引水器。一名鶴飲。一名活桔槔。其製一一與此相合。但此前端用杓。更爲妙耳。

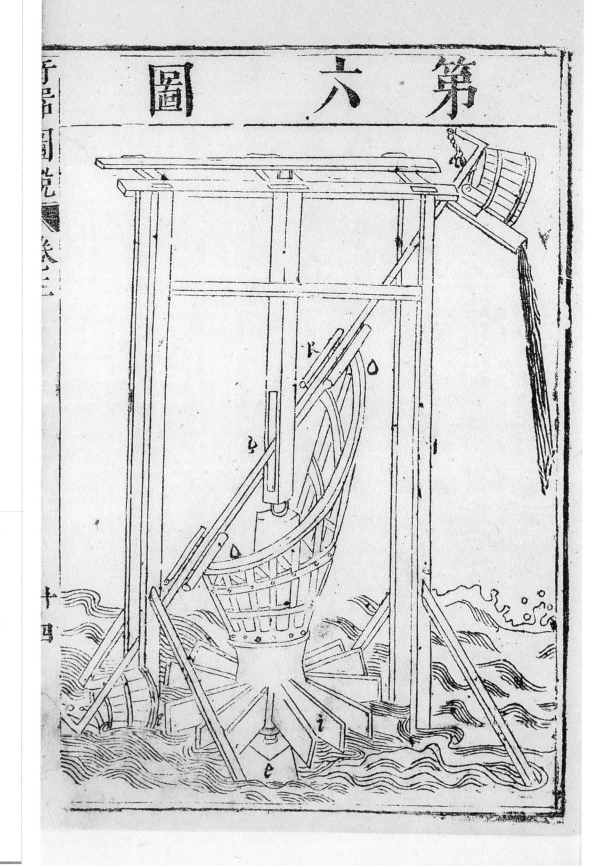

第六圖

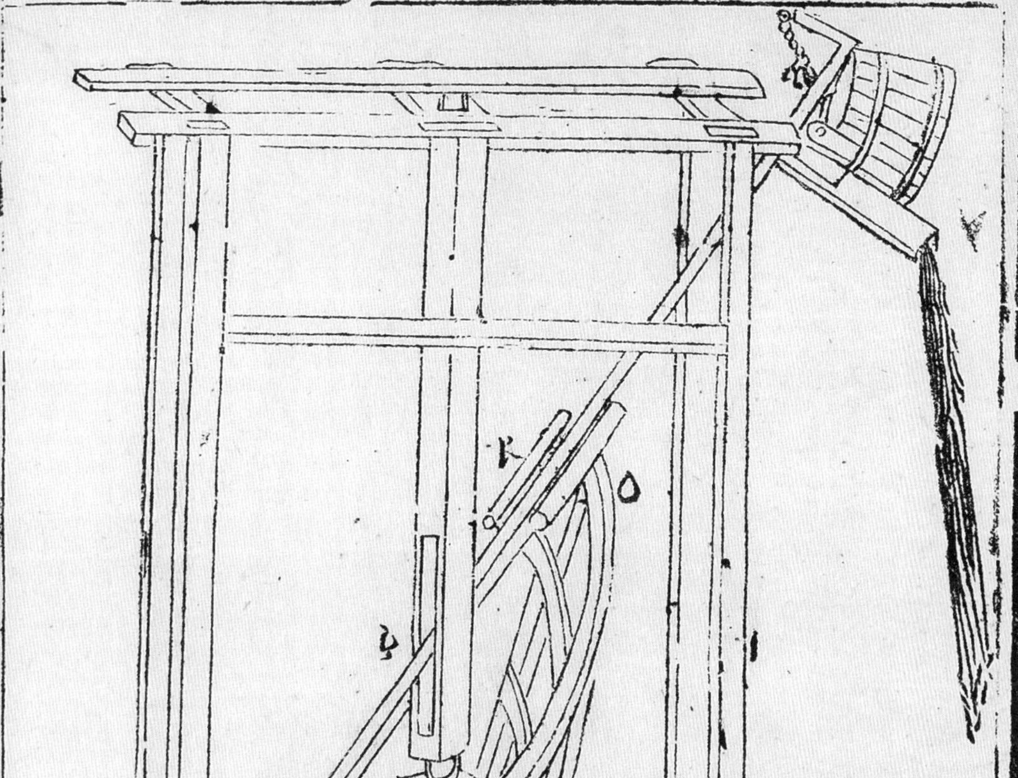

第六圖說

說

先爲四方立架。視天平杆兩端水筩所至高處。覆水爲度。如ㄙ。其下于架之中央水中用方石。安鐵簨。如ℓ。中爲立柱。下有鐵鑽。立柱下端。安立板大輪。如乙。少上安半規斜輪。一角漸次而下。一角漸次而上。如ᒐ。于半規輪之上另有樞軸。在下半規輪軸中央。如ㄖ。其樞軸少上中開長孔。橫安轉軸。如乙。以貫天平杆之中心使之可上可下。樞軸上端則安在架之上梁。勿令動

也。如凡。再于天平杆兩畔。近乎規輪上。故行戽

護以圓木。如ㄑ。或獲竹皮。使其滑澤無滯。其天

平杆兩盡頭處。各安戽筒。如で。但須乎杆旁嵌

安小杆繫筒。如七。始無礙于杆身。而覆水槽中

之爲便耳

第七圖

說

第七圖說

先爲兩立柱之架。如a。立柱上端有軸。次爲大木杓。如c。旁有兩耳。中貫橫木。如i。其杓柄爲水出之槽。即貫在立柱架上軸內。可以轉旋上下。如o。耳中所貫橫木。有索繫于旁立桔槔之前端。後端有番木。中鑿多孔。便安木柄。隨人高低可用力也。此器取水甚多。桔槔杆。另立巧法。任人意爲之。

第八圖

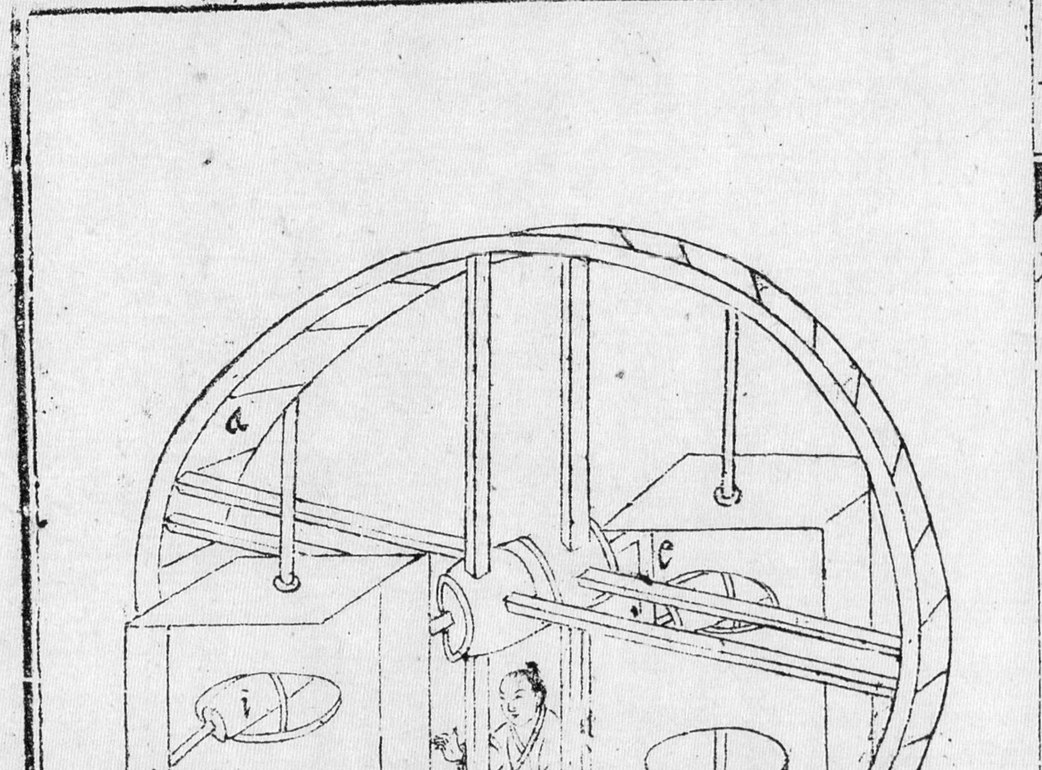

說

第八圖說

先爲行輪。入行其中。如ᘓ。行輪中軸兩端。各安曲拐。一邊曲在上。一邊曲在下。如ℓ。曲拐方孔之中杆上。安滑車。如ï。于滑車貫處爲立圈。下端定在恒升車取水杆頭。如○。行輪轉動。兩邊自然一低一昂。水可遞引而上矣。

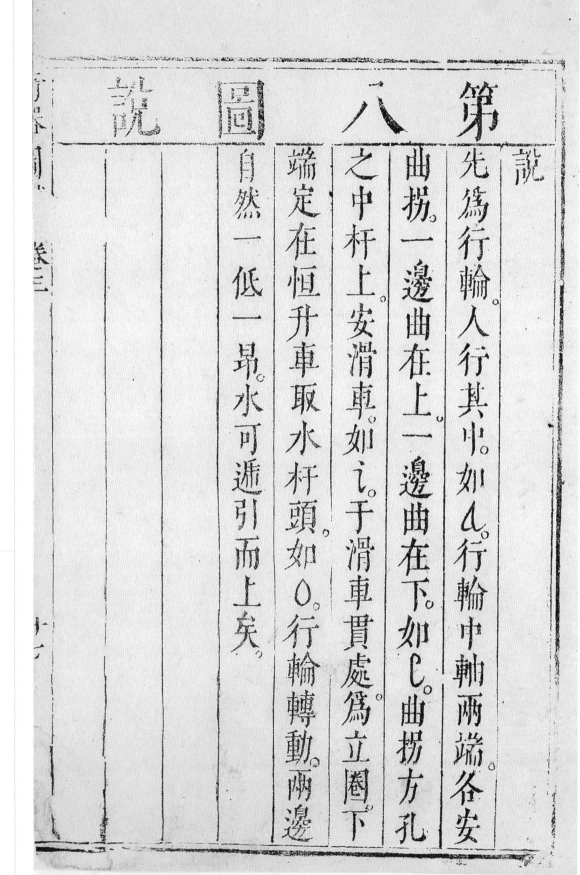

第九圖

第九圖説

説

先爲星輪。如𠃊。星輪者。輪周作大圓齒。齒中與齒相等。亦作圓孔。與大星光芒四射相似。故名星輪。星輪之外。作鼓廂。如㇄。鼓廂者。上下總一圓圈。兩旁以木板廂之。其形似鼓。故名鼓廂。鼓廂。下面底中。開一小孔。入水。如𠃋。鼓廂上面開一方孔。如〇。方孔中。安一方屑。上方下圓。方屑兩旁。各安小滑車。使方屑易上易下也。如乚。其安鼓廂。及安方屑上下之架。如𠃌。于方屑方孔之前。開孔向上。斜安孔筒。如𠂉。以便出水。先將星輪。安置鼓廂之中。務使星輪兩旁。與輪周齒端圓處。緊靠鼓廂圓圈板爲則。其星輪之軸。直出兩旁架外。有曲柄。如𠄌。便人運也。或另作水轉之輪。以轉此星輪。亦無不可。蓋鼓廂之架。安置水中。下面小孔。自然入水。乃以星輪遞轉而上。至方屑圓頭垂下處。水不能再過。而前則惟有從斜孔筒中。出水而已。

奇器圖説

轉磨第一圖

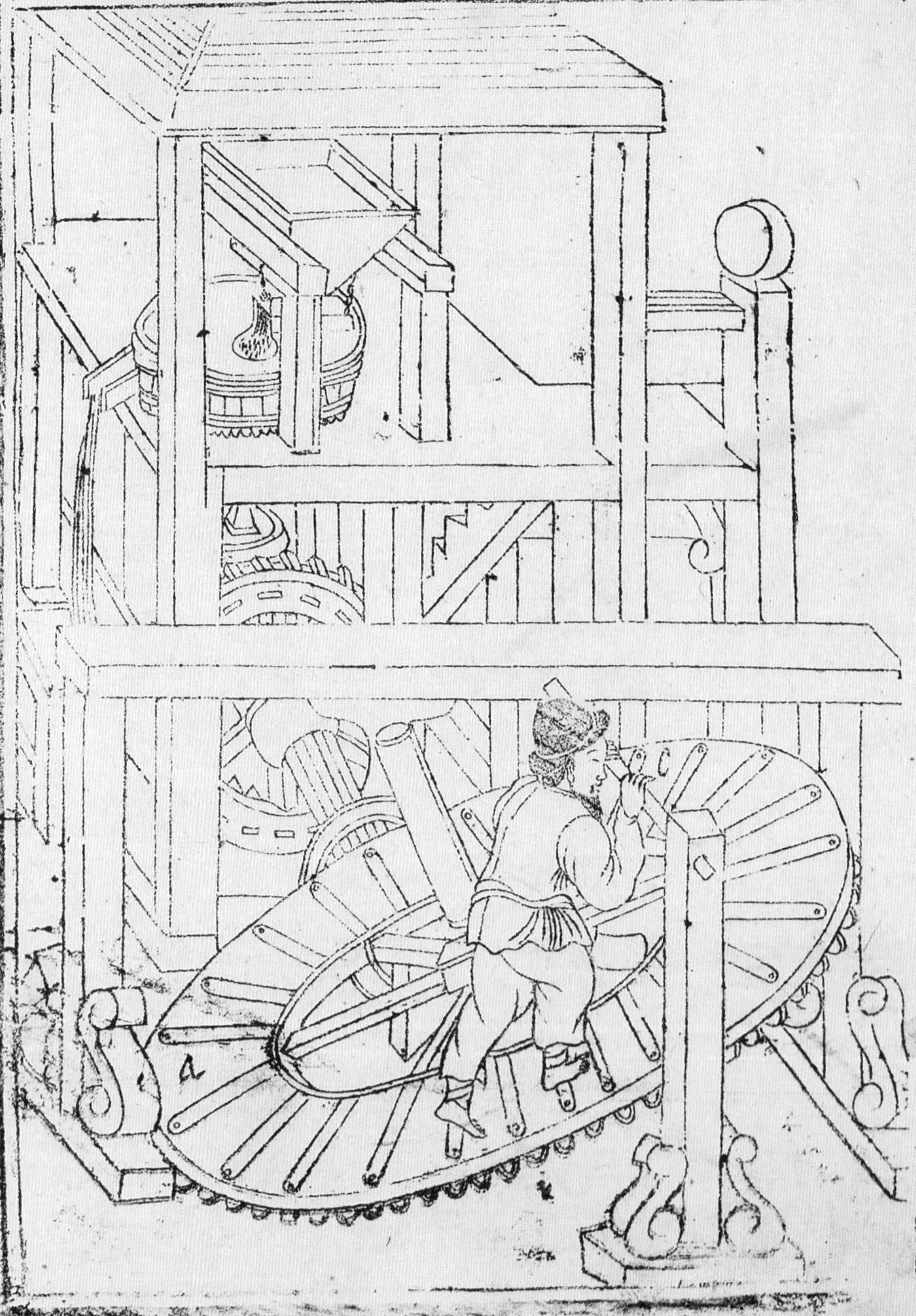

◎祖本《遠西奇器圖説録最》《新製諸器圖説》

轉磨

第一圖說

說

為大輪周有齒。中有輻條。如ㄙ。惟有車軸斜安。則輪自然斜轉矣。次于斜輪兩旁立架。頂上安一橫梁。如ㄑ。以一人手攀其梁。而足踏輻條之上。欲上不能。而輪則必自轉也。如ㄴ。輪外另安小輪有齒。與大輪之齒相合。小輪之軸連于轉磨之樞。齒各相得。磨則無不轉也。用力少。而人不大勞。此其一種。

第二圖

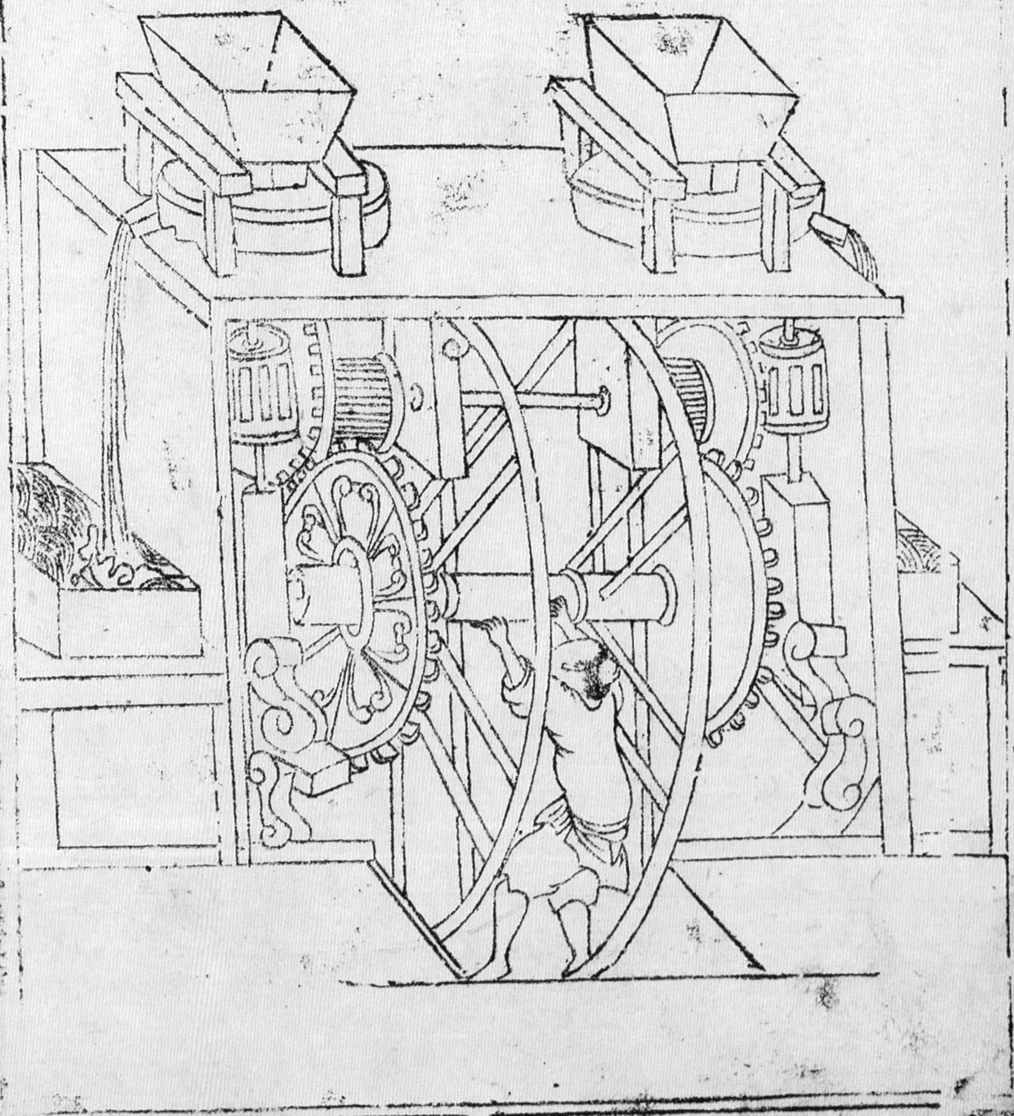

說

第二圖說

為大行輪一具。行輪之說。已見于前。第此輪極大。可容兩人並行耳。行輪兩旁。各安有齒小輪遞轉樞。則兩磨可俱轉也。一見自明故不細贅。

第三圖

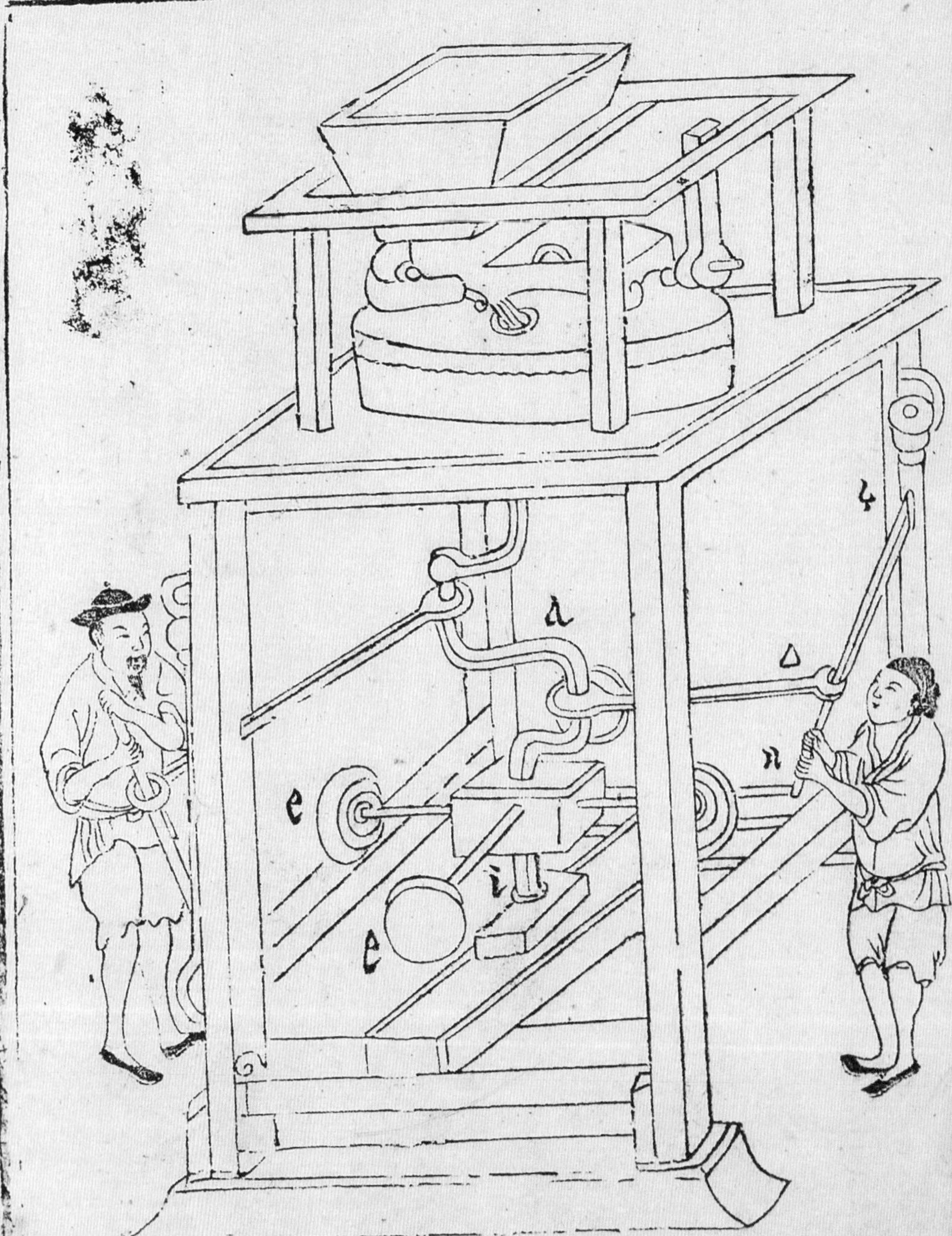

◎ 祖本《遠西奇器圖説録最》《新製諸器圖説》

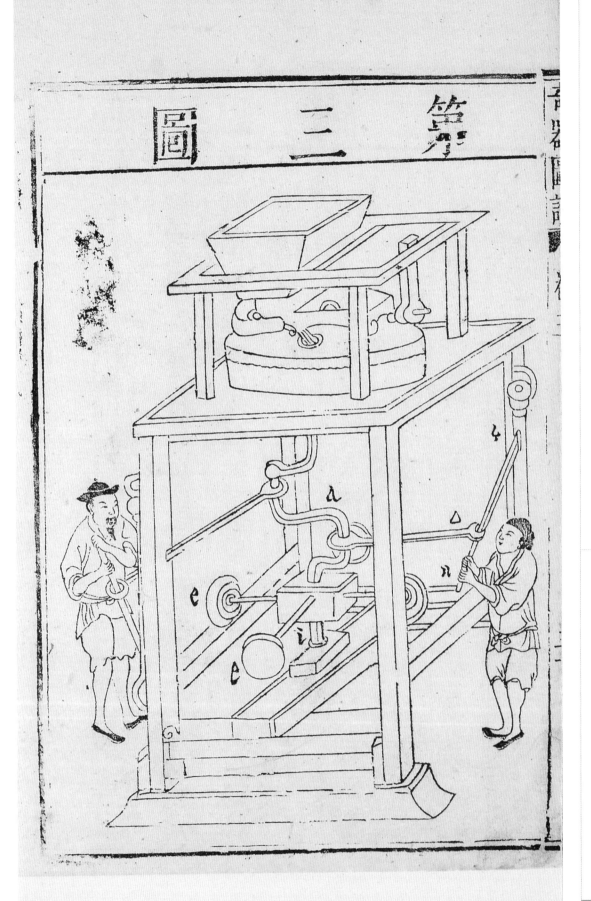

第三圖說

說

磨中之樞下安鐵曲拐如a樞下端再安十字木杆杆末各安銷桄如e樞下安鐵鑽入鐵窠中如i于曲拐中安木桄兩端各為轉環如o一端轉環安人手曳桄上如u其人手所曳之桄上端安于架上立桄亦有轉軸如b一人斜曳其手中之木可前可後而樞端下面十字鋁桄為之助力則磨自可轉矣倘或磨重于對旁再增一曲拐再用一人對曳如前法尤有餘力

第四圖

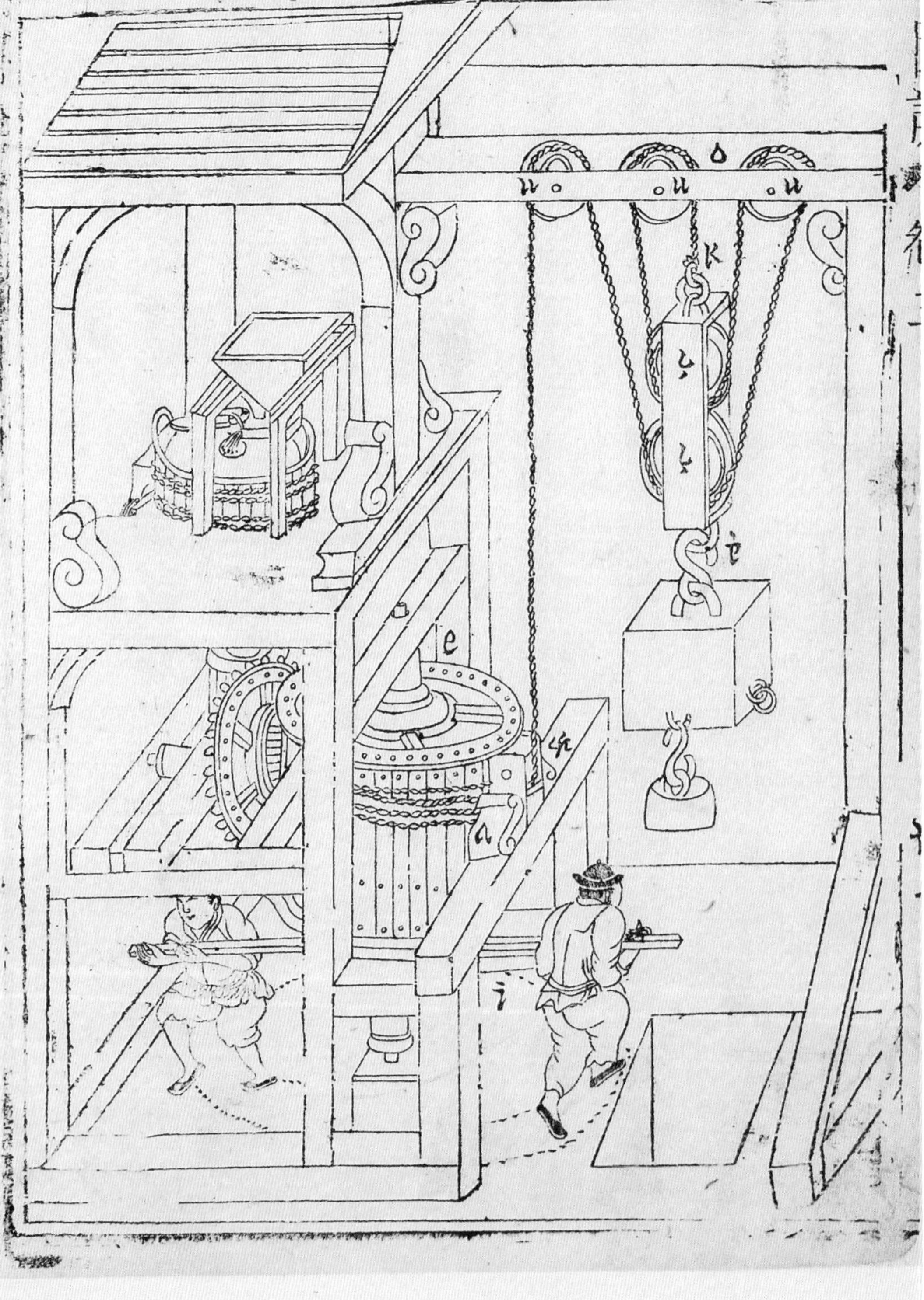

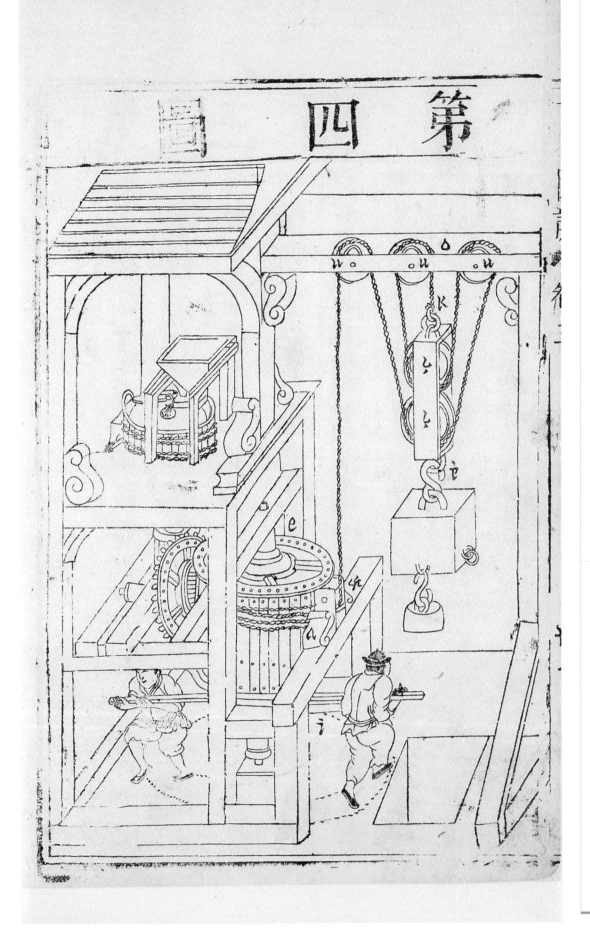

說

第四圖說

磨懸如常。惟旁有立柱。安大立轆轤。繫纏垂重之索。如a。轆轤之上。安平輪。周有懸齒。以轉轉磨樞之立輪。如e。下有十字杆。待重垂下至地。用人力推杆。則重可復上。如i。于立柱之旁。另有立架。上横以梁。如o。横梁中開長孔。安三小滑車。如u。垂重之上有小立框。中安兩小滑車。如l。立柱大轆轤所纏之索。平轉從旁立小架滑車之下而過。如ya。從而上之。過梁上第一在左之滑車。折轉而下。又從小立框下一滑車之下。折轉而上。過梁上第二在右之滑車。折轉而下。又從小立框上一滑車而下。折轉而上。過梁上第三在中之滑車。折轉而下。始繫定于小立框上端小梁上。如K。小立框下端小梁有環。垂重之上有鈎。鈎于環內。如Z。重下。則磨自轉矣。所以必用此許多小滑車者。總令垂重遲遲而下。不易到地。其磨可多轉耳。垂重下。又加小重者。欲人視之。多寡自爲增損云爾。

此自轉磨也。嚮余曾臆想作此試之。甚便。今得此實。先得我心之同然。但此遲遲垂重之法。初則夢想不及也。

第五

之圖

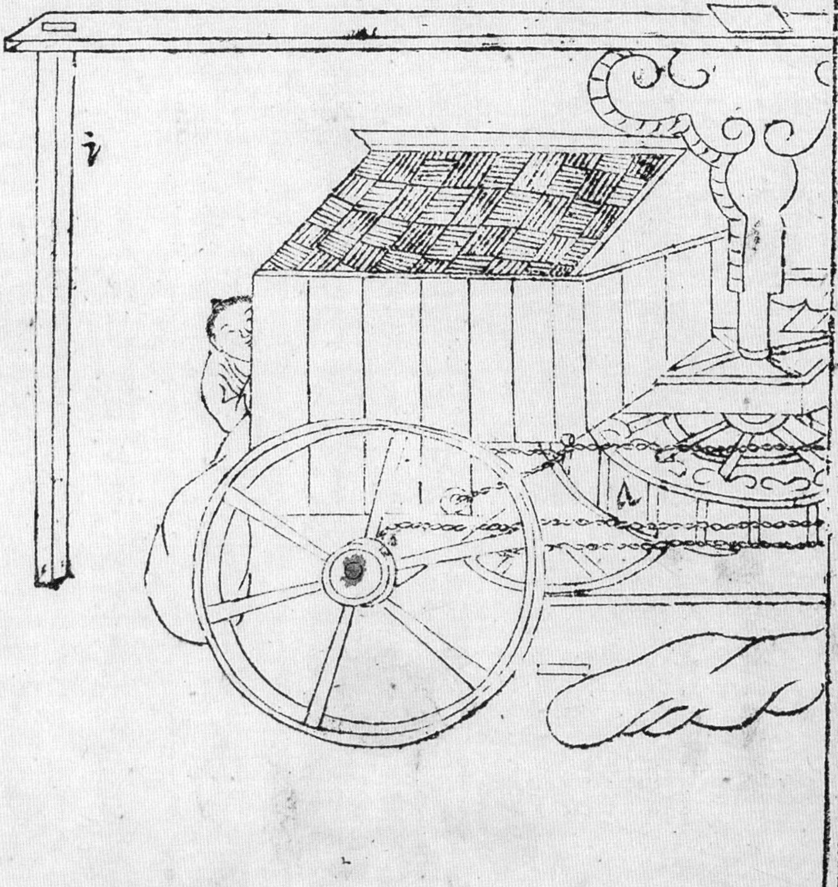

第五圖說

說

蓋武人多遠行。此磨載之車上。如上圖兩磨。安於兩頭。中安一大立柱。下安平輪。有齒如a。其輪軸下端有鐵鑽。安車中平木中央鐵窠內。輪齒兩旁。各安有齒小輪平轉。兩邊磨中之樞。其立柱於平輪之上。平安橫木。中央開孔。而上。上端安有橫梁。如e。橫梁兩頭長過於車。各安下垂立柱。如i以馬轉兩立柱。則兩磨可自轉也。其車行各可載他輜重。故甚便之。

余意橫梁若作十字。則用四風扇。或直竪車上。或亦周垂車外。又可作風磨也。

第六圖

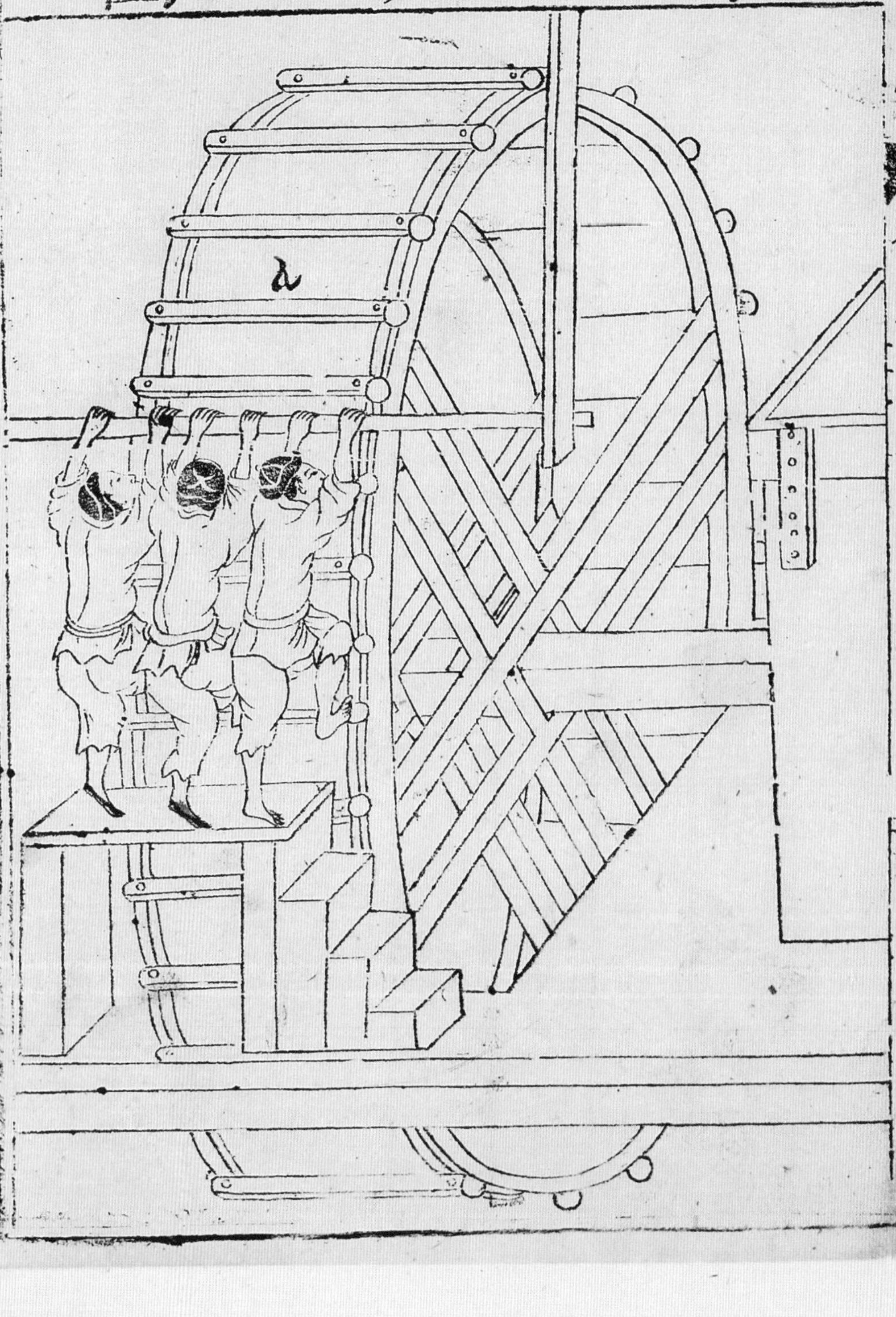

第六圖說

說

爲大輪。外周安橫桄如A。內有長軸。兩端。安兩立輪。各有齒。轉兩磨立樞。燈輪之齒。如C。用三人手攀橫梁。足踏輪周橫桄。則兩磨轉矣。儻止用一磨則一人足矣。在人酌而爲之耳

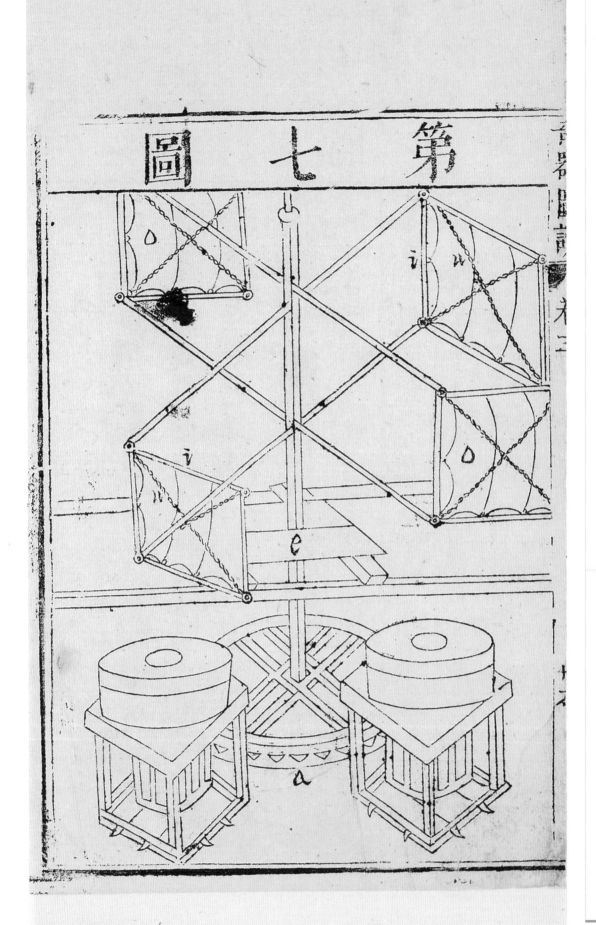

第七圖

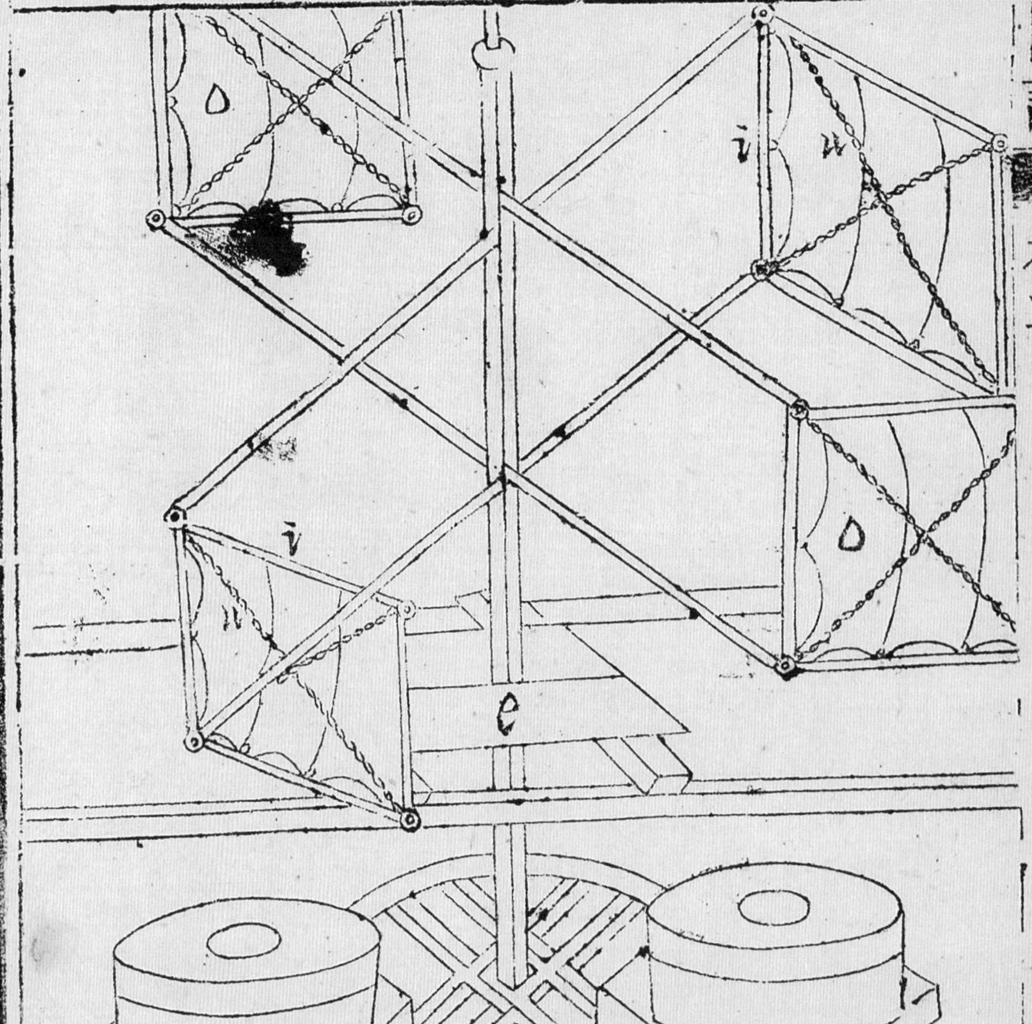

第七圖說

說

大輪轉兩磨燈輪之樞如a。總用常法。惟大輪軸為大立柱。柱下端有鐵鑽。入地臼窠中。柱半身處。安大木平架。中開圓孔。柱從孔中透出上去。以轉動便利為度。如c。柱上半身安十字兩層橫桄。各有立檣。如i。四立檣外。各掛一大方布框。如o。布框可展可收。向風吹處則自然展開受風。過則自收。遞展而遞相受風。故兩磨可自轉也。布框每面有兩索斜繫。如u者。恐風大。布力不能當。易至損耳。

第八

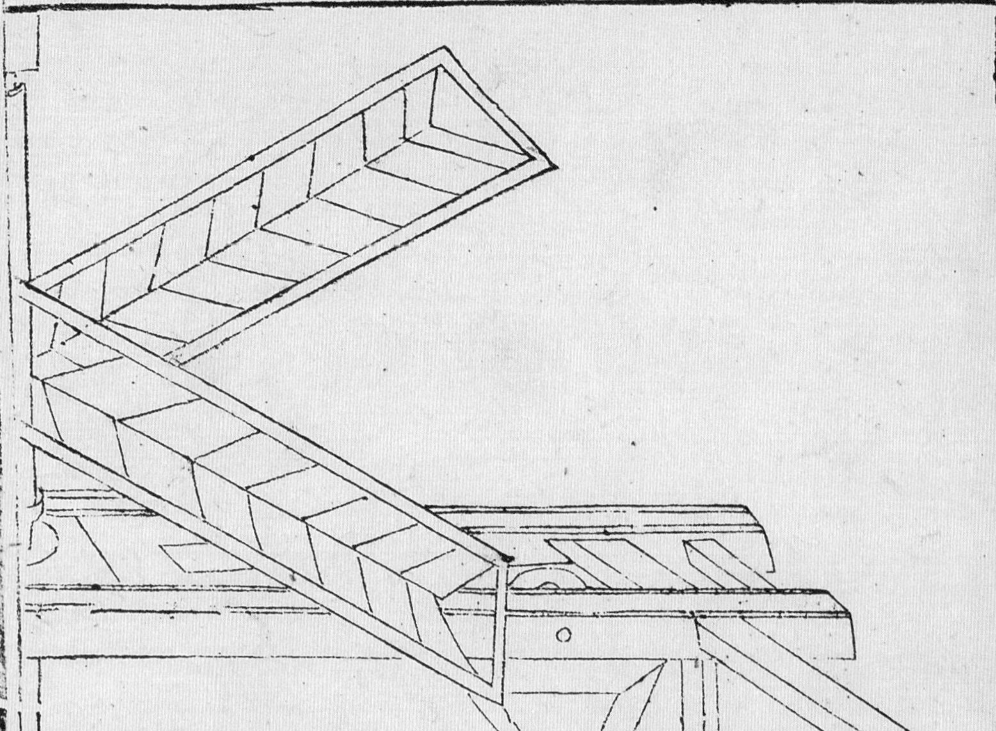

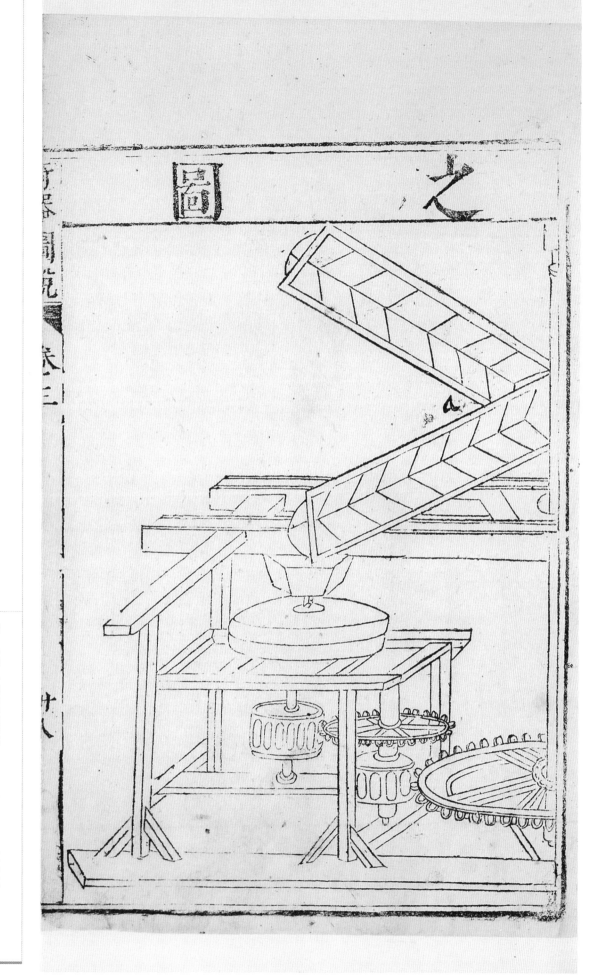

之圖

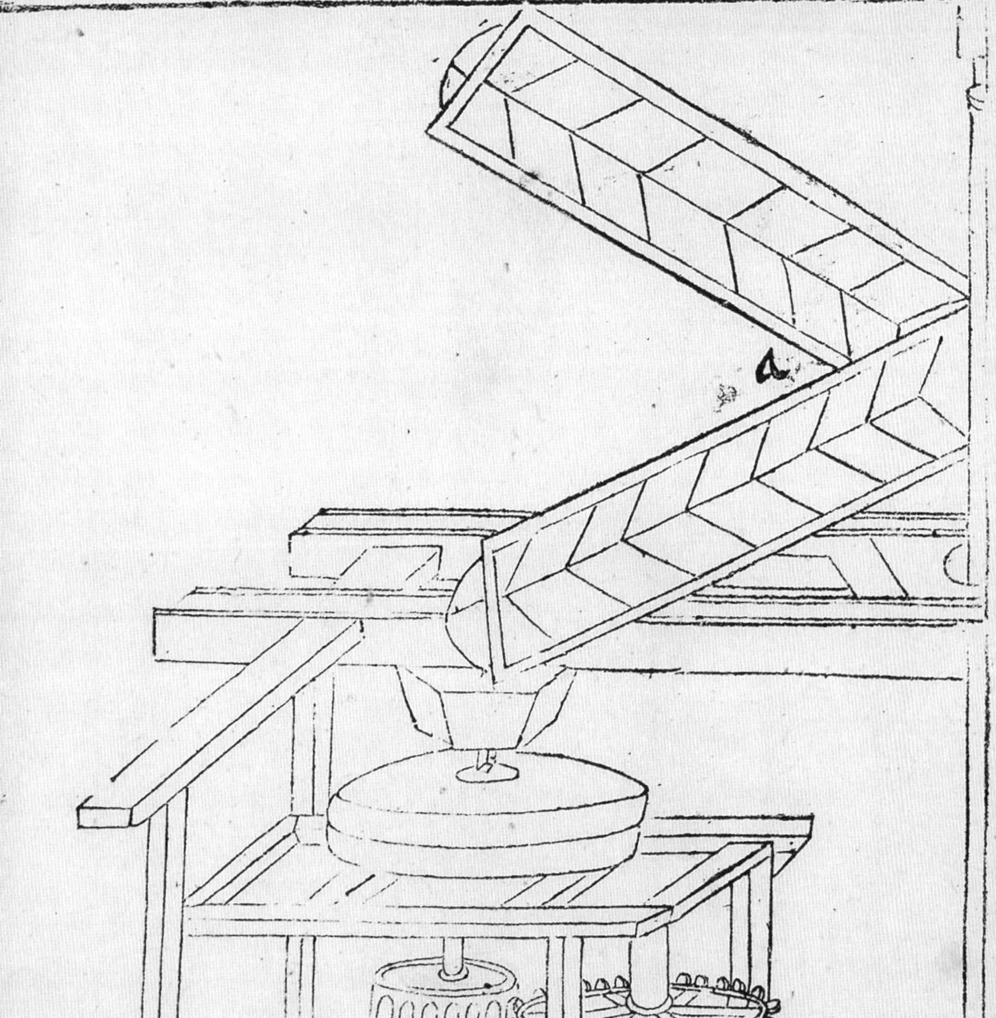

第八圖說

說

其下。悉是常法。惟是大輪齒。不得遽及磨樞。燈輪之齒。故各再加兩燈輪。立軸上。再安有齒之輪。庶易及磨樞耳。其上風扇。則爲長三角形。如八。兩面以薄木板爲之。更易受風。其力尤大也。

第九圖并説

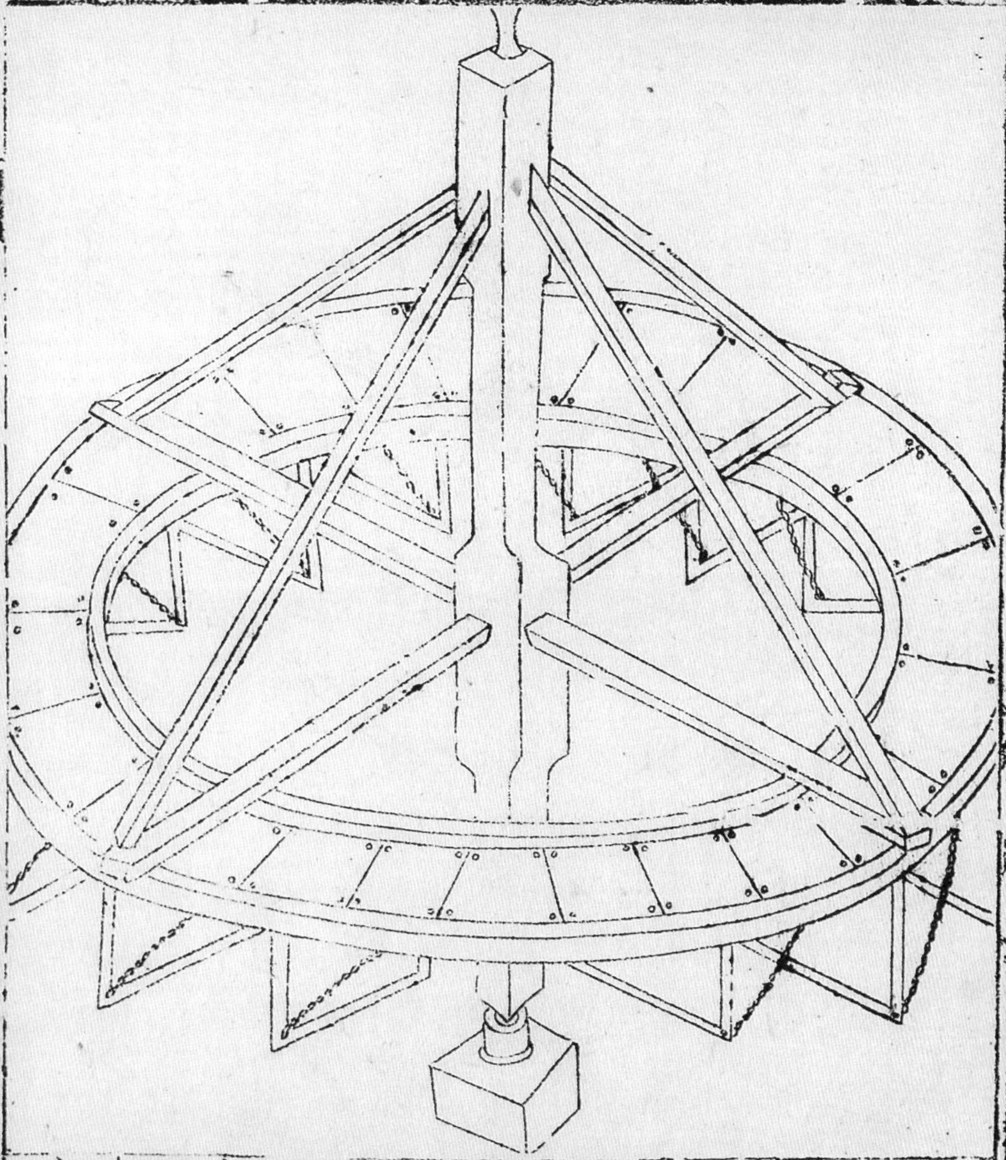

説

餘皆同前。惟方板風扇。垂在輪下。上以四斜根撐輪。爲少異耳。

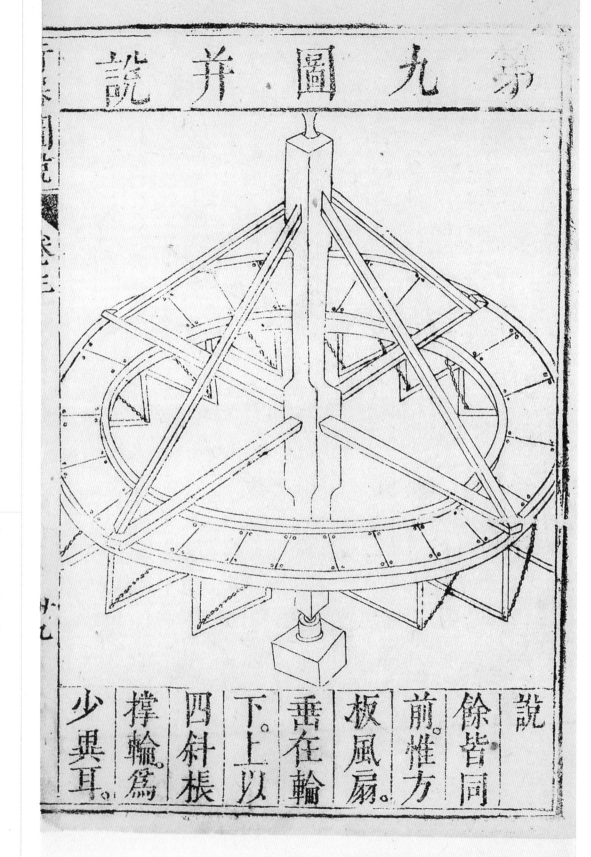

第十圖

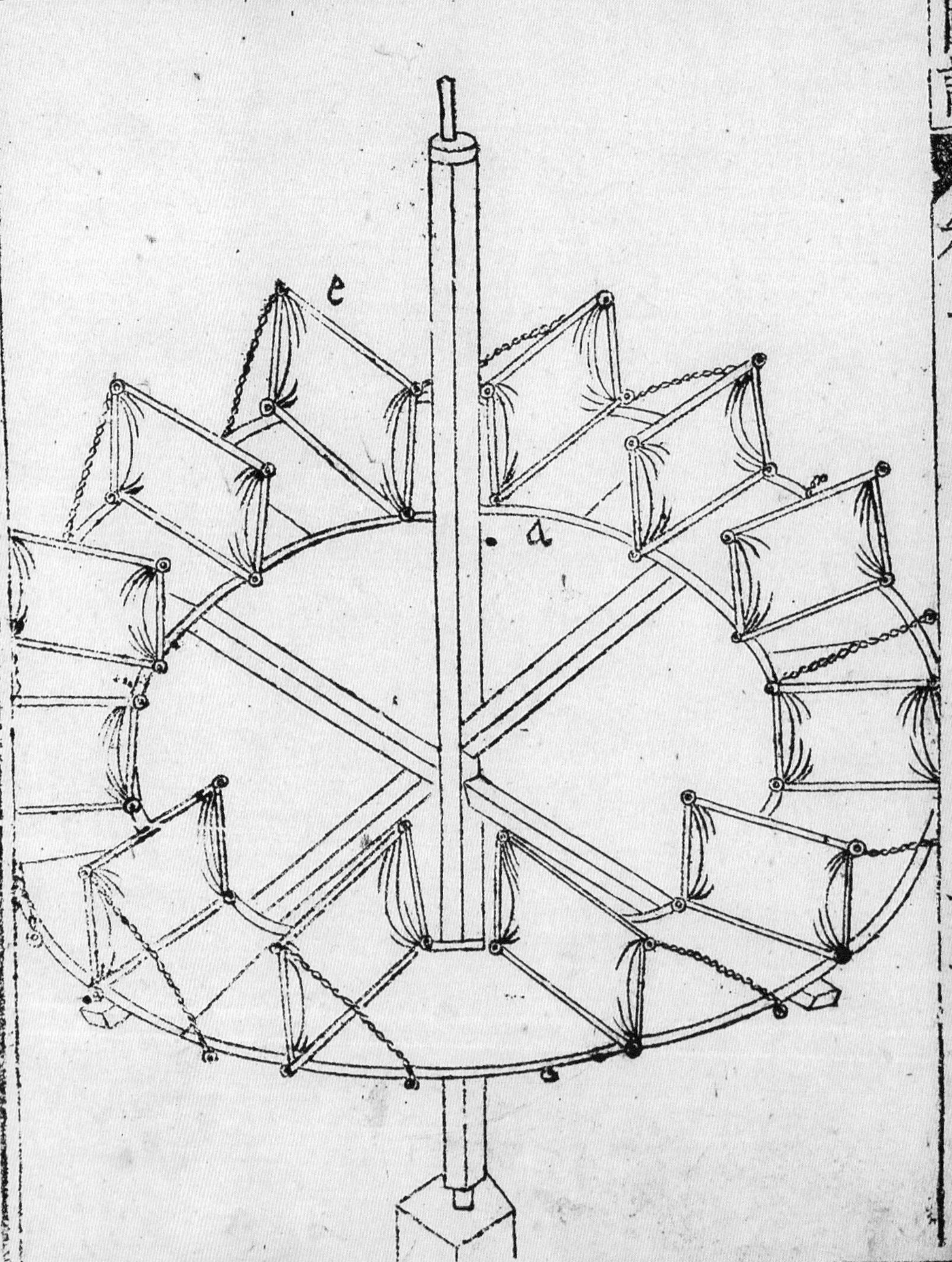

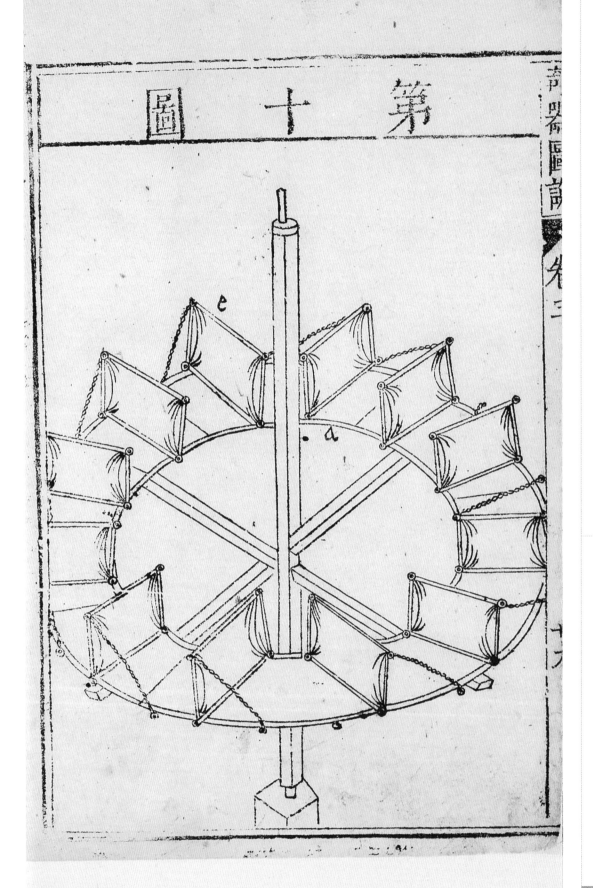

第十圖說

說

餘悉同。止是立柱平安十字。周作輪形。如d。於輪上周圍。以木板作方風扇。如e。每扇。一面各有一索繫緊。風來則板直立受其吹。而自轉。然有索繫則又不能前去。過風則又自然少歪。不阻風也。

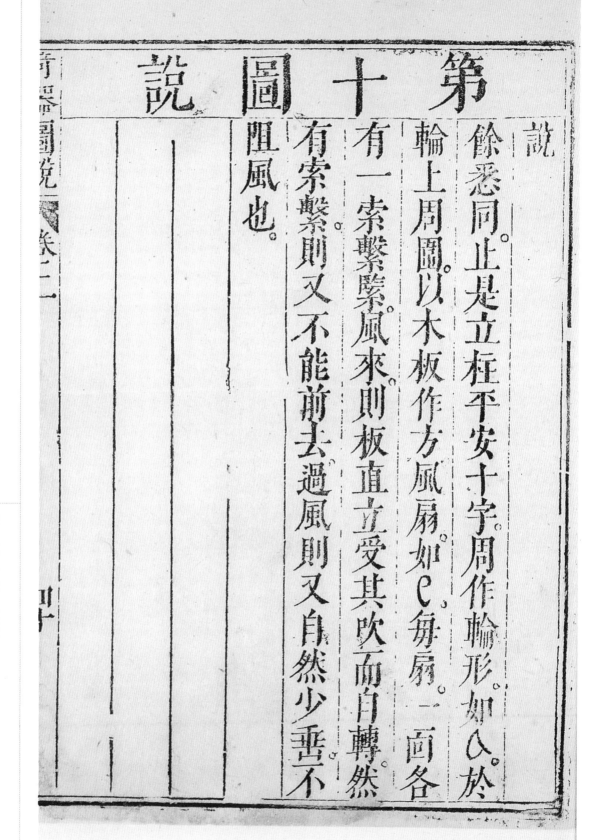

第十一圖

第十一圖說

說

餘悉常法。惟是上層周圍有墻。每面少開一方牕以受風入。如乁。其立柱則上至屋頂。轉樞柱安十字木板上。下長橫少弱耳。

第十二圖

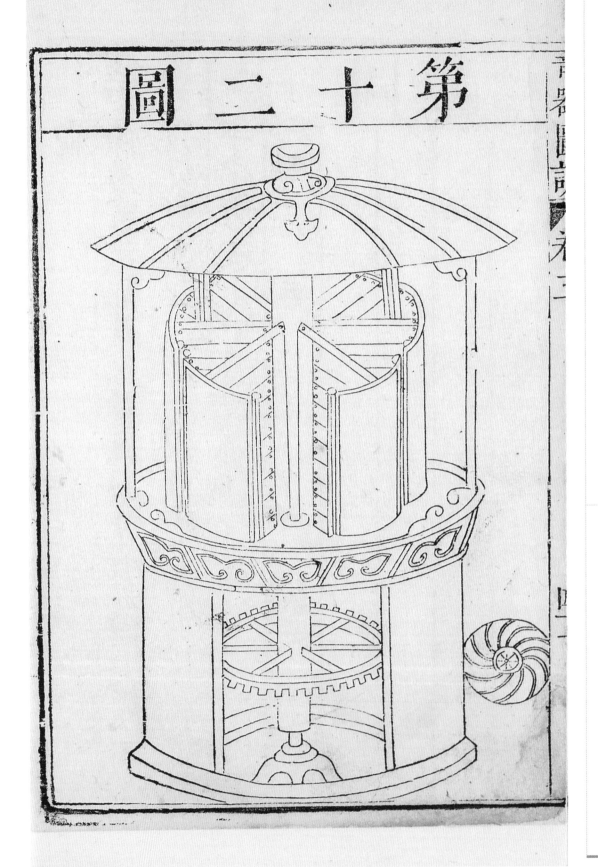

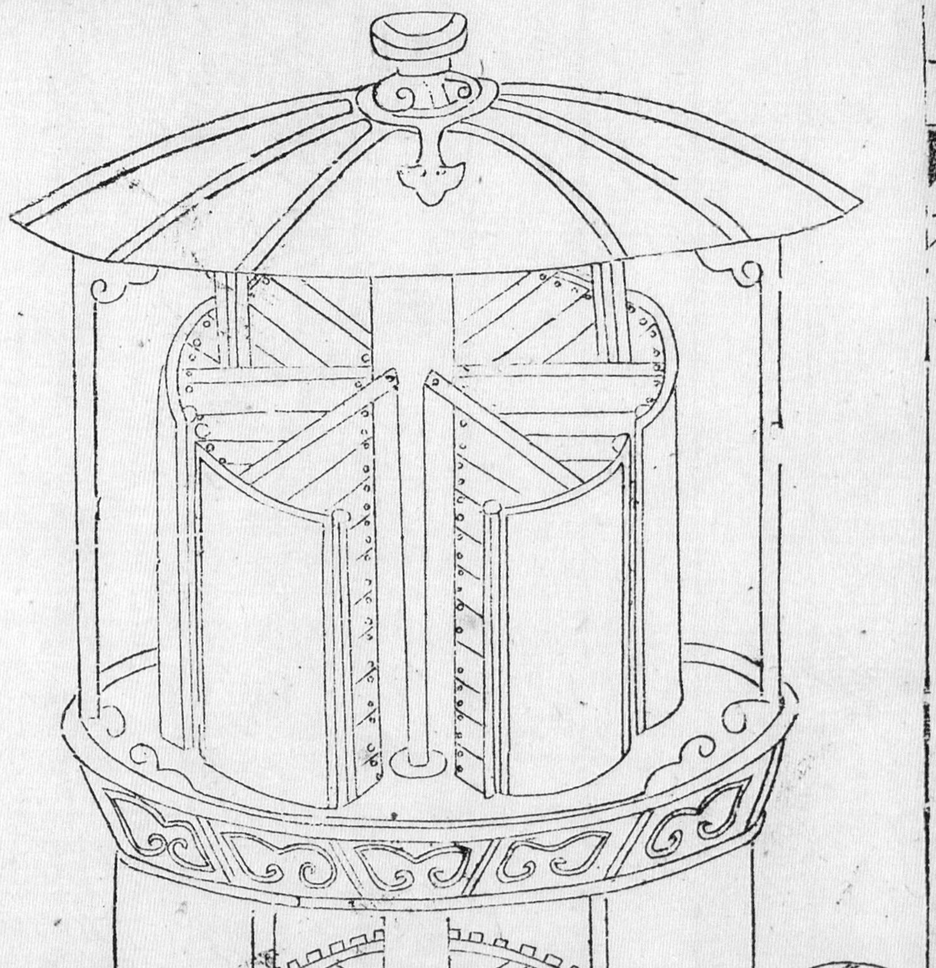

第十二圖說

說

餘如常。上立柱上。安八風扇爲異。其風更大也。

第十三圖

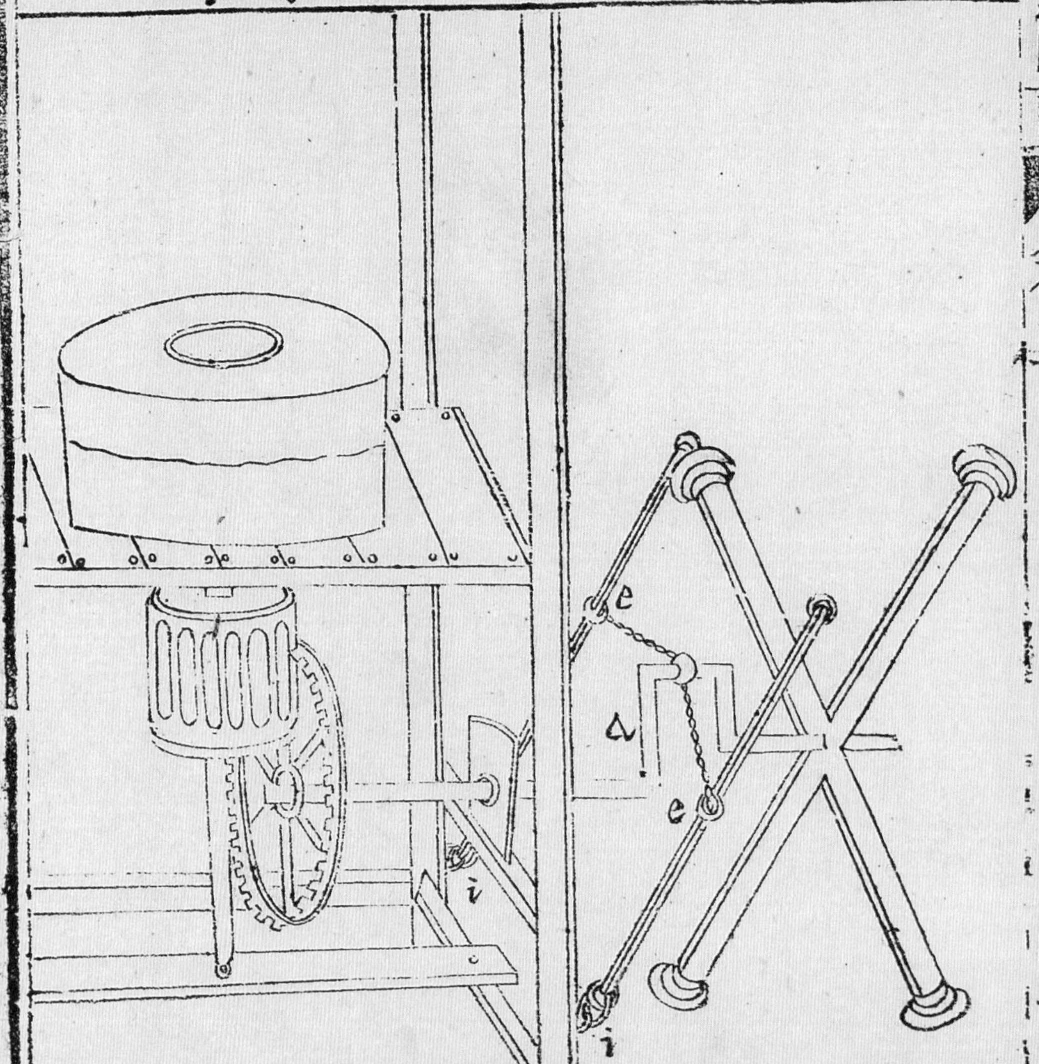

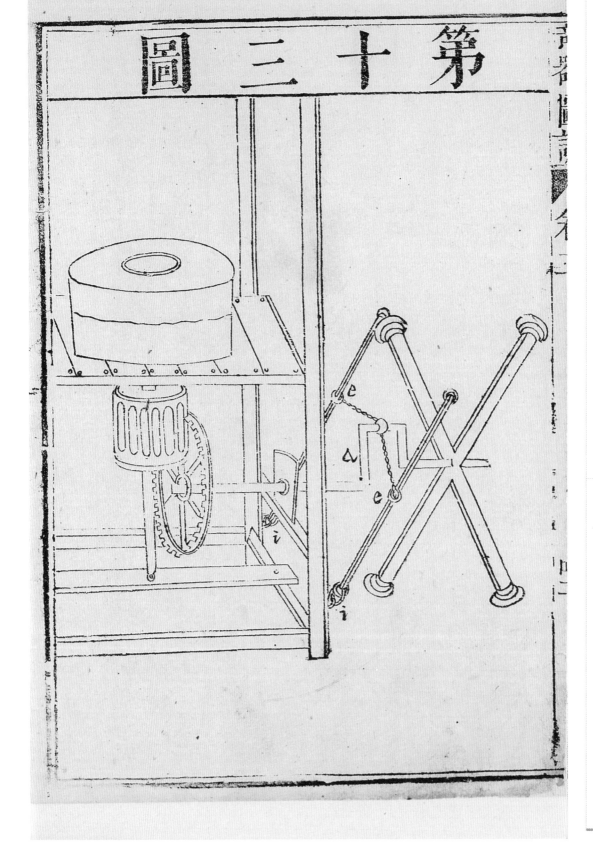

第十三圖說

說

餘俱如常。惟於轉磨窩燈輪之立輪。安長鐵軸於架外。作曲拐方形。如ㄟ。於鐵軸盡處。定安十字木。兩頭懸是鉛坨。使重而易轉。以助人力。有如飛輪。於曲拐方形轉處。貫以鐵環。兩端各繫以索。其索一端繫木杆中環上。如ℓ。其杆下端則定在地上。有環可轉。如乚。兩人對曳其杆。一來一往。則飛輪助力。磨之轉甚便。且省力也。視人周行磨外。節勞不啻數倍矣。

第十四圖

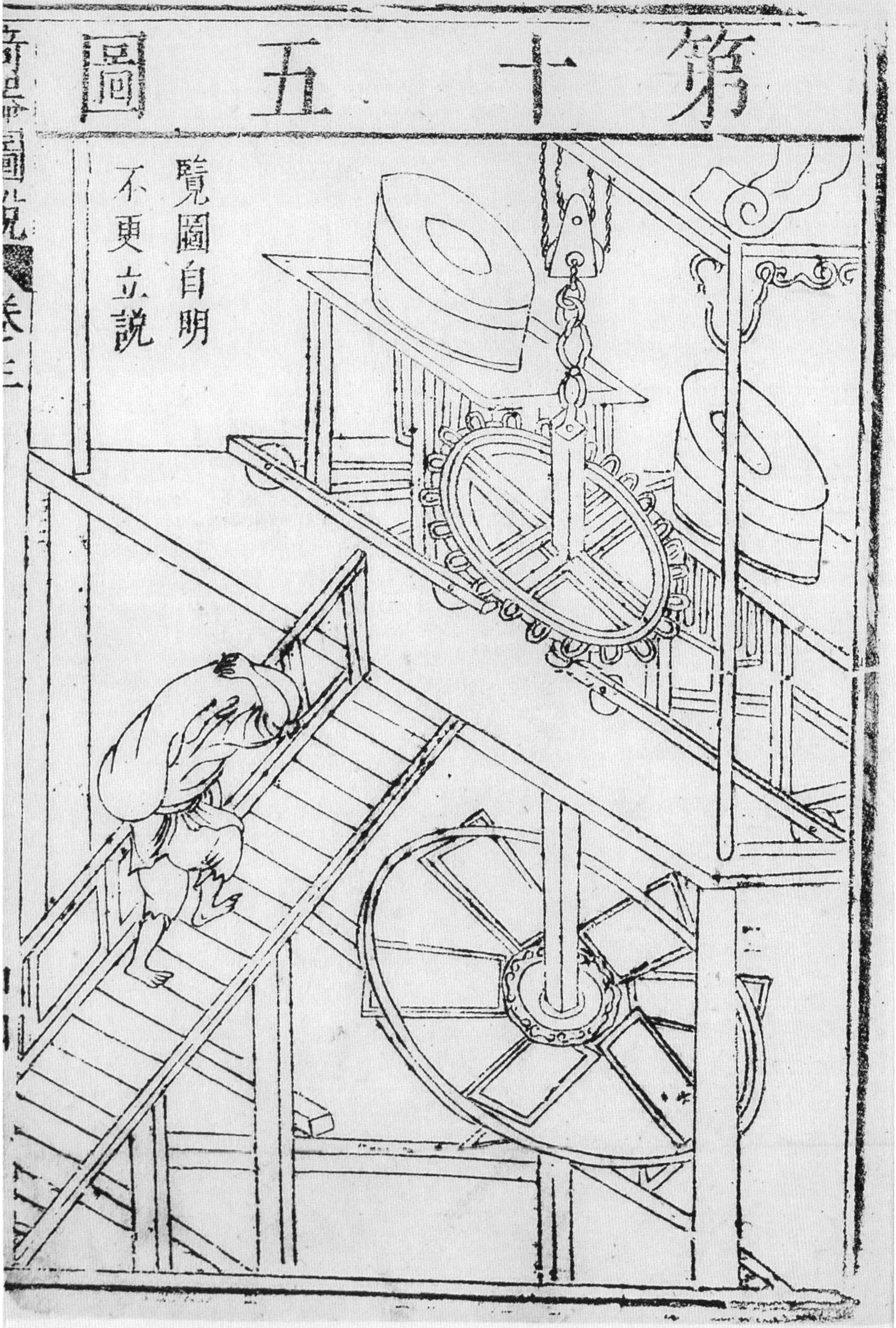
第十五圖
覽圖自明
不更立說

解木第一圖

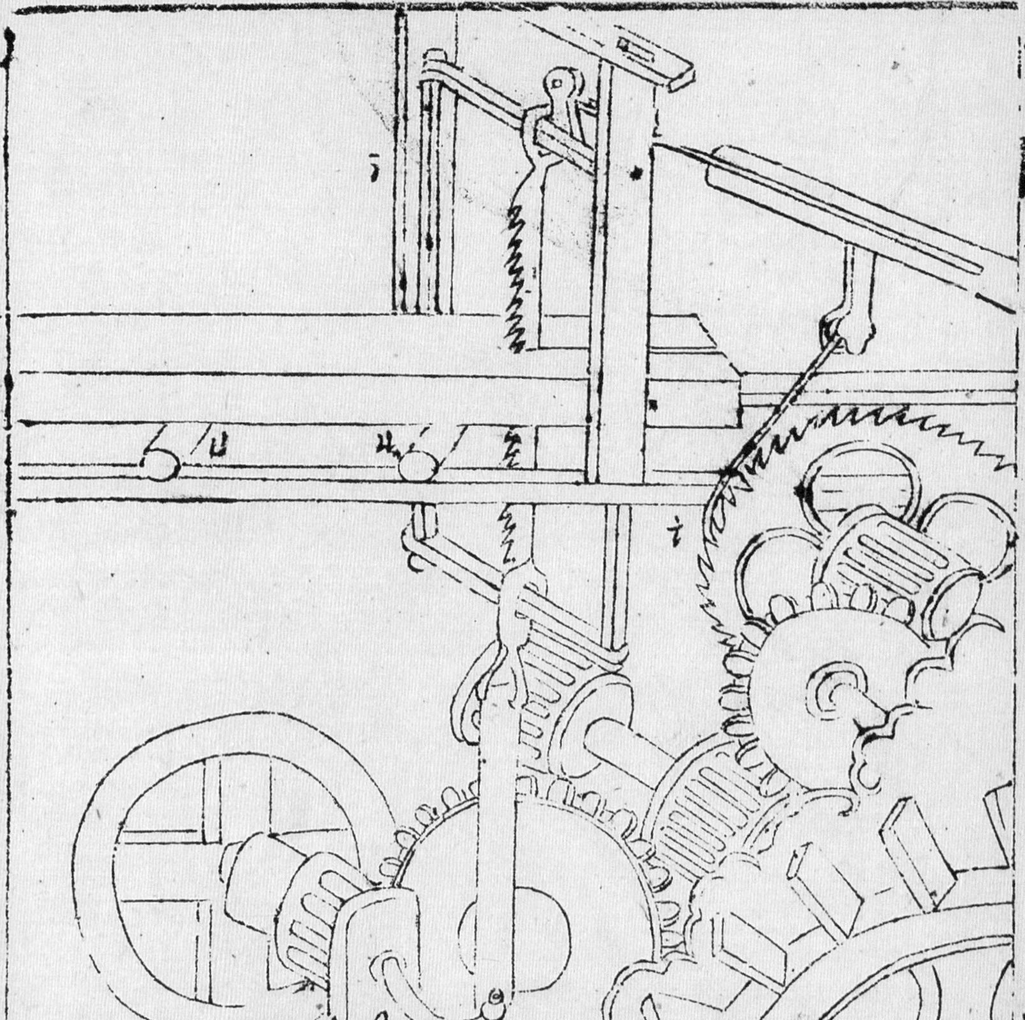

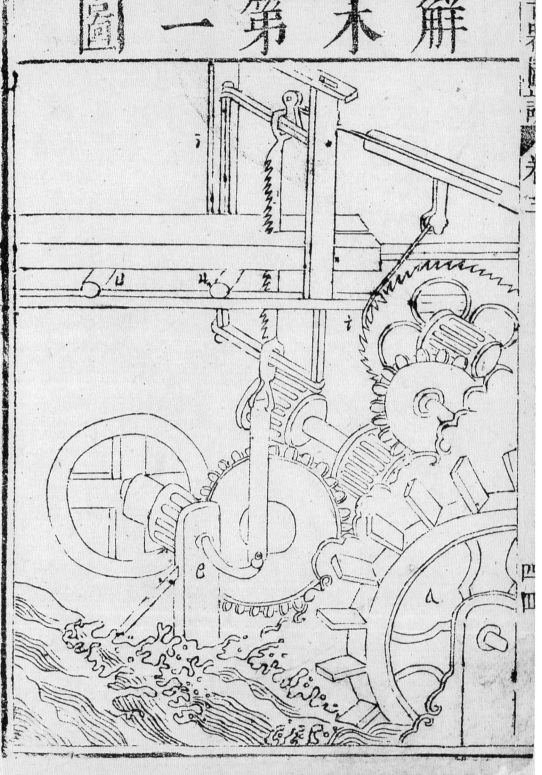

解木

說

第一圖說

先爲水輪。並架。如a。水輪軸。一端出架外。連以曲拐。如e。曲拐之上。連有立鐵杆。兩頭有環。下端環貫曲拐之末。上端環貫鋸之下檔木上。鋸齒居中。兩旁連檔立柱。則各上下兩立槽中。如之。外水輪轉。則曲拐一上一下。而鋸齒亦隨之一上一下矣。此解法也。但能使木來就鋸。則其中尤有巧法。須細詳之。蓋木置架上。架兩頭。有四立柱之夾木。如〇。架又總安一長槽中。下有小圓棍木數個。如ㄦ。木之末解左端盡處。有索繫于架下斜齒鐵輪之軸。如ㄑ。旁有長杆。尖頭有鐵叉。以起斜齒之齒。如ㄅ者。則又定在遠旁大轉木之下端。如ㄈ。大轉木上端。有小杆。亦斜連于鋸下檔之下。如ㄗ。鋸一上。則帶轉木上端小杆亦上轉。木亦必少少斜轉。而上有鐵叉之長杆。勢必起一斜齒。而自出其上矣。鋸一下轉。木亦必少少斜轉而下。則又杆又入第二齒下

矣。以此起齒。即以此纒軸之索。故木自來就鋸
也。又恐斜輪齒。上而復回。則又以短又小鐵杆。
繫隨而疾阻之。如七。此皆微機。妙不容言。

第二圖

說

第二圖說

先爲立柱架。安大水輪。如厶。水輪同軸。另安有齒之輪。如乚。一邊齒轉燈輪。燈輪助以飛輪。如乚。飛輪與燈輪同軸。軸之一端。有鐵曲拐。上連曳鋸之木。如○。又水輪有齒之輪。一邊轉小燈輪。同軸。又有小燈輪。遞轉。旁安有齒小輪。如几。有齒小輪遞轉上小燈輪。小燈輪同軸。有鋸齒鐵輪。如乚。鋸齒鐵輪之軸。則絷轉木就鋸之案者也。其鋸齒勿回之又。則以鋸上端之木。旁繫而上下之。如乚。與第一圖。略相同。

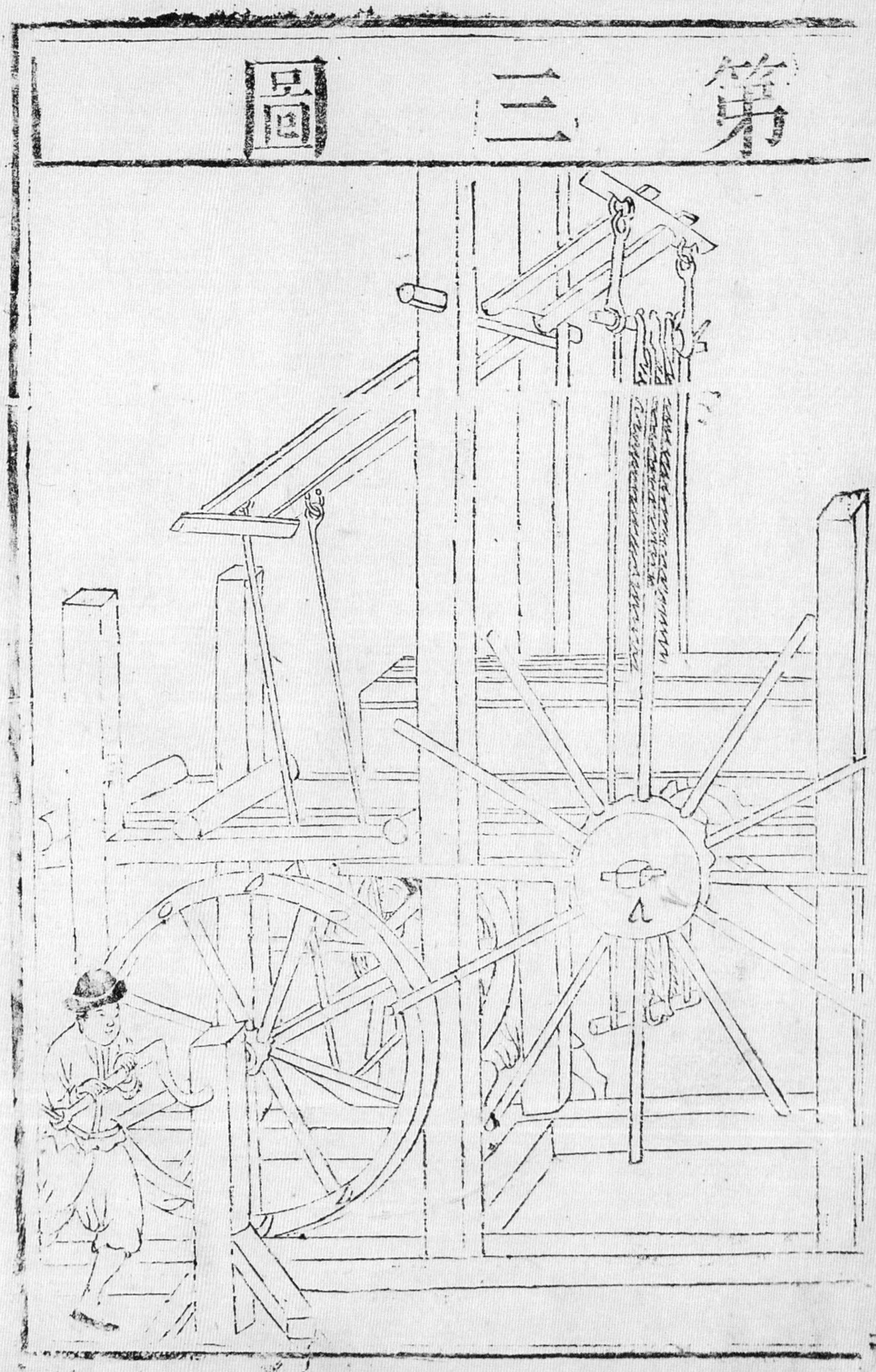
第三圖

説

第三圖説

安鋸置木之架。圖自分明。不細贅。惟是架中兩旁。各有長輻條之大輪。如ム。其輻條盡頭。須各挨入人攪大輪之輞。少許。使人攪輪上旁安之小木樁。易掛轉也。兩輪通爲一軸。軸纏轉木之索。使木來就鋸。其人攪兩輪。亦通貫一軸。但軸之中。作曲鐵拐。貫兩長鐵杆。直貫于轉鋸上下之長横梁上。如ㄈ。兩軸外。各安曲柄相對。兩人攪之。鋸自可轉。而每輪一周。木樁可轉。一輻條木。亦自來就鋸也。

第四圖

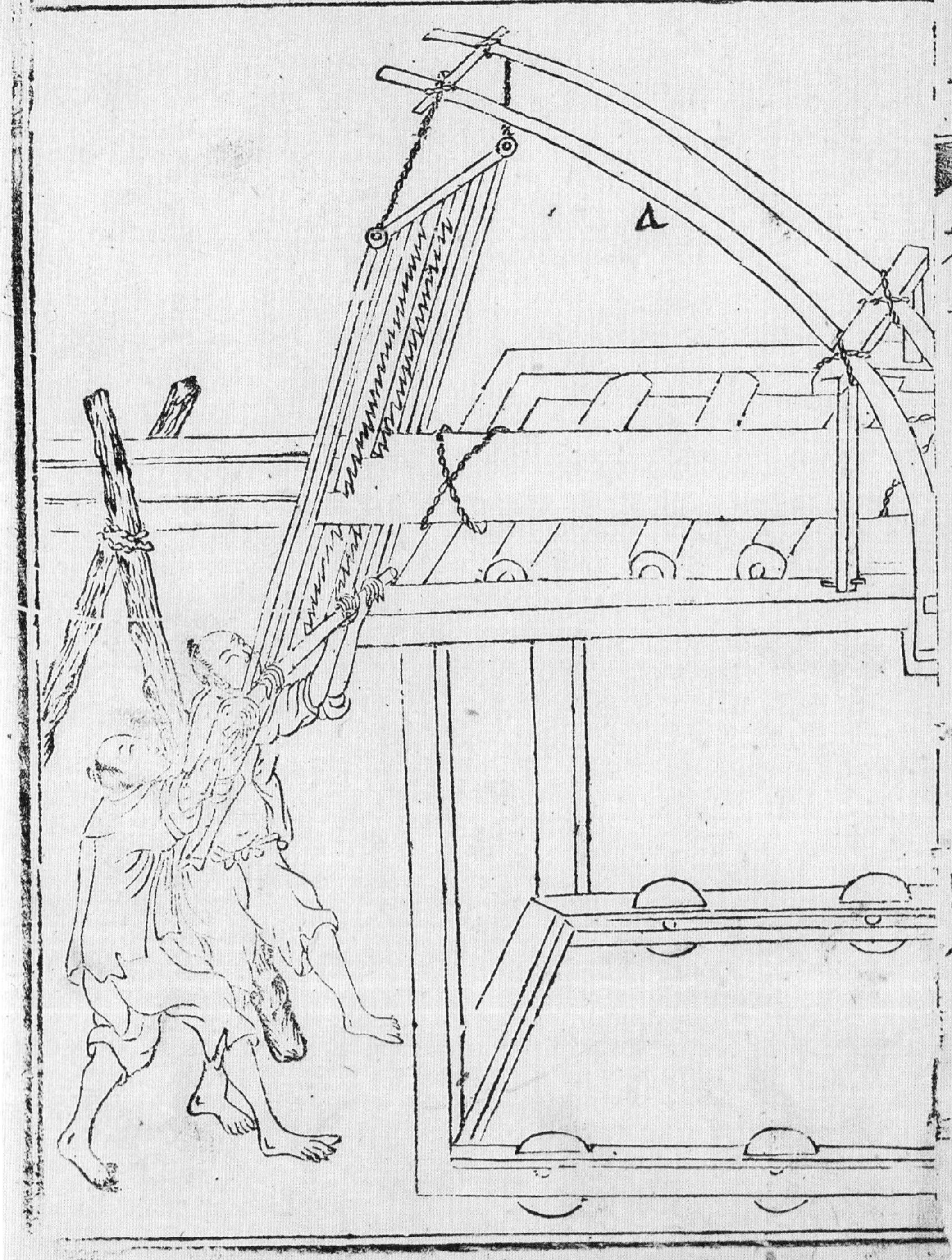

第四圖說

說

解法用人如常。第架上後端立兩有力之竹弓。

如乙則省人力多多矣。覽圖自明。無容多解。

解石之圖

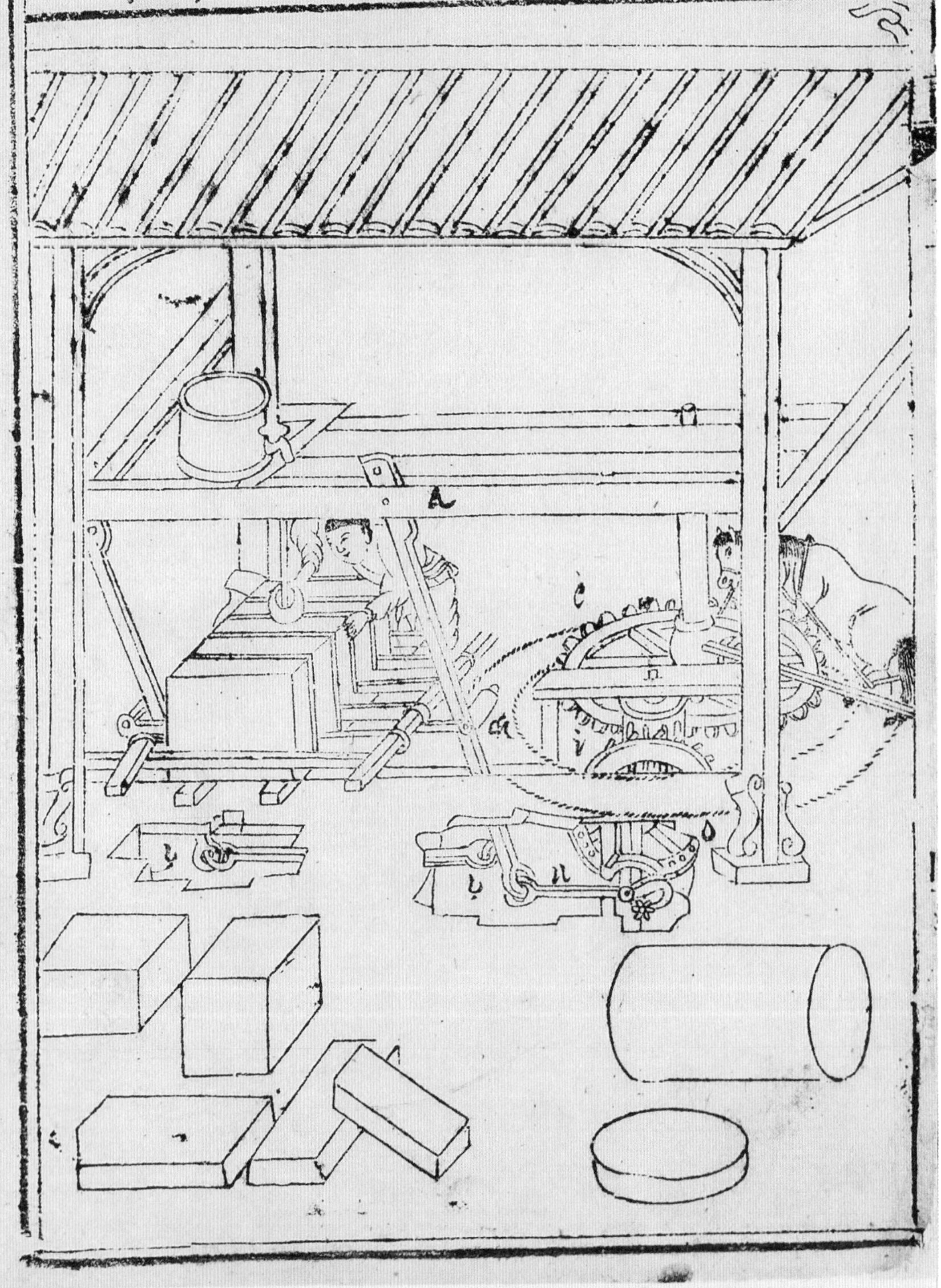

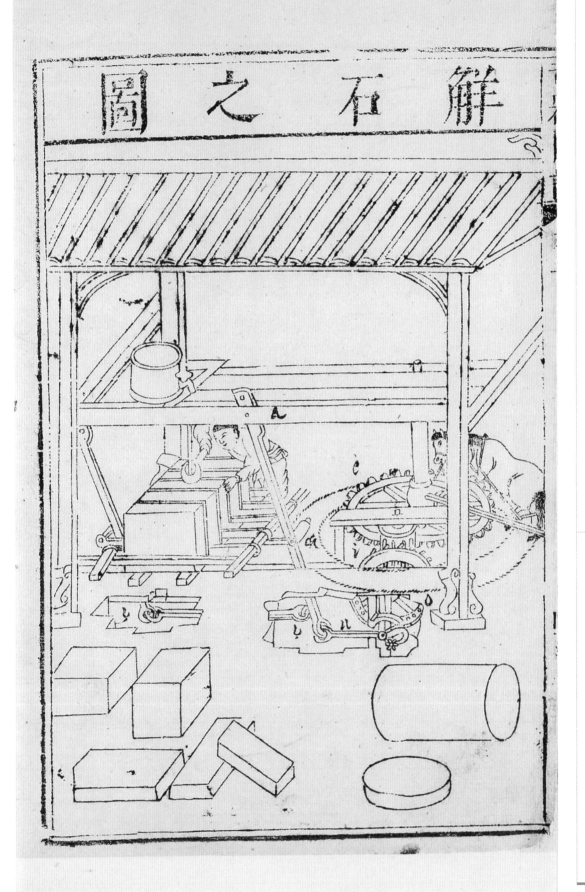

解石圖說

解石

說

假如有石欲解成幾板則有架如○于架近一頭處安立軸上安有齒平輪如○平輪轉旁燈輪如○燈輪又轉小立輪上如○小立輪軸外有曲拐如○曲拐之端貫直鐵杆兩端有環如○一端環貫曲拐之末一端之環則貫曳鋸之長木杆下端長木杆上端有軸可轉木杆立貫鋸子兩頭活滑車槽轆中如○鋸或二或三俱精鐵爲之第無齒耳兩曳鋸長木杆下端連以鐵杆兩端有環如○以一馬轉立軸平輪則曲拐往來鋸自行矣

轉碓

之圖

轉碓圖說

轉碓

說

先為架。安碓。或一。或二。或三。或四。如乙。下各設臼承之。如ℓ。次為飛輪。中大外小。共三輪。如ᒐ。飛輪長軸兩旁。各出架外。安曲柄。如Ꭴ。軸之兩旁。安小鐵樁。相錯上下。如以。其鐵樁相對。每碓各有擒碓枝之桔槔小杆。如卜。一碓兩碓。二人從一旁轉輪。則碓自然上下。如碓多。則兩旁兩人轉之自足也。

書架圖

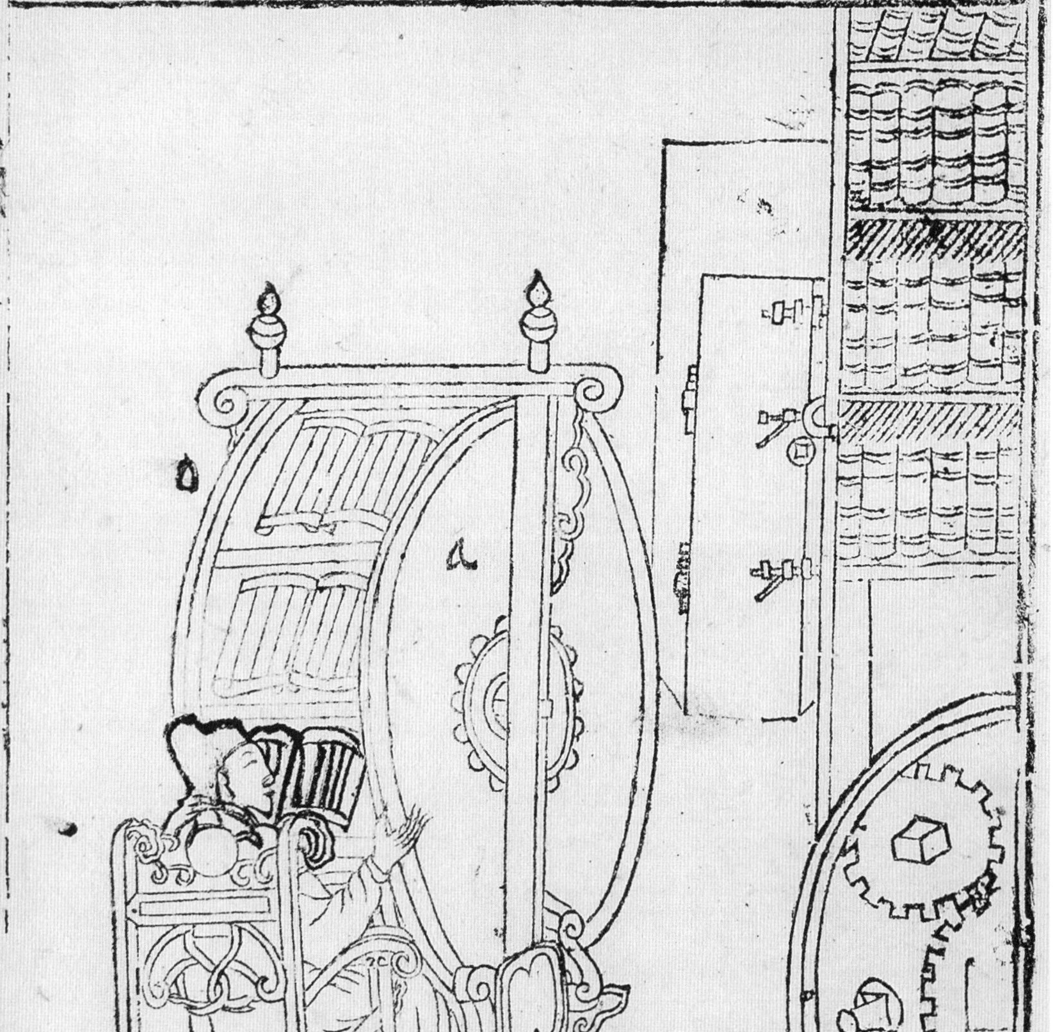

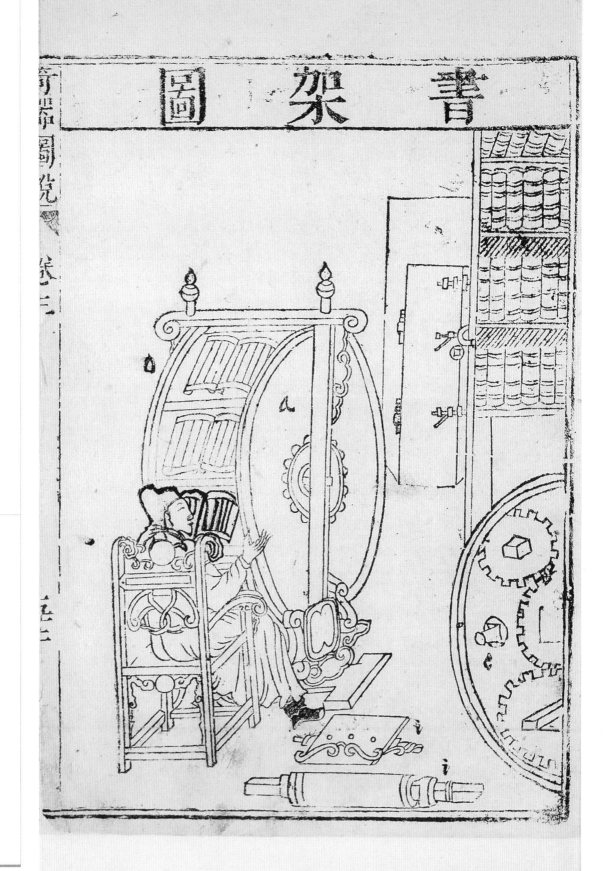

書架

説

先爲大輪外形同鼓廂如ㄑ。内爲有齒之輪。相等者。共九輪。八面各一。中央一輪。又于八輪之内各安相等八小輪。俱有齒。中央輪動則八小

書架圖説

輪自轉。而八大輪隨之。其詳旁有散圖如ℓ。其書。安置八大輪一旁軸上。有座。有軸。其詳。亦旁有散圖如乚。大輪安置架上。如○。欲木某書。大輪一轉。則某書自來就人。而餘書雖已轉過。仍

各上下自如。不隨輪。而顛倒也。

水日晷圖

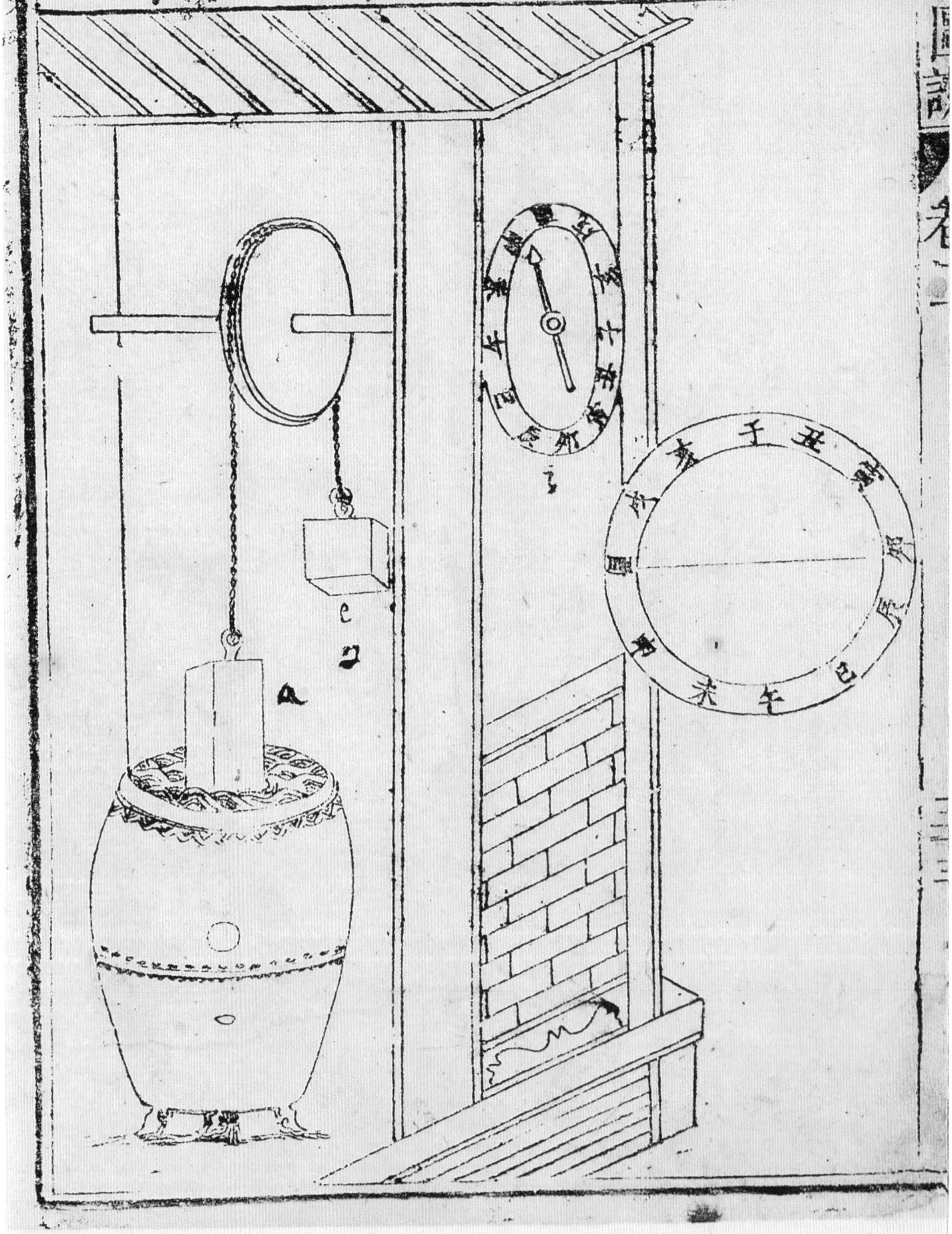

◎祖本《遠西奇器圖說録最》《新製諸器圖說》

水日晷說

日晷

說

先以小鋼承水。於底鑽一小孔。徐徐出水。上安小搰轆。長轉軸出墻外。搰轆上纏以索。下端繫重木。如a。然亦不必太重。上端繫小重。如e。墻外軸端定安日晷。如之。水徐徐下。則重木亦必徐徐下。而日晷以時轉矣。此省便法也。

代耕

之圖

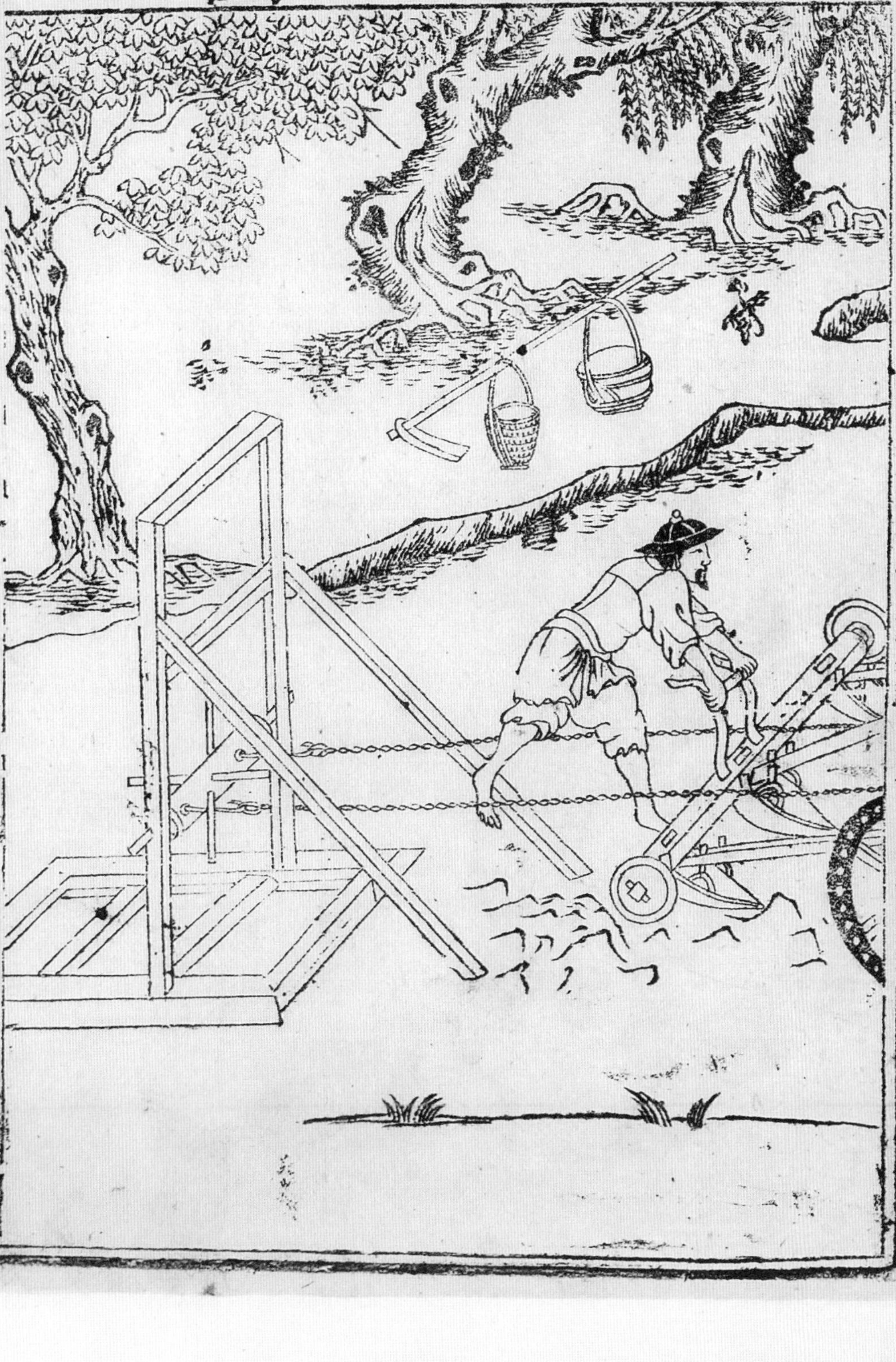

代耕圖說

代耕

說

先爲兩轆轤架如A。兩轆轤。係兩長索。貫犂其中如C。兩人遞轉轆轤之索。一人扶犂往來自可耕也。

嚮余在計部觀政時。曾以臆想作此。不期與此圖甚相合也。可謂先得我心之同然矣。

水銃第一圖

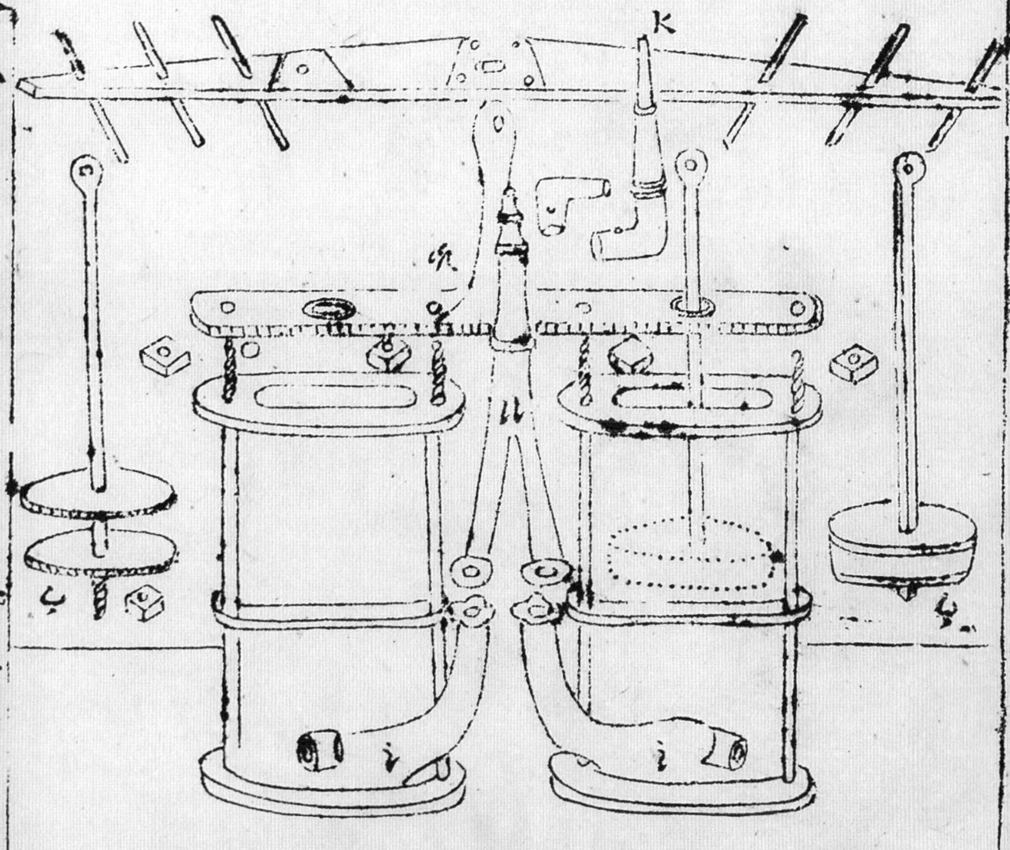

第二圖

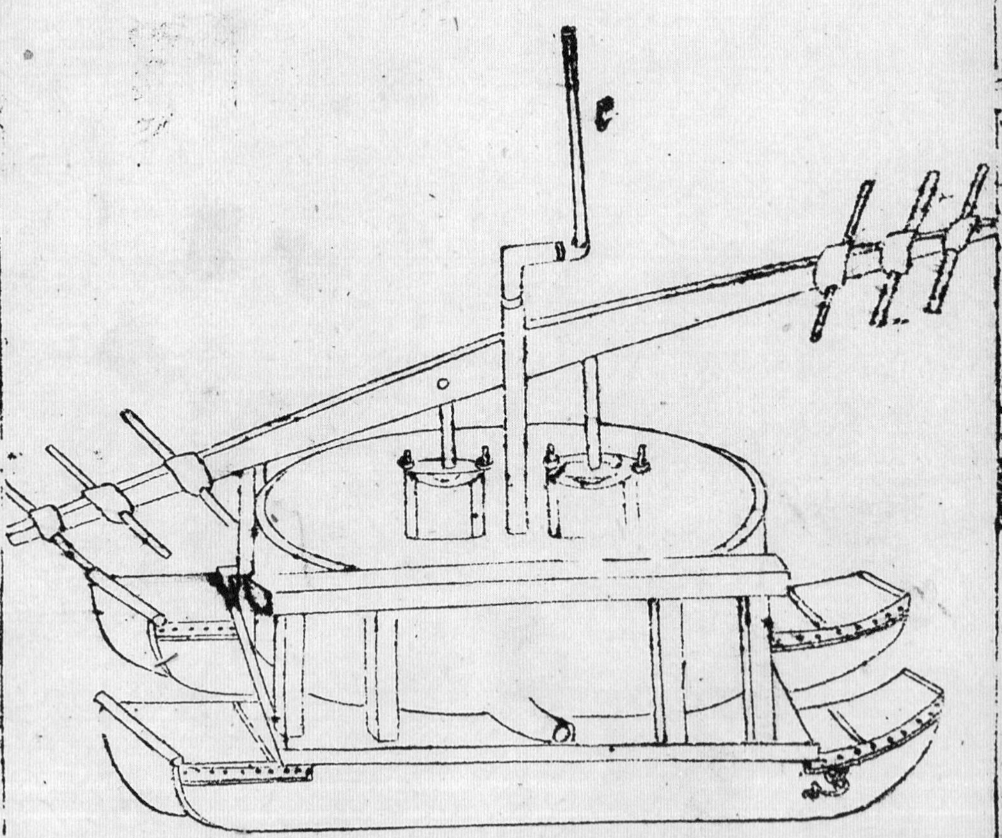

第三圖

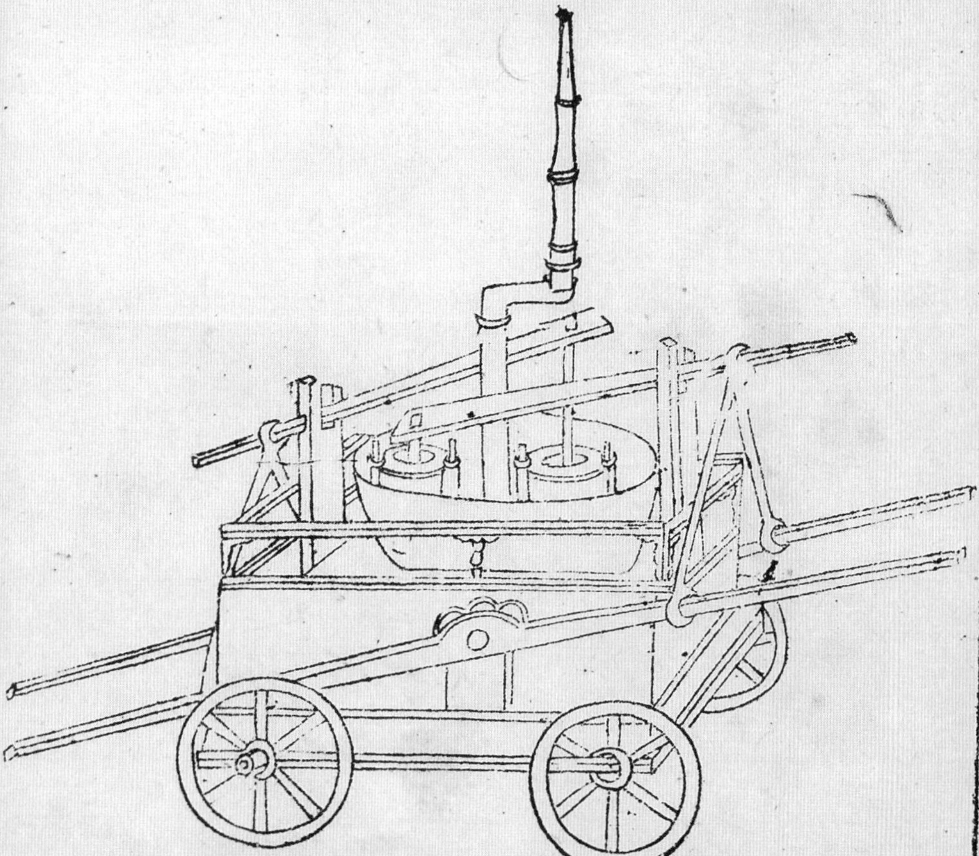

第四

之
圖

水銃圖說

水銃

圖凡二

說從散形圖爲之說者

先鑄兩銅筒如A。其容之廣從二寸或至十寸。任人意爲之其高少或一尺多或一尺有半內容務上下相等其底要最堅厚其氣眼如B。有轆或在旁或在底或在底旁少許但在底更便旁安管少彎曲向上如C各有小轆如E。上有兩叉總管如D緊壓合於兩彎管上無絲毫漏隙為則。藉其四個氣眼。入水處兩個彎管出入處兩個。另有梡二具。如其柄以鐵為之。其梡則銅。梡用兩層銅梡。周圍以滿銅筩之容為度。銅梡兩層。中間用鞕皮數層。擠實為則。兩銅筩。俱安一銅鍋內。要極穩。勿動為則。鍋底。要平。如無銅鍋。以大木桶亦可。於兩銅筩之上。安橫梁。如。兩旁中央。安兩鐵孔。是兩梡所由上下者。居中。有鐵天平立柱。其柱頂頭。有小轉軸眼。上橫安天平長木擔。於兩梡上下處。用環連於擔上兩端。多設平木樁。以便多人攀舉。又有直角小管。如K L 貫於總管出水上口之外。要最嚴密。又要可周旋轉動。使之四面八方去也。就中。有小圓槽。施以短釘。務令可轉而不可上。其必用槽用釘者。水力最大。不則衝之去矣。此管上。又有直角管。但其嘴少長於K L 爲P H。其長少。亦三尺。愈長。其出愈遠。但嘴必少弱於管身。爲出水之勢耳。直角長管。與短管相貫處。亦必用槽。用釘。如前法。此管則一人用手可轉。或上。或下。或正或斜。皆可向有火處施放之也。此器有二種。或定在一處。如第一圖。或用艜車無輪者。如第二圖。其法皆同。又有一種。其器同。但在有輪車上。不用橫梁。止用槓子天平。如第三圖。任人意消詳作之耳。其運水之法。排定多人。人人可接遞皮袋之水。至於盛筒鍋內。周轉無窮。必用皮袋運水者。視他器便且不破壞耳。

此水銃可以滅火。可以禦火。可以防火。乃新有之器。其能力最便最大。最奇。諸器所難比其功用者也。蓋倉卒之際。火力正勝。人不可近。但有此器。則五六人可代數百人之用。又不空費一滴之水。不拘多高多遠。皆可立到。有似大雨噴空。無處不霑。不但可滅已燃之火。仍可預阻未燃之火。況有圖有說。作此不難。工力價值。且不甚費。凡城邑村坊。悉當置此二三具。其於捍患禦災。最有裨也。已作小様試之。良驗。有志於仁民者。其尚廣為傳造焉。

新製諸器圖説一卷

◎

〔明〕王徵撰

明崇禎元年（一六二八）武位中刻本

新製諸器圖小序

覽史披牒驚擯澤帝化人奇肱巧犯棘傳僅從揭耳人

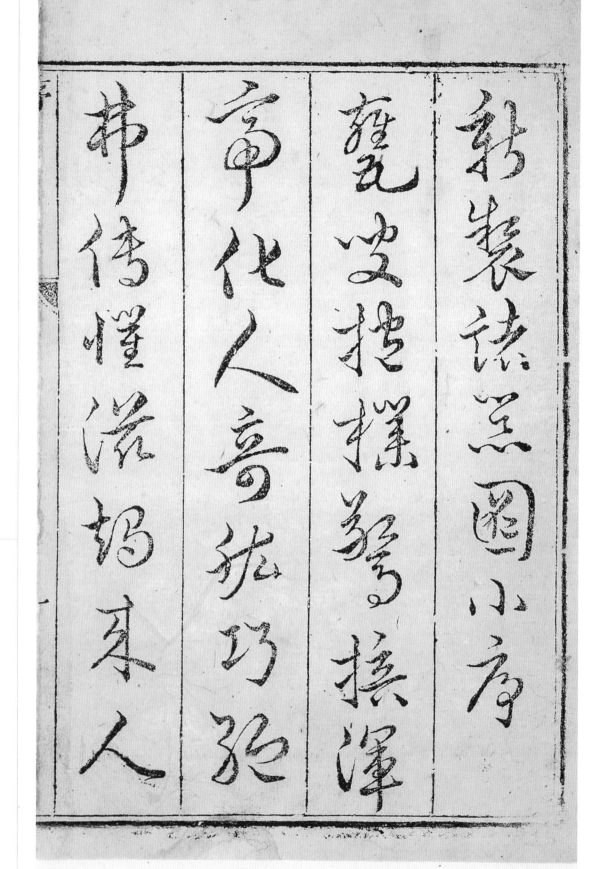

以之幼耳於人心之幼
浅多弥難方物為而
苦殘破斷之知而民
生日用之學漸多種

捷於便之法，然為渾
汲田通以於千萬家
第以意旨亦甚少拘
晚從大圖搆、庶運精

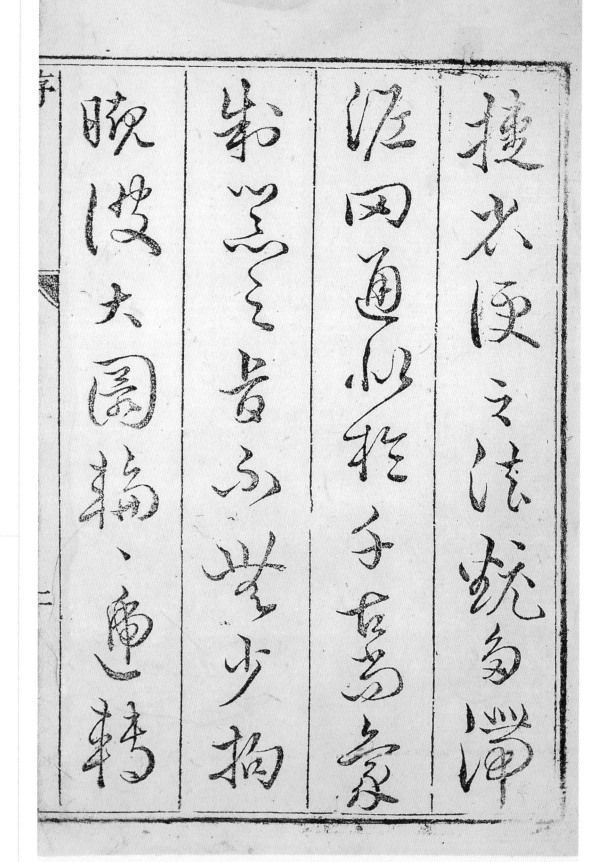

亟一繹以自騐晴雨

家之更新而能為之

物、未詳多稱圖德

無為以作思之未敎

謂將甚民生日用之
已嘗為之試為未
嘗為像至必可行者
強集為圖為說曰

序　三

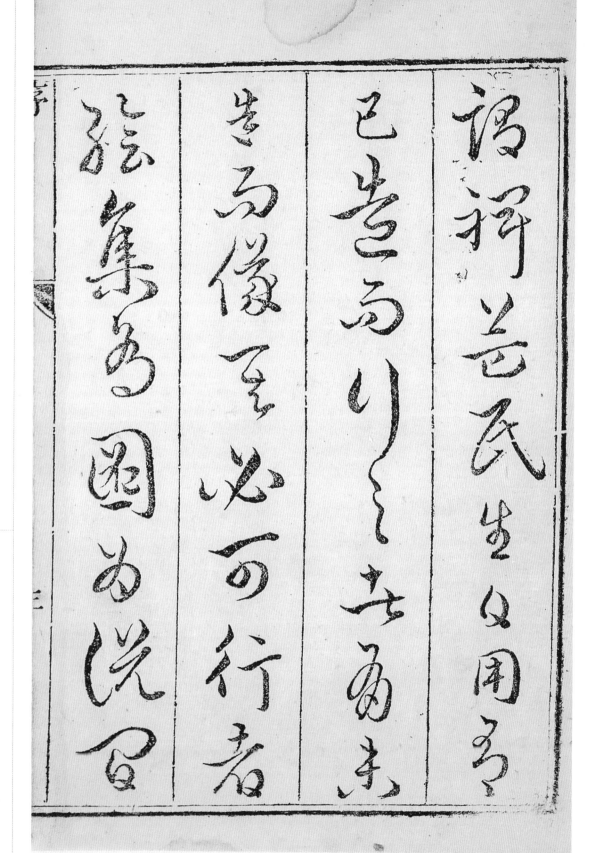

為之歎自顧又嘲而淺
之以為民至也自書風
要之法耜手從地耳
及用小力可運既重之器

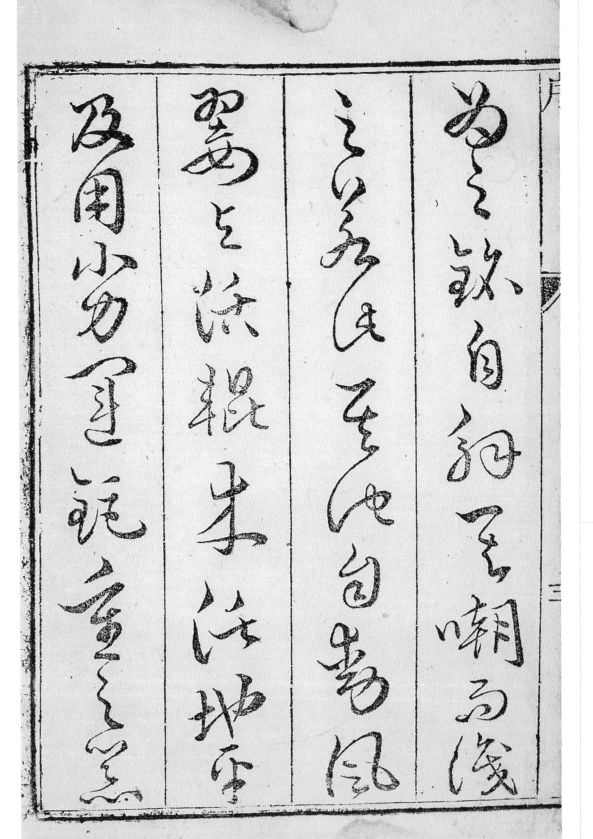

尚有多種爲其無關
民生日用甚急也故
不具載　時
天啓六年冬吉人

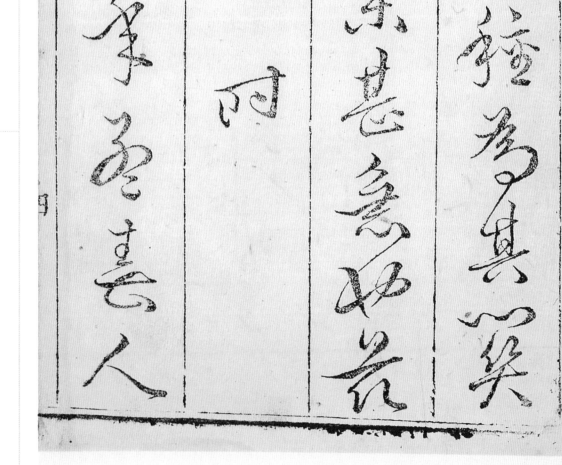

以了一道人王徵敘

屬下吏武位中頓首書

新製諸器圖說

關西王　徵　著

金陵武位中較梓

引水之器二圖說引

田高水下。若難逆灌。爰制引器。用利高田。厥器凡二。一名虹吸。一名鶴飲。虹吸引之既通。不假人力。而晝夜自常運矣。鶴飲雖用人運。然視他水器。則猶力省。而功倍焉。矧其制簡易。尤便作者。故並圖說之如左。

虹吸圖

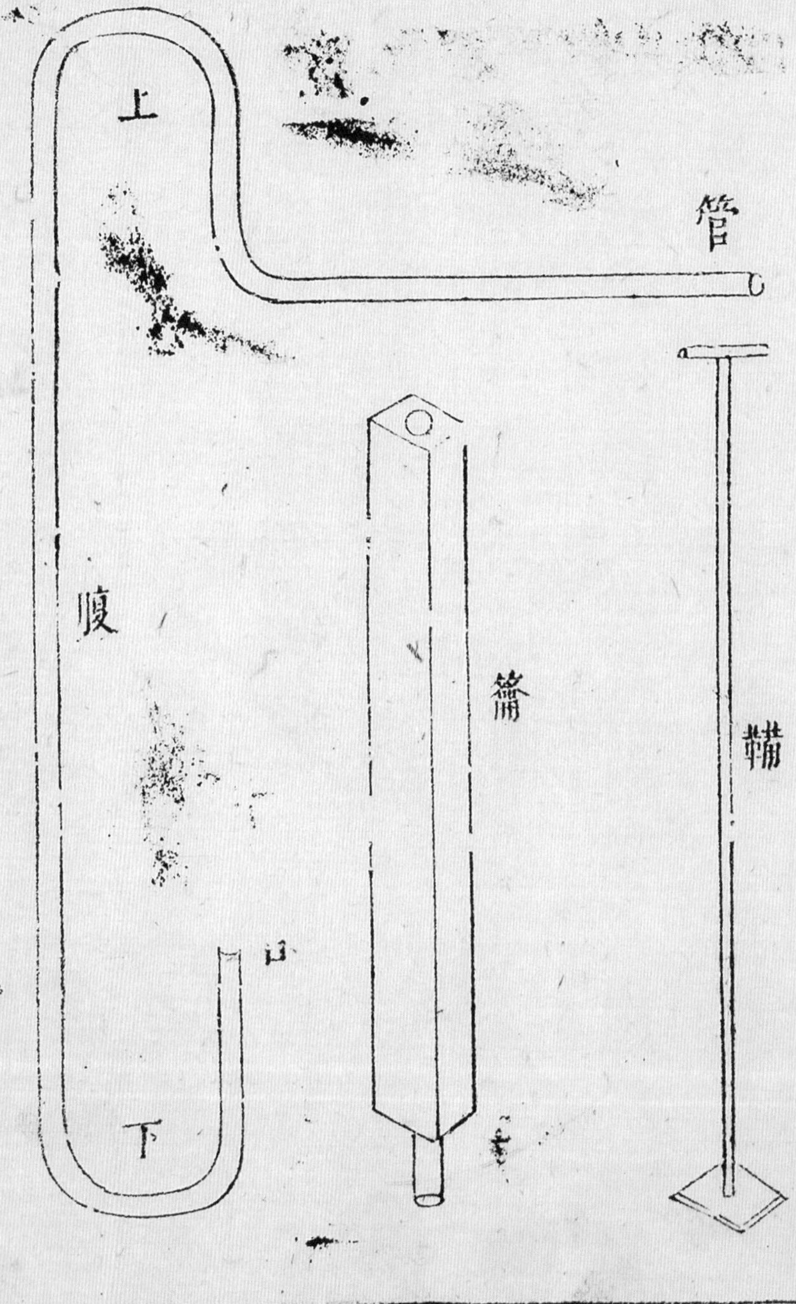

虹吸圖說

刳木爲筩。筩之容。或方。或圜。圜徑寸。方徑不及寸者。分之二。母薜。母暴。母齘。筩之長無定度。竑井及泉以爲度。筩之下端。横曲尺有二寸而爲之戶。戶迤而上。高數寸。戶之容。弱於腹之容。惟防。戶之內有舌。開闔咸速。而無倚於圜。筩之上端。出井及尋。横曲二尺有奇。迤垂。垂四尺奇迤而下。長及常。而爲之管。管視筩之腹。惟窓。筩之曲。若審。惟樸屬爲良。筩之圜內以寸。緄縢之斂以油灰之齊。膣塗其郤。姘俾針芒之或耗。筒兩端有蔡相以施約無纇無杌而止。管入以籥。惟嚴。假鞲鼓之度。水衝於管。遁捎其籥。則霤吐如趵突也。以終古。

薜。破裂也。暴。墳起不堅緻也。齘。切齒怒。亦偪窄之意。玆。量也。阞。謂三分之一。八尺曰尋。倍尋曰常。窾。小孔也。竄。兩木交湊處。樸屬。附着堅固也。緄。繩也。縢。約束也。斂。塞也。齊。與劑同。膣。厚也。纇。壞。杌。動也。遁。逃也。捎。除去也。泉水之上出者曰趵突。

銘

爾躬匪梴。爾腹淵然。一氣孔宣。厥潠斯泉。載沃載漣。惠我甾田。祝爾萬年。

字音

薜。卜華反。暴。音剝。齗。音趡。阞。音勒。怨。音遠。歛。音聶。腛。音屋。甗。音各。捎。音蕭。梴。音延。甾。音句。

鶴飲圖

◎祖本《遠西奇器圖説録最》《新製諸器圖説》

鶴飲圖說

爲長槽。或以巨竹。或以木。其長無度。称水淺深以爲度。尾殺於首三之一。首施戽。惟樸屬爲戽。戽之容。則以毃。戽醫。施木刀。如棹末之制。俾與水無忤。中其槽。設兩耳。函軸。廻於岸側。旁兩楹高地僅尺。俾毋杌。楹之巔。對設以軹。貫軸其中。惟活。昂其尾。入之戽也。水滿則首一昂而流之奔於槽外也。其孰禦。視桔槔之功。挈無虛而捷也。可省夫力。十之五。

耳。水耳。所以盛水者也。斛受一斗二升。隊。謂下面覆處。畓。樹立也。楹。柱也。軹。小穿也。

銘

冽彼下泉。澤茂及畝。爾耆爾力。遑恤濡首。載沉載浮。爰唫爰嘔。吁嗟。爾云勞矣。匪爾之勞。誰其長此禾黍。

字音

隊。徒門反。畓。音慫。

轉磑之器三圖說引

磑。必須物也。每嘆人畜用力甚艱。爰制三器。代以節之。一名輪激。一名風動。一名自轉。輪激雖用一人撥轉。然坐運可無太勞。且疾視常磑以倍。若風動自轉二器。則憑機自動。其不用人也。全矣。故僉圖說之如左。

輪激圖

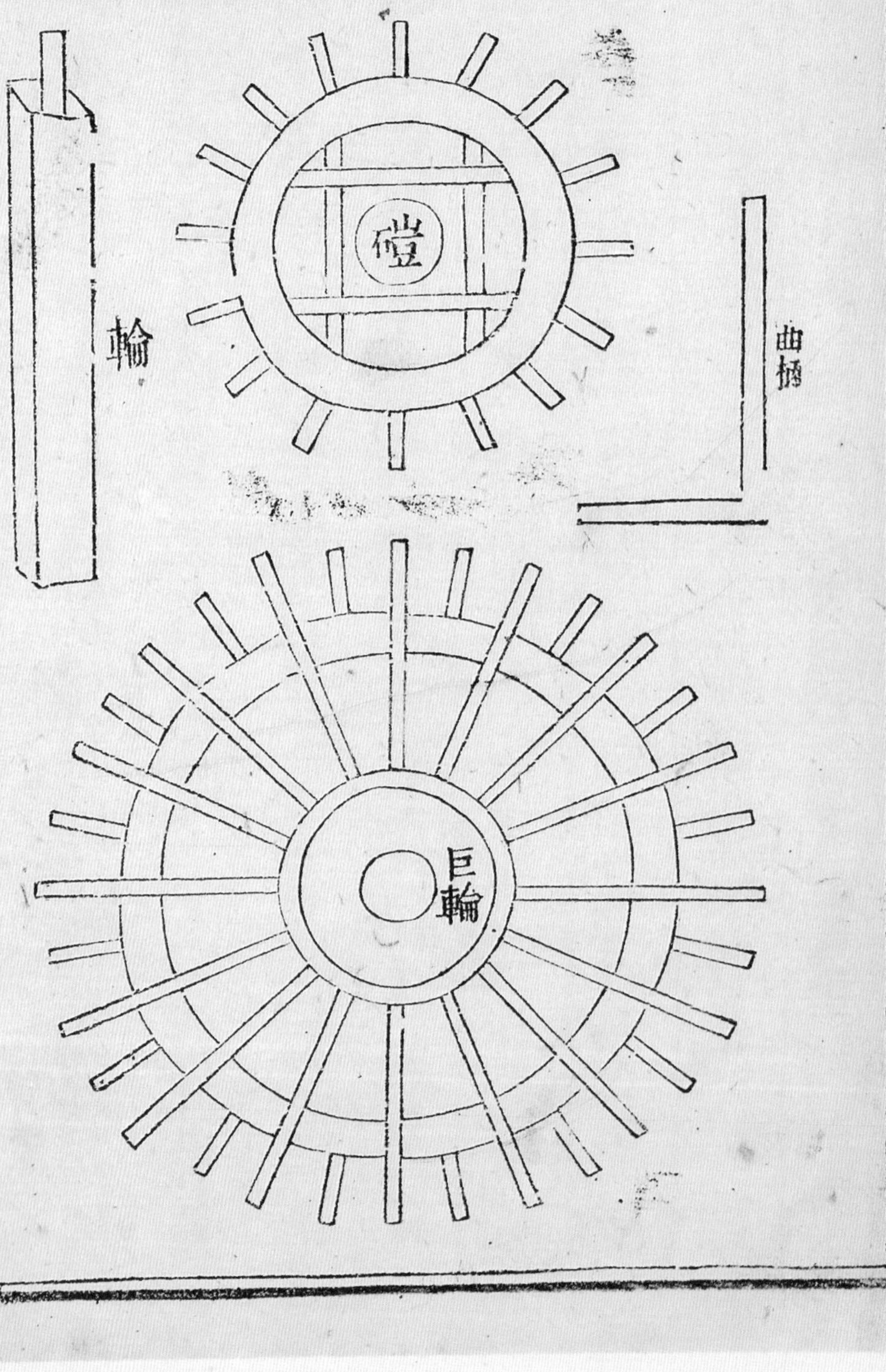

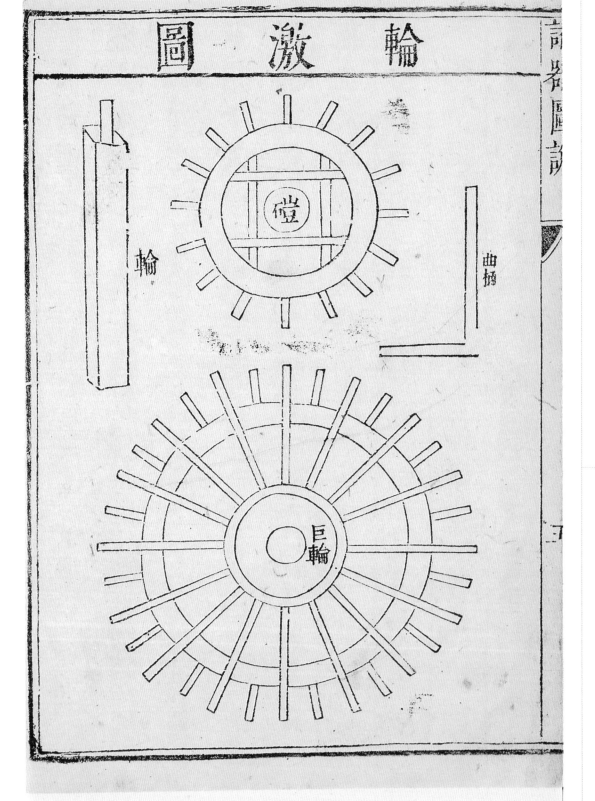

輪激圖說

爲巨輪一。徑六尺有奇。準川車。樸屬微至。如其制。轉亦準。獨牙之外施齒。或金。或木。惟堅。齒殺其末。長五寸。間同之。轂外端施曲柄一。六分其巨輪之崇。捎三以爲小輪之徑。厥牙少弱於巨輪。齒與間。則視巨輪莫二。無轂無輻。爲井木施磑周。函之。無杌。無反。磑盤之側。坎其地爲捎穴。立縣巨輪其中。以半。期利轉無閡而止。巨輪齒。與磑周輪齒之相親也。必一上一無爽。爲弔。一人坐運。約省夫力十之九。

微至。至地者微也。輪圓乃能若是。轉。軸也。牙。讀作迓。謂輪輮也。或又謂之罔。殺其末。謂衰小之也。間。兩齒相離之中也。揹二。除去六分中之三分也。叉叉。側意。坎陷也。搞。長圓孔也。

弔。精至之名。

銘

操獨柄者。人耶。逝相親者。輪耶。居重馭輕。覿磨而化者。其無垠耶。

字音

韡音衛

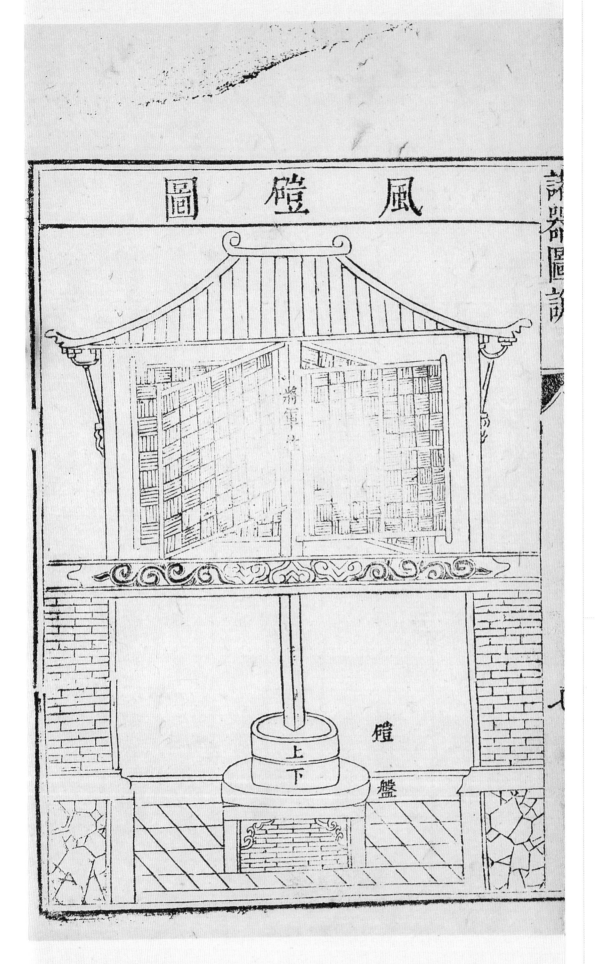

風磑圖

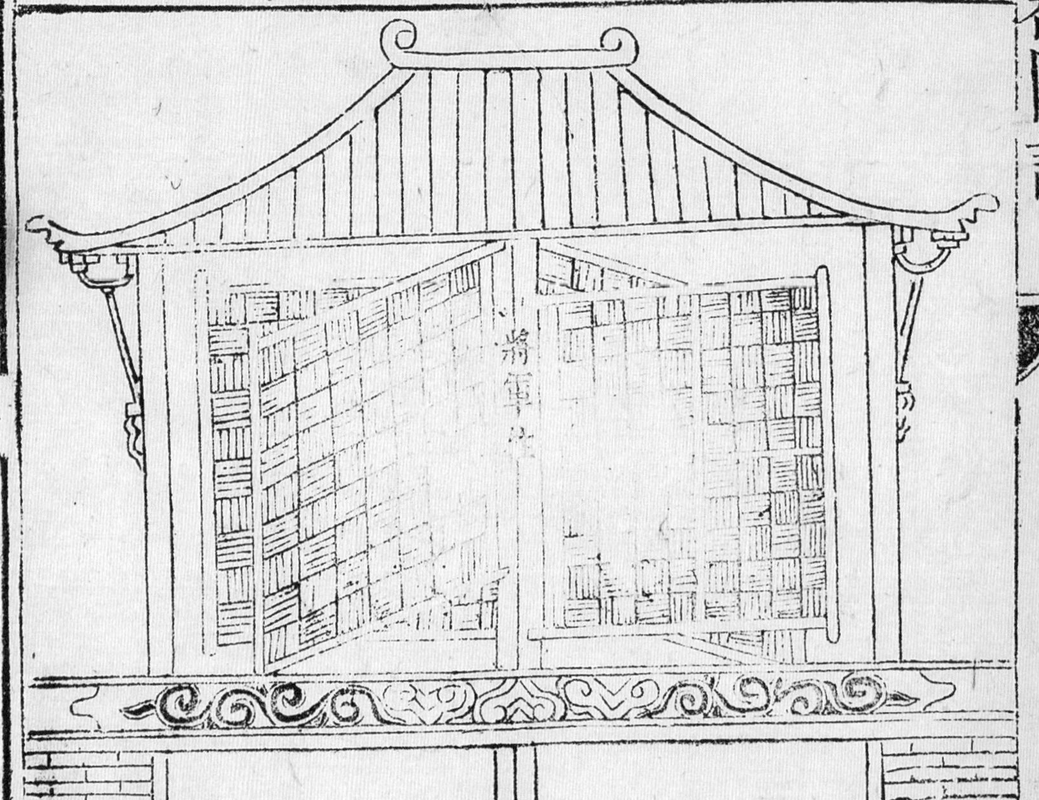

風磑圖說

爲層樓一座。上七下八。方徑各長丈有三尺。樓上層不圍。下層三面圍墻。一面門。樓下安磑以臺。臺高三尺。磑上扇中。鑿方孔。深三寸。用安將軍柱下端。將軍柱。長丈有二尺。上端安鐵鑽。俗所謂六角六面是也。其尖入上横梁。横梁當四方之最中處。安鐵窠。窠即爲柱尖入處。柱下端。爲方柄。相磑上扇中所鑿方孔爲之。將軍柱從樓板中央貫上。直至横梁。横梁下尺許以下。樓

諸器圖說

板上尺許以上。始安風扇。風扇凡四。每扇。横長六尺。上下五尺。堅木爲框。中加十字木棖。一面用箔障之。邊皆以索連之框上。先於將軍柱樓板上尺許以上。横梁下。尺許以下。安夾風扇木輪二。各厚尺許。周圍除安將軍柱外。寬仍尺許。各十字鑿五寸深槽。槽視風扇框厚薄爲之。風扇入槽以裏。仍兩端爲孔安上。即用索緊束柱上。勿令活動爲則。風扇。可卸。可安。樓之製照尋常。燈亦尋常用者。無他謬巧。止借風力。省人畜之力云耳。此蓋西海金四表先生所傳。而余想像損益圖說之若此。觀者。肯廣爲傳製。或於民生日用。不無小補云。

自行磨

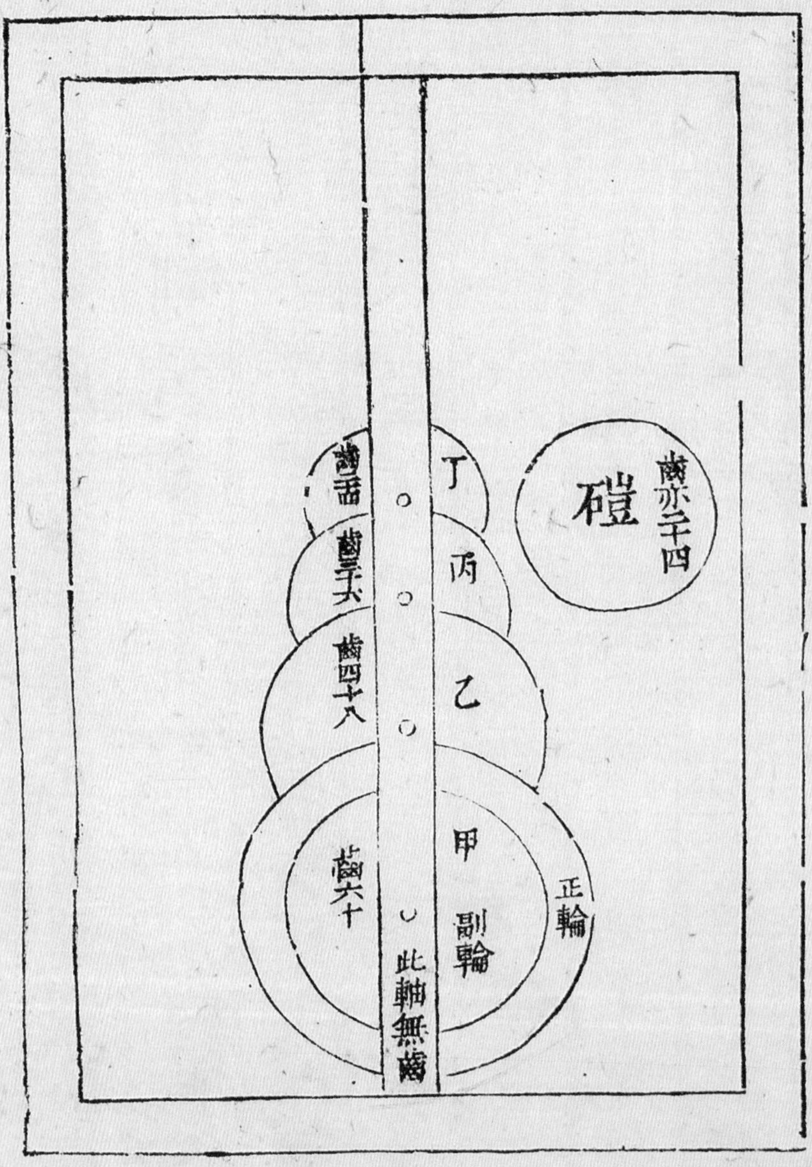

準自鳴鐘推作自行磨圖說

先以堅木。爲夾輪柱二根。厚四寸。寬六寸。高覛輪爲度。輪凡四。名之甲。乙。丙。丁。甲輪之齒。凡六十。乙齒四十八。丙齒三十六。丁之齒。則二十四。與體周輪齒相對。乙丙丁之軸。皆有齒。數皆六。甲輪軸則獨無齒。然有副輪。徑弱於正輪者。尺有五。副輪者。貫索而垂重。所以轉諸輪。因而轉其磨者也。而轉副輪。則又另有一機。其垂而下也。與正輪同體而下。其上也則副輪轉。而正輪分毫無掛。且其轉上之法甚活。婦人女子可轉也。此爲全體。輪架安定。旁安其磨。磨上扇。周施齒如丁輪。但與丁輪齒相間無忤。則磨行矣。凡甲輪轉一周。可磨麥一石。若索可垂深數轉。則又不止一石而已。第作此覺難。非富厚家不能如止用兩輪。則輕便殊甚。是在智者。自消詳焉。

自行車

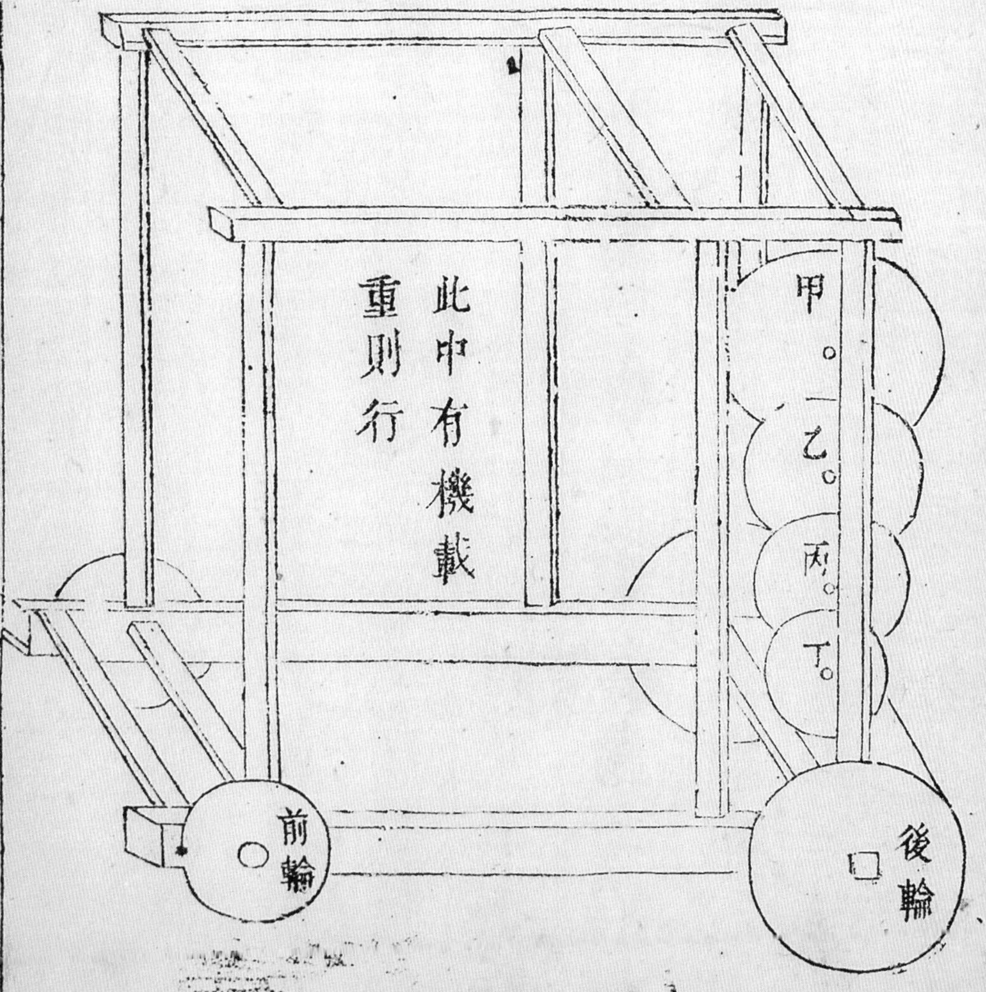

準自鳴鐘推作自行車圖說

車之行地者。輪凡四。前兩輪各自有軸。軸無齒。後兩輪高於前輪一倍。共一軸。輪死軸上。軸中有齒六。皆堅鐵爲之。即於軸齒之上懸安催輪。凡四。名之甲。乙。丙。丁。丁齒二十四。丙三十六。乙四十八。甲六十。甲軸無齒。乙丙丁各軸皆有齒。齒皆六。甲輪以次相催而丁。催軸齒。則車行矣。其甲輪之所以能動者。惟有一機承重。愈重愈行之速。無重。則反不能動也。重之力盡。則復有一機。斡之而上。儻遇不平難進之地。另有半輪催杆催之。若所稱流馬也者。其機難以盡筆。總之無木牛之名。而有木牛之實。用或以乘人。或以運重。人與重。正其催行之機云耳。曾製小樣。能自行三丈。若作大者。可行三里。如依其法。重力再盡。復斡而上。則其行。當無量也。此車必已授輪人。始可作。故亦不能詳爲之說。而特記其大畧若此云。

輪壺圖

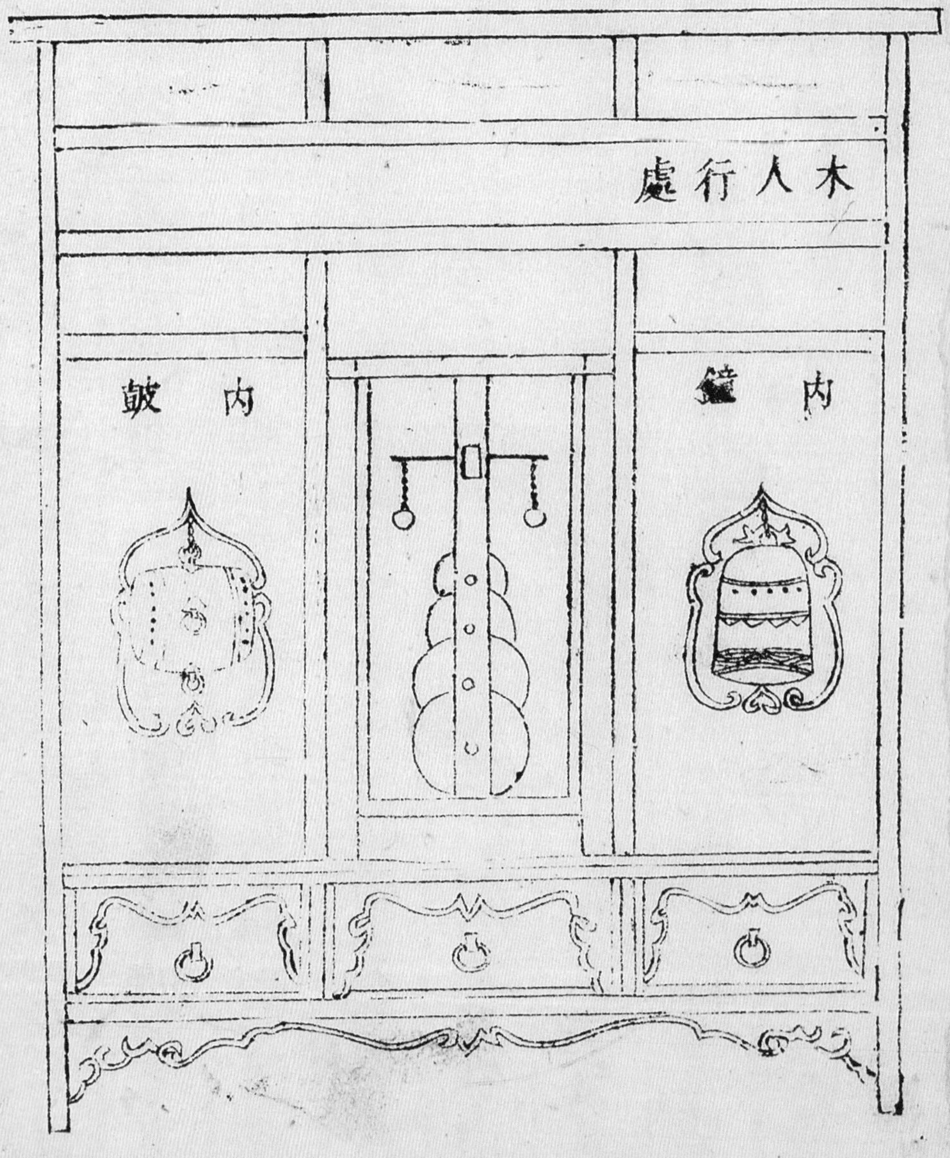

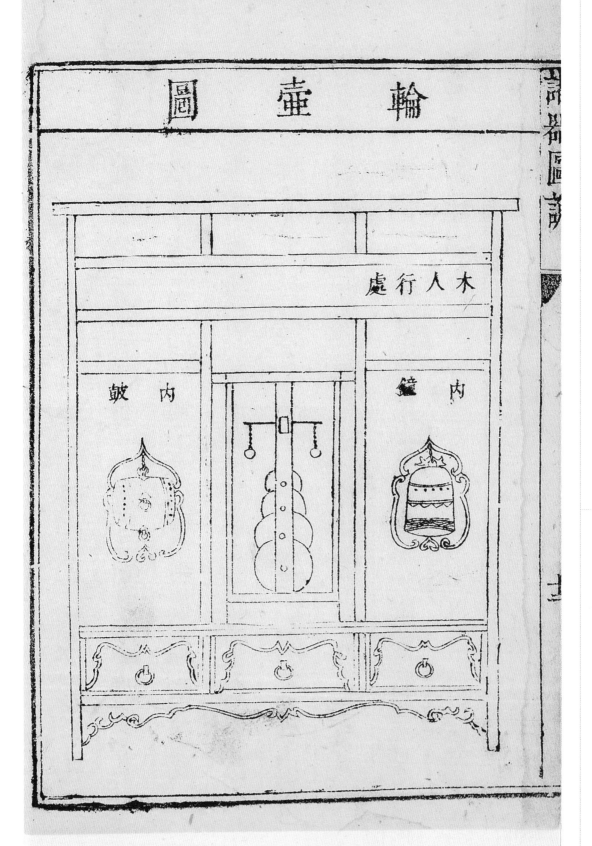

輪壺圖說

以文木爲櫃。櫃之製。上下兩層。上層高四寸。下層高二尺三寸。上層爲活蓋。中藏更漏。兩槽及各筒。用盛鉛彈。俱有機。其蓋前面掩上二寸內。藏十二時辰小牌。下二寸明露。容小木人於中。可自前行。應時撥動其牌。每時以示人也。木人之行。則機係於下層櫃中總輪之架。總輪之架。安櫃下層中央空處。外有門二扇。可開可闔。櫃寬長二尺六寸。側則各一尺二寸。其中央安輪架。空處寬可一尺。兩傍各八寸。一安鐘。一安鼓。門各從側面開閉。下層兩端。留二寸作足。以三寸作抽柜三個。即依中間一尺。兩傍各八寸爲之。其輪架之製。先爲兩鐵柱。以次遞安其輪。輪皆以精鐵爲之。首鋸齒小輪爲丁。次丙輪。次乙輪。次甲輪。甲之齒。六十。乙齒四十八。丙齒三十六。乃乙丙丁三輪之軸之齒。則均用六數。不多也。甲軸獨無齒。然有索。直上貫於木人之足。而以鉛重垂而下墜。所爲轉木人之總樞也。甲動催乙。乙催丙。丙催丁。而丁之所催者。則另有十字。分左分右之撥齒。蓋諸輪遞催。轉行甚速。而撥齒於中。一似左推右阻。故使之遲遲其行者。此微機也。輪壺之妙。全在於此。此難悉以筆楮。亦未可盡圖繪。至兩傍鼓鐘安置之法。與夫更漏遞自傳報之法。皆有機爲連絡。亦俱未便圖說。總之此壺作用。全在於輪。輪則轉動。木人木人因而自行擊鼓報時。又能帶動諸機。時至則播鼓撞鐘。又能按更按點。一一自報分明。不似昔人所爲懸牟餓馬。不甚清楚也。此於明時。惜陰。二義。或者不無少補。比之璇璣刻漏銅壺之製。似亦易作。嚮曾製一具在都中。見者多人。嘗亦詠其匪妄也。

銘

泰圓轂轉。坱軋無垠。兩輪遞運。萬象更新。睠彼晝夜。終古相因。流光難追。往哲競辰。嗟予小子。歲月空淪。爰製斯器。寸陰是珍。義取叶壺。名被以輪。韞櫝而藏。靜遠囂塵。應時傳響。發若有神。

斡旋元化。寄衍絲綸。屋漏有天。日月爲鄰。可襄七政。可利四民。可資整旅。可藉怡眞。能大能小。觸類引伸。晦明風雨。天路永遵。考鐘伐鼓。晷漏畢陳。聞聲動念。警我因循。銘之座右。蚤夜惟寅。

代耕圖

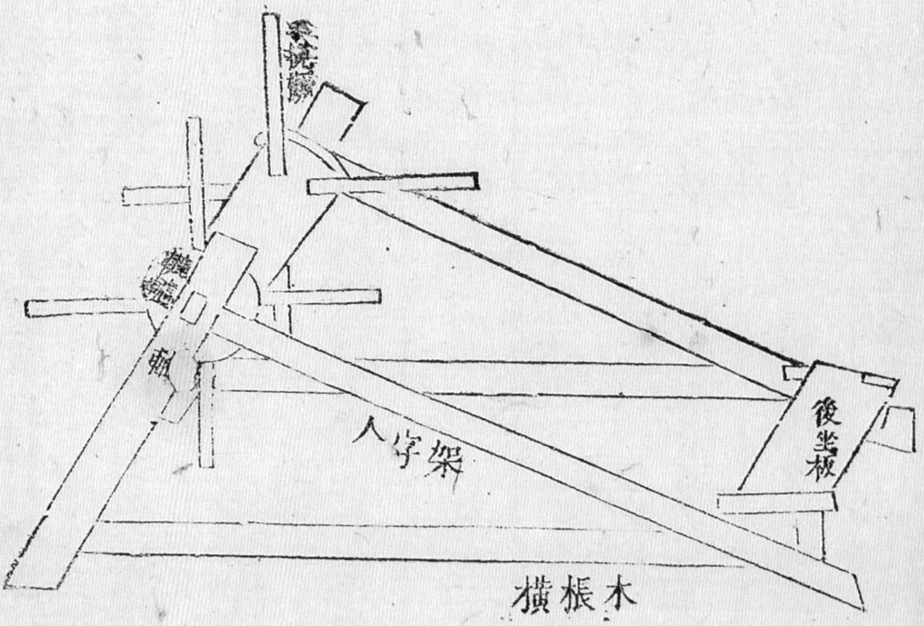

代耕圖說

以堅木作轆轤二具。各徑六寸。長尺有六寸。空其中。兩端設軏。貫於軸。以利轉爲度。軸兩端爲方枘。入架木內。期無搖動。架木前寬後窄。前高後低。每邊兩枝。則前短而後長。長則三尺有奇。短止二尺三寸。兩枝相合。如人字樣。即於人字交合處。作方孔。安其軸。兩人字相合。安軸兩端。又於兩人字兩足。各橫安一根木。則架成矣。架之後長盡處。安橫桄。桄置兩立柱。長八寸。上平

鋪以寬板。便人坐而好用力耳。先於轆轤兩端
盡處。十字安木橛各長一尺有奇。其十字兩頭。
反以不對爲妙。轆轤中。纏以索。索長六丈。度六
丈之中。安一小鐵環。鐵環者。所以安犂之曳鉤
者也。兩轆轤兩人。對設於三丈之地。其索之兩
端。各係一轆轤中。而犂安鐵環之內。一人坐一
架。手挽其橛。則犂自行矣。遞相挽。亦遞相歇。雖
連扶犂者三人乎。而用力者。則止一人。且一人
一手之力。足敵兩牛。况坐而用力。往來自如。似

於田作。不無小補。此余在計部觀政時。承
松毓李老師之命而作。業已試之有效也者。故
圖之。因並記之若此。

新製連弩圖說引

聞昔武矦有連弩法。親授姜維。想當日木門道。萬弩齊發。射死魏大將張郃者。或即其製。迺其製。失傳久矣。近世有從地中掘得銅弩者。制作精細無比。今之工匠不能造。然特弩之機耳。而人輒以爲全弩也。故卒莫解其用。微愚偶得見之。嘆服古人。想頭神妙。如許。再四把玩。因了悉其運用機括。僣爲增損一二。且易銅爲鐵。不但簡質易作。更覺力勁而費省。倣於今之行陣。甚便也。繪圖說之如左。

新製連弩散形圖

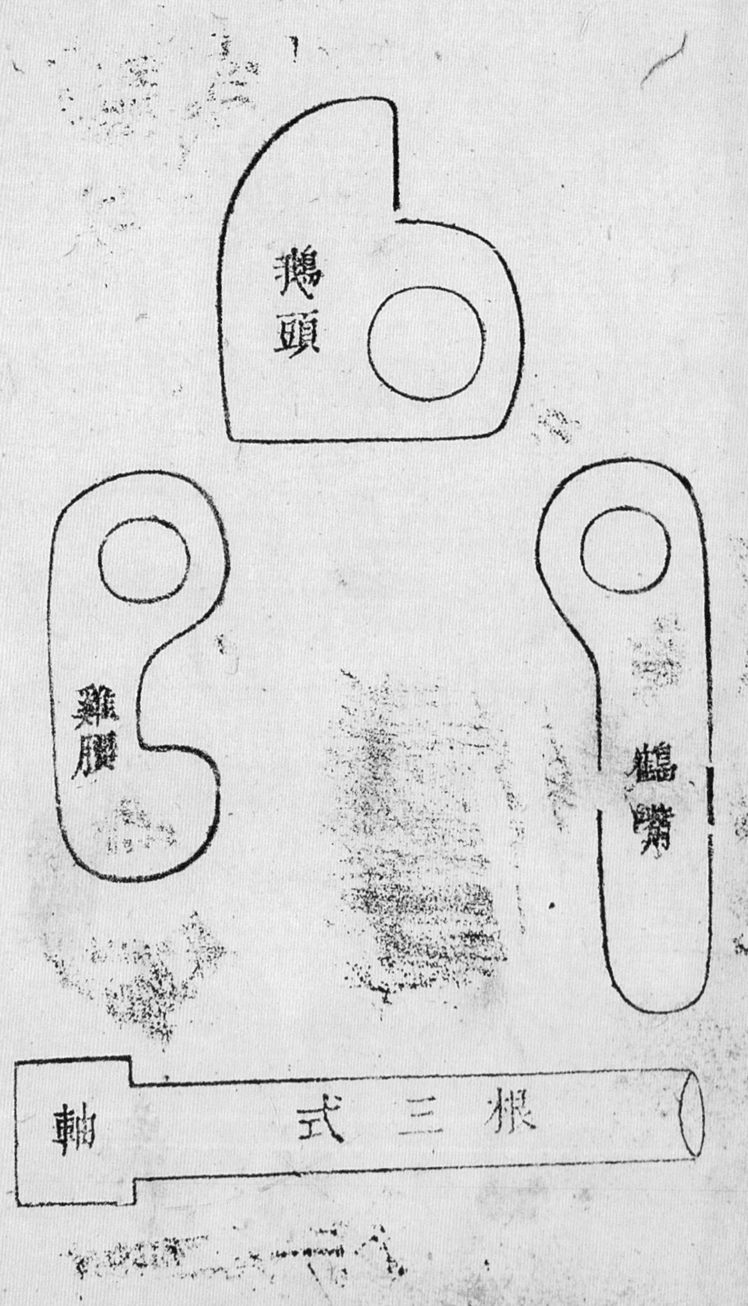

諸機皆精鐵為之必如式方準厚俱三分磨極瑩滑此式一定弩之大小任之

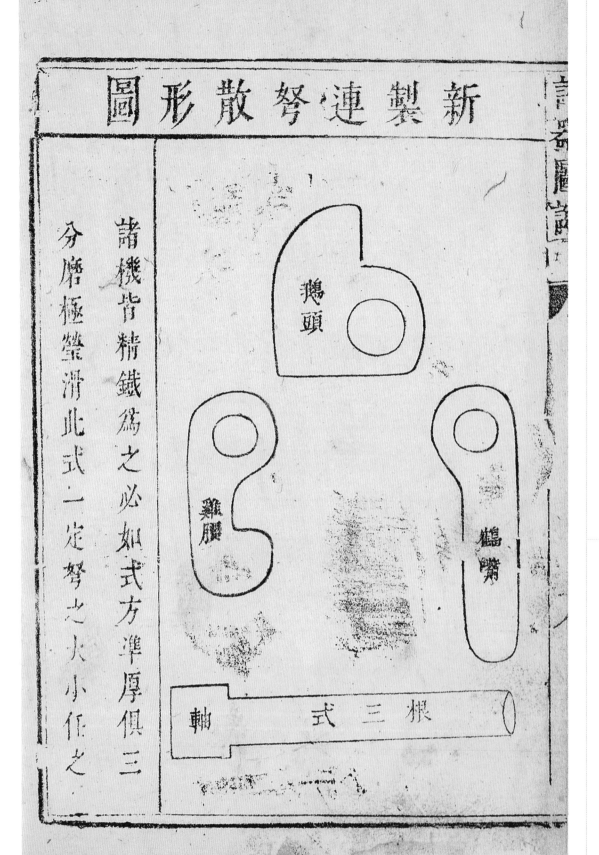

弩牀式

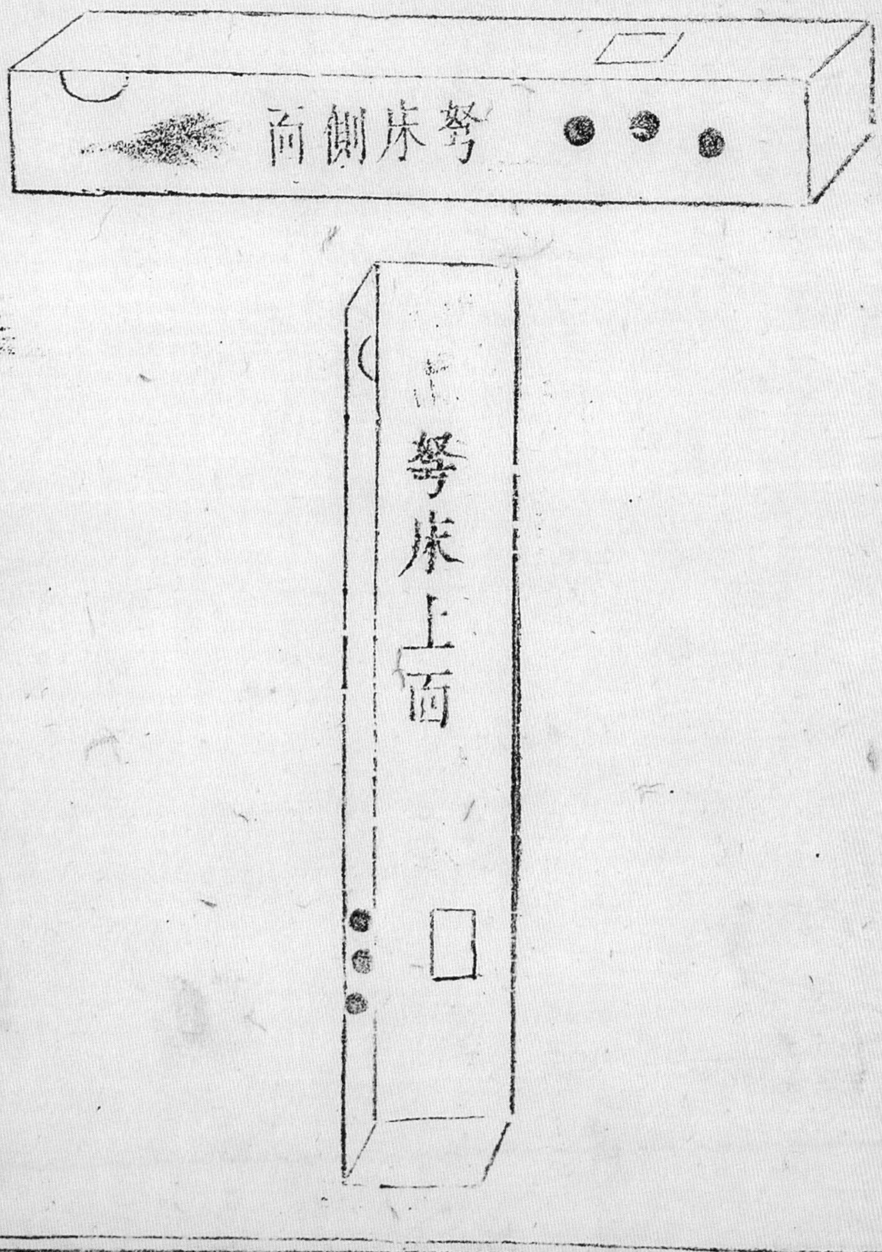

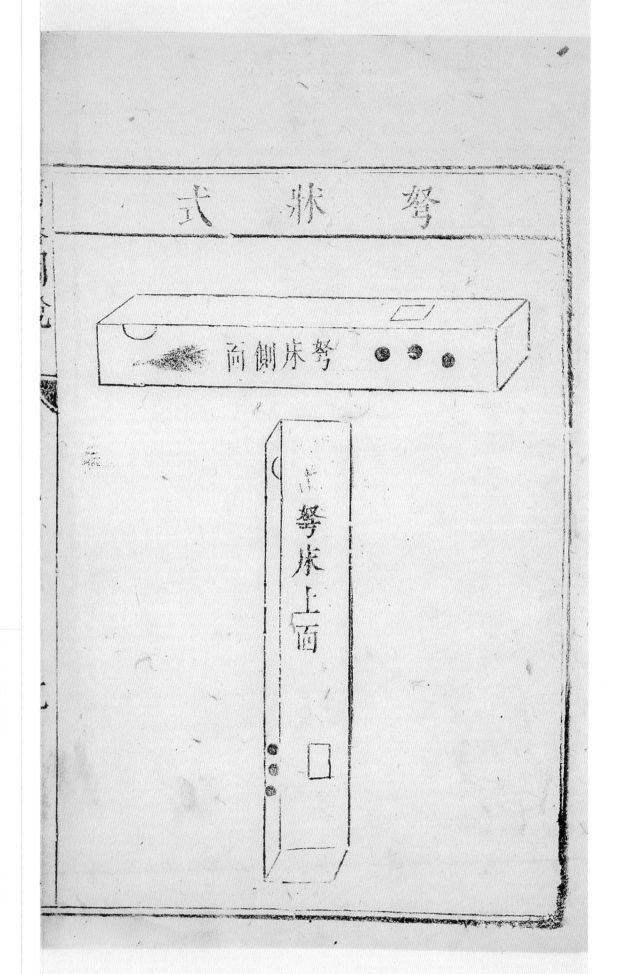

弩機犄用

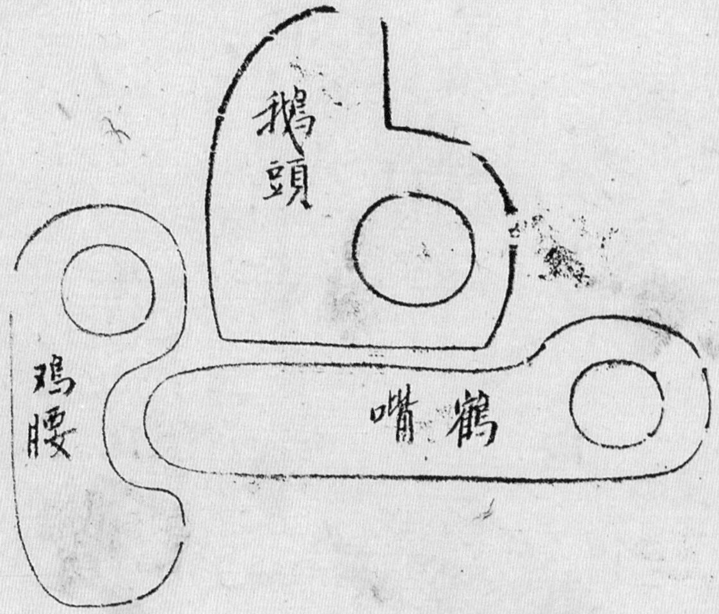

連弩散形圖說

先用堅木。爲弩牀一具。長三尺。濶二寸。厚三寸。前端入三寸許。鑿半圓小孔。安弩背。惟緊。後端入三寸許。從正面居中。鑿一孔。寬三分。長五寸。孔中取滑澤。用利諸機旋轉。孔上面。以鐵片平褁。中留一寸小孔。兩傍準木孔。務瑩平無閡而止。又從側面。照式鑿三軸孔眼。一面圓。一面方。期入木不致動搖。其安機法。先安鵝頭居中。以其尖出鐵孔上下旋轉爲準。次安鶴觜在後。以上承鵝頭取平。而鵝頭之尖。出鐵孔中。直立爲準。又次安鷄腰在前。以鷄腰中穴。順其自然。平彀鶴觜爲準。三者俱準如式。然後鉤弩絃。扣滿。掛鵝頭出孔尖上。兩邊排箭。或二。或三。多不過六。弩伏地中。箭向前列。各弩聯絡。多多益善。又有微機。伏敵來路。敵來一觸其機。則萬弩齊發。驟莫能禦矣。其發弩之機。與一連二。二連四。以至百千連發機括。須用口傳。顥楷莫克悉也。間用此式。擴而大之。可作千步弩。別有圖說。兹不具載。
昔
天啓柒年　關中了一道人書於望天軒中

諸器圖說　卷